安徽省高等学校“十一五”省级规划教材

现代工业概论

黄贞益◎主编

華東理工大學出版社
EAST CHINA UNIVERSITY OF SCIENCE AND TECHNOLOGY PRESS

图书在版编目(CIP)数据

现代工业概论/黄贞益主编. —上海:华东理工大学出版社,2008.2
(2019.1 重印)

ISBN 978-7-5628-2236-3

Ⅰ.现…　Ⅱ.黄…　Ⅲ.工业—概论　Ⅳ.T

中国版本图书馆 CIP 数据核字(2007)第 202605 号

安徽省高等学校“十一五”省级规划教材

现代工业概论

……………………………………………………………………

主　　编 / 黄贞益
责任编辑 / 陈新征
责任校对 / 金慧娟
封面设计 / 王晓迪
出版发行 / 华东理工大学出版社
地　址:上海市梅陇路 130 号,200237
电　话:(021)64250306(营销部)
传　真:(021)64252707
网　址:www.ecustpress.cn
印　　刷 / 江苏凤凰数码印务有限公司
开　　本 / 787 mm×1092 mm　1/16
印　　张 / 16
字　　数 / 380 千字
版　　次 / 2008 年 1 月第 1 版
印　　次 / 2019 年 1 月第 9 次
书　　号 / ISBN 978-7-5628-2236-3/TB·22
定　　价 / 29.00 元

联系我们:电子邮箱 zongbianban@ecustpress.cn
官方微博 e.weibo.com/ecustpress

前　　言

本书是在本科教学计划调整后，根据“厚基础、宽专业”的要求编写而成的。本书主要介绍钢铁冶金、材料成型、机械工业、化学工业和工业自动化的历史演变、现状和发展趋势，在国民经济中的地位和作用，原理、特点和常用工艺装备等内容；揭示现代工业的理念与工程科学技术的内涵；阐述现代工业的基本知识、工业生产基本构成要素、基本工艺流程与工艺方法，并对工业部门中备受关注的工程技术热点与前沿的动态作了简要介绍。对本书的学习可以为开阔低年级大学生的视野，拓宽知识面，增强工程技术素质，树立科学发展观，掌握工业部门的共性和交叉点，贯彻学科交叉和融合的思想，寻找技术创新点，培养创新意识以及分析和解决实际问题的综合能力打下良好的基础。

本书可作为经管类、人文社科类和工程类等各专业低年级综合性基础课程教材。

本书第一篇由吴宝国、鲁怀敏编写，第二篇由黄贞益、王萍编写，第三篇由王全先、李会芳编写，第四篇由吴芳菲编写，第五篇由刘晓东编写。全书由黄贞益担任主编，负责统筹，卢秉林、孙文斌、乐可襄审稿。

由于编者水平所限，书中不妥之处在所难免，恳请专家和读者能够不吝赐教，给予批评指正。

编　者

2007 年 12 月

目　录

CONTENTS

第一篇　钢铁冶金

第四篇 化学工业概论

第五篇 工业自动化概论

第18章　通信技术基础

第19章　计算机数据安全技术

第一篇　钢铁冶金

第1章 综 述

1.1 冶金基本概念

冶金是一门研究如何经济地从矿石或其他原料中提取金属或金属化合物，并用各种加工方法制成具有一定性能的金属材料的科学。就其研究领域，冶金学分为提取冶金和物理冶金两门学科。提取冶金学是研究如何从矿石中提取金属或金属化合物的生产过程，由于该过程伴有化学反应，故又称化学冶金。物理冶金学是通过成型加工制备有一定性能的金属或合金材料，研究其组成、结构的内在联系以及在各种条件下的变化规律，为有效地使用和发展特定性能的金属材料服务。它包括金属学、粉末冶金、金属铸造、金属压力加工等。

1.1.1 冶金方法

从矿石或其他原料中提取金属的方法很多，可归结为以下三种。

(1) 火法冶金 指在高温下矿石经熔炼与精炼反应及熔化作业，使其中的金属和杂质分开，获得较纯金属的过程。整个过程可分为原料准备、冶炼和精炼三个工序。过程所需能源，主要靠燃料燃烧供给，也有依靠过程中的化学反应热来提供的。

(2) 湿法冶金 指在常温或低于100℃下，用溶剂处理矿石或精矿，使所要提取的金属溶解于溶液中，而其他杂质不溶解，然后再从溶液中将金属提取和分离出来的过程。由于绝大部分溶剂为水溶液，故也称水法冶金。该方法包括浸出、分离、富集和提取等工序。

(3) 电冶金 指利用电能提取和精炼金属的方法。

采用哪种方法提取金属，按怎样的顺序进行，在很大程度上取决于所用的原料以及要求的产品。钢铁冶金主要用火法，而有色金属冶炼则火法和湿法兼有。

1.1.2 主要冶金过程简介

在生产实践中，各种冶金方法往往包括许多个冶金工序，如火法冶金中有选矿、干燥、焙烧煅烧、烧结、球团、熔炼、精炼等工序。

(1) 干燥 除去原料中的水分。干燥温度一般为400~600℃。

(2) 焙烧 是将矿石或精矿置于适当的气氛下，加热至低于它们的熔点温度，发生氧化、还原或其他化学变化的冶金过程。其目的是为改变原料中提取对象的化学组成，满足熔炼的要求。按焙烧过程控制气氛的不同，可分为氧化焙烧、还原焙烧、硫酸化焙烧、氯化焙烧等。

(3) 煅烧 是将碳酸盐或氢氧化物的矿物原料在空气中加热分解，除去二氧化碳或水分变成氧化物的过程，也称焙解。如石灰石煅烧成石灰，作为炼钢熔剂。

(4) 烧结和球团 将粉矿经加热焙烧，固结成多孔块状或球状的物料，是粉矿造块的主要方法。

(5) 熔炼 是将处理好的矿石或其他原料，在高温下通过氧化还原反应，使矿石中金属和杂质分离为两个液相层即金属液和熔渣的过程,也叫冶炼。

(6) 精炼 进一步处理熔炼所得含有少量杂质的粗金属,以提高其纯度。如熔炼铁矿石得到生铁,再经氧化精炼成钢。

可见,冶金过程是应用各种化学和物理化学的方法,使原料中的主要金属和其他金属或非金属元素分开,以获得纯度较高的金属的过程。

1.2 钢铁工业

钢铁工业是国家的基础工业之一,在国民经济中占有极其重要的地位。钢铁产量往往是衡量一个国家工业水平和生产能力的主要标志。

钢铁之所以成为使用最多的金属材料,原因如下。

(1) 就金属元素而言,铁在自然界中的储藏量仅次于铝,居第二位,而且多形成巨大的铁矿床,通常铁矿石中铁的含量为25%~70%。

(2) 铁矿石冶炼和加工较容易,且生产规模大、效率高、质量好、成本低,具有其他金属生产无可比拟的优势。

(3) 钢铁具有良好的物理、机械和工艺性能,如有较高的强度和韧性,是热和电的良好导体,耐磨、耐腐蚀、焊接及铸造加工性好等。

(4) 将某些金属(如镍、铬、钒、锰等)作为合金元素加入铁中,就能获得具有各种性能的合金材料。

(5) 钢铁通过热处理能调整其机械性能,以满足国民经济各方面的需要。

世界钢铁产量随着经济的发展仍在不断增长,近年来钢铁材料与各种有色金属及合金、有机合成材料、无机非金属材料等组成复合材料,使其用途进一步扩大。目前还没有哪一种材料能取代钢铁现有的地位。

1.2.1 钢与生铁的区别

钢与生铁都是以铁元素为主,并含有少量碳、硅、锰、磷、硫等元素的铁碳合金。根据碳和其他元素含量的不同而区分为钢和生铁,特别是碳含量的差别,引起铁碳合金在不同温度下所处的状态和结构的变化使钢和生铁具有不同的性能和用途。一般地,含碳量大于2%的为生铁,含碳量小于2%为钢。钢铁中常见元素的含量见表1-1。

表1-1 钢铁中常见元素的含量 w/%

元素	C	Si	Mn	P	S
生铁	2.0~4.5	0.2~2.0	0.2~2.5	≤0.50	≤0.057
钢	<2.0	0.01~0.3	0.3~0.8	<0.05	<0.05

生铁含碳较高,硬而脆,不能锻造。在世界各国生铁产量中,大部分是作为炼钢原料,进一步精炼成钢,而只有10%左右用于铸造各种部件和零件。

钢具有比生铁更好的综合机械性能,如有较高的机械强度和韧性;可塑性好,易加工成各种形状的钢材和制品;能铸造、轧制、锻造和焊接;具有良好的导电、导热性能。若在钢中添加一些合金元素,则可得到特殊性能的钢种,如不锈钢、耐热钢、耐酸钢等。钢和生铁的主要性能区别见表1-2。

表1-2 钢和生铁的主要性能区别

项 目	钢	生 铁
熔点	1 450~1 530℃	1 100~1 150℃
机械性能	强度、塑性、韧性好	硬而脆，耐磨性好
可锻性	好	差
焊接性	好	差
热处理性能	好	差
铸造性	好	更好

1.2.2 钢铁工业的发展方向

从目前材料科学发展的状况看，在可预见的将来，钢仍是人类社会的主要材料。从价格性能比看，钢最经济；从生产规模看，钢的供给能力最强，没有一种材料能够全面代替钢，钢是最重要的结构材料和产量最大的功能材料。

从钢铁产量上看，全世界钢产量近一百年来经历了一个迅速发展的阶段。1900年世界钢产量只有0.285亿吨，从1900—1948年钢产量年均增长250万吨；从1948—1978年钢产量年均增长1 900万吨；石油危机后增速下降到年均450万吨；2000年世界钢铁总产量达到8.4亿吨。

从钢铁工业技术发展来看，生产流程上从原来的高炉→炼钢→铸锭→开坯→轧钢→热处理的落后生产流程发展成为现在的高炉→炼钢→连铸→连轧的先进工艺流程。

目前在炼铁技术方面发展趋势如下。

(1) 高炉容积不断扩大，出现了5 000 m^3 级超大型高炉。

(2) 加强原料预处理环节，大力发展精料技术，采用烧结矿和球团矿等。

(3) 采用高风温、高压操作，高富氧鼓风、脱湿鼓风和喷吹燃料等新技术措施，以提高产量，降低焦比。

(4) 高炉设备不断改进，采用皮带运输上料、无料钟炉顶、炉前机械化和设置炉前除尘、外燃式热风炉等先进设备和新的测试仪器以及电子计算机，大大改善了工人的劳动条件，为钢铁冶炼更加合理化和自动化以及新技术开发创造了更有利的条件。

(5) 新世纪的炼铁工艺将是高炉炼铁、直接还原、熔融还原三种工艺并存，并以高炉炼铁为主流。

炼钢技术发展主要有以下几个方面。

(1) 炼钢将由过去的在转炉或电炉一次完成发展成由铁水预处理、转炉脱碳和升温或电炉融化和升温、炉外精炼三步完成。

(2) 发展氧气底吹转炉法和顶底复合吹炼法。

(3) 引进真空技术，采用各种真空冶炼和炉外精炼技术，改善钢的质量，扩大产品品种。

(4) 采用大容量、超高功率的炼钢转炉和电炉，提高生产率，降低成本。

连铸和轧钢技术发展主要有以下方面。

(1) 发展连续铸钢技术，采用计算机控制，使炼钢工艺连续化。

(2) 近终形连铸连轧技术将不断成熟和发展，它大大缩短了工艺流程，降低了能耗，提高了生产率。

(3) 彻底淘汰初轧开坯工艺。

1.3 我国钢铁工业的发展

我国丰富的铁矿石、有色金属、煤炭和水力资源等,是发展钢铁工业的基本条件。我国是世界上钢铁冶金起源最早的国家之一,早在春秋战国时代(公元前8世纪—公元前5世纪)就出现了生铁冶炼,制造出很锋利的宝剑及其他用具,在历史上有着极辉煌的成就。但在漫长的封建社会中,工业生产和科学技术发展缓慢,近代又受帝国主义侵略掠夺,钢铁工业技术和装备水平极为落后。自1890年张之洞在湖北建立汉阳钢铁厂开始,到1949年约半个世纪中,共产钢760万吨,最高年产量(1943年)为92.3万吨。1949年钢产量仅15.8万吨、生铁25万吨,居世界第26位。

新中国成立后,我国钢铁工业得到很大的发展,重建和新建了宝钢、鞍钢、首钢、本钢、武钢、太钢、马钢、包钢、攀钢等钢铁基地,1960年与1949年相比,钢铁年产量增加了40多倍,超过1 000万吨。特别是党的十一届二中全会以来,我国钢铁工业走向持续发展的阶段,我国在1996年以年产1.01亿吨钢成为世界第一钢铁大国,之后年产钢水平一路跃升。钢铁产量连续10年稳居世界第一,这几乎与中国宏观经济进入新一轮发展期和上升期是同步而来的,一些先进企业的技术经济指标已接近或超过世界水平。

1.4 钢铁生产工艺流程

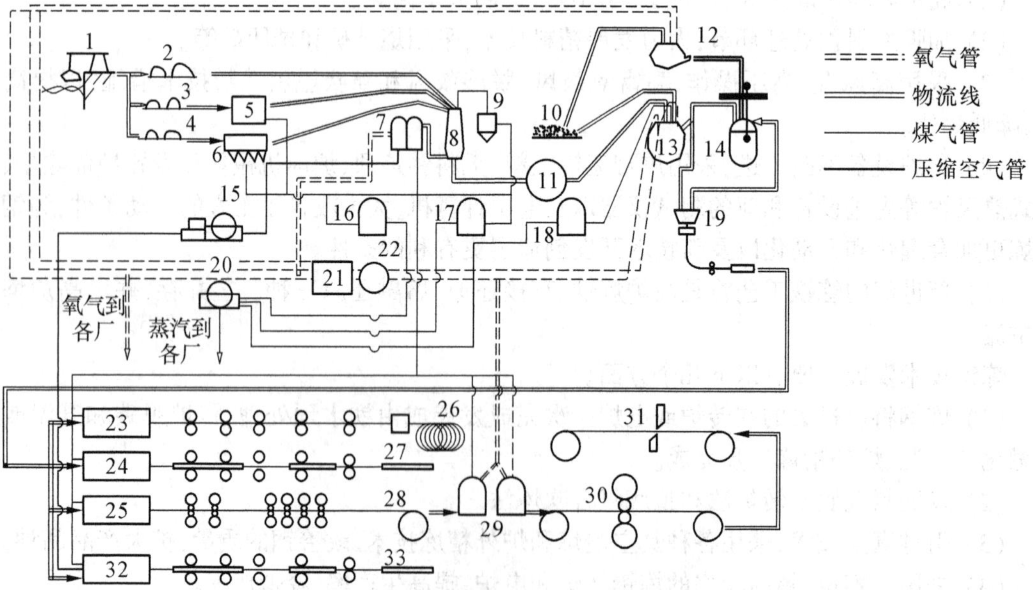

图1-1 钢铁生产主要工艺流程

1—码头;2—熔剂等辅料;3—煤场;4—生铁矿;5—烧结炉;6—炼焦炉;7—热风炉;8—炼铁高炉;9—煤气除尘器;10—废钢;11—混铁炉;12—炼钢电炉;13—转炉;14—精炼炉;15—压缩空气站;16—焦炉煤气柜;17—高炉煤气柜;18—转炉煤气柜;19—连铸机;20—蒸汽锅炉;21—氧气罐;22—制氧机;23—方坯加热炉;24—板坯加热炉;25—板坯加热均热炉;26—线材轧机生产线;27—板坯生产线;28—热轧薄板生产线;29—退火炉;30—平整机组;31—精整机组;32—型钢加热炉;33—型钢生产线

现代钢铁生产过程是一个复杂而庞大的生产体系，最核心的生产工艺为炼铁、炼钢（一般把连铸归为炼钢的一部分）和轧钢三个步骤，所有其他工序都是围绕此三个关键工序进行的。具体地说是将铁矿石或经烧结后的烧结矿在高炉内冶炼成生铁，用铁水炼成钢，再将钢水铸成钢锭或连铸坯，经轧制等塑性变形方法加工成各种用途的钢材。具有上述全过程生产设备的企业，称为钢铁联合企业。一个现代化的钢铁联合企业，一般由以下生产环节组成：原料处理、炼铁、炼钢、轧钢、能源供应、交通运输等，其生产工艺流程如图1-1所示。

此外，在钢铁联合企业中，还设有工厂管理机构、科学研究机构、检验中心、耐火材料厂等。

炼铁、炼钢是钢铁联合企业的关键工序，处于承前启后的地位，是二次能源（煤气）的供应中心，其产品质量、品种、产量是衡量钢铁联合企业生产水平的基本标志。

思考题

1. 简述钢与生铁的区别。
2. 简述钢铁生产工艺流程。

第2章 高炉炼铁

2.1 高炉炼铁的工艺流程

高炉炼铁是钢铁联合企业最重要的环节,高炉铁水是炼钢最主要的原料,铁水质量的好坏直接影响其后生产的作业指标。高炉炼铁是一个复杂而庞大的过程,首先是消耗的物料数量大,以一座日产1万吨铁的高炉为例,每天需要消耗矿石和焦炭2.2万吨,消耗经过预热的空气1 100万立方米,其他还要消耗大量的煤、重油、电力、耐火材料、水等资源。每日排放高炉煤气1 500 m^3,排放液态炉渣0.4~0.5万吨。

高炉生产过程除了包括高炉本体的作业外,还有焦化厂提供焦炭,烧结厂提供烧结矿,热风炉提供热风,炉前有上料系统、供风系统、喷吹燃料系统、煤气净化系统、出铁和铁水运输系统、渣处理系统等。整个作业系统见高炉生产设备流程图2-1。

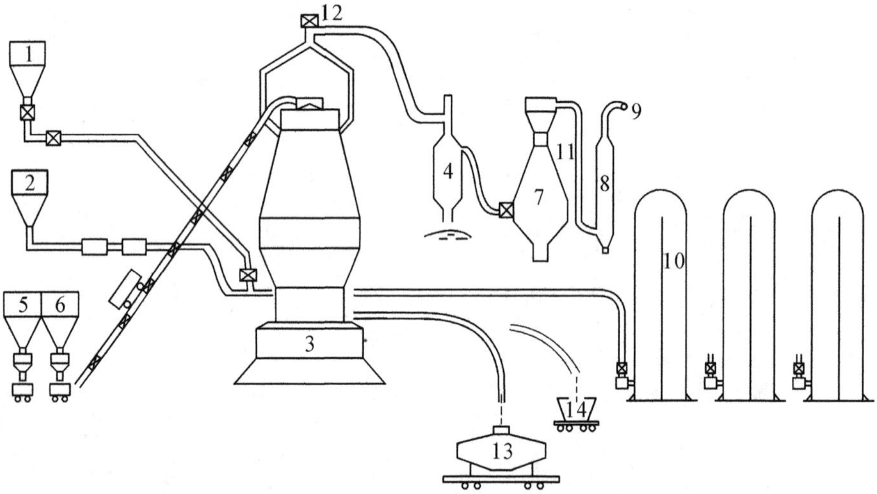

图2-1 高炉生产设备流程图

1—储油罐;2—储煤罐;3—高炉炉基;4—除尘器;5—储矿槽;6—焦仓;7—洗涤塔;8—脱水器;9—煤气总管;10—热风炉;11—文氏管;12—放散阀;13—铁罐;14—渣罐

高炉生产的工艺流程是:烧结矿、焦炭由料仓给料机和称量装置装入上料小车,皮带卷扬机把料车送上高炉炉顶,均匀地加入到高炉内部,冷烧结矿、焦炭按一定比例和顺序加入。同时在高炉下部通过鼓风机把经过热风炉预热到1 000℃左右的热风吹入高炉内部,使焦炭燃烧产生热量和还原性气体CO,矿石被加热和还原。为了节省宝贵的焦煤资源,喷吹热风的同时向炉内喷吹煤粉或重油等物质。高炉的最终产物为铁水、炉渣,定期从出铁口和出渣口排放,烟气则从高炉上部排放进入煤气净化回收系统。

2.2 炼铁原料

高炉所用的原料主要为铁矿石、焦炭、熔剂和锰铁矿。①如果铁矿石品位很高达到入炉的要求,则把这种高品位的矿石破碎到一定颗粒度后直接入炉;对大量品位较低的矿石经过选矿得到精矿粉,然后制作成烧结矿或球团矿。②焦炭在高炉中起到燃料、还原剂的化学作用外,还起到支撑的作用。③熔剂一般不单独加入高炉内,而是在制作烧结矿或球团矿的时候添加在精矿粉内。④锰铁矿,锰矿也是钢铁工业生产的重要原料。炼钢生铁和铸造生铁中都要求有一定量的锰。当高炉冶炼锰铁合金时,锰矿石便成为主要原料。

1) *铁矿石*

铁矿石一般常见的有赤铁矿、磁铁矿、褐铁矿和菱铁矿。铁矿石的化学成分中,主要是各种铁氧化物,此外就是构成脉石的 SiO_2, Al_2O_3, MgO, CaO 以及数量不等的 S, P 杂质。评价铁矿石质量的指标包括矿石品位、脉石成分、有害元素含量等。铁矿石的品位是指铁矿石中铁元素的质量分数,我国大部分铁矿的品位都在35%左右,属于贫铁矿,一般需要通过加工处理成高品位的精矿粉。矿石的分类和特性如表2-1所示。

表2-1 矿石分类和特性

矿石	矿物及化学式	理论含Fe/%	密度/($g\cdot cm^{-3}$)	颜色	实际富矿含Fe/%	最低工业品位/%	有害杂质	强度	还原性
磁铁矿石	磁铁矿 Fe_3O_4	72.4	5.2	黑色或灰色	40~70	20~25	S, P 高	坚硬致密	难还原
赤铁矿石	赤铁矿 Fe_2O_3	70.0	4.9~5.3	红色至浅灰色	55~60		少	软,易破碎	易还原
褐铁矿石	水赤铁矿 $2Fe_2O_3\cdot H_2O$ 针赤铁矿 $Fe_2O_3\cdot H_2O$ 水针赤铁矿 $3Fe_2O_3.4H_2O$ 褐铁矿 $2Fe_2O_3\cdot 3H_2O$ 黄针铁矿 $Fe_2O_3\cdot 2H_2O$ 黄石 $Fe_2O_3\cdot 3H_2O$	66.1 62.9 60.9 60.0 57.2 55.2	4.0~5.0 4.0~4.5 3.0~4.4 3.0~4.2 3.0~4.0 2.5~4.0	黄褐暗褐或绒黑色	37~55	30	P 高	疏松	易还原
菱铁矿石	碳酸铁	48.2	3.8	灰色带黄褐色	30~40	25	少	易破碎	焙烧后易还原

2) *烧结矿*

烧结矿是铁矿石经过选矿处理成精矿粉后,加入燃料和熔剂在一定温度下烧结而成的块状物。烧结矿生产的流程是:将精矿粉、燃料(主要是焦粉和煤粉)、熔剂、返矿及其他含铁原料按不同比例送到混料机中进行混匀和加水润湿,混好的料由布料器铺到烧结机上进行点火烧结,烧好的烧结矿经过冷却、破碎和筛分,合格成品烧结矿送往高炉,筛下物作为返矿重新进行配料烧结或作为烧结机的垫底料。

烧结过程各料层内存在的物理化学变化见图2-2。整个烧结过程在9.8~16 kPa负压抽风下,加入烧结矿中的焦末或煤粉经过点火后自上而下燃烧,进行一系列物理化学变化,最终使粉矿烧结成有一定强度的快矿。在烧结机上取某一烧结断面,可见料层有明显的分层,随烧结机向前行走，依次出现烧结矿层、燃烧层、预热和干燥层、过湿层，然后又相继消失，最后剩下烧结矿层，此情况见图 2－3。

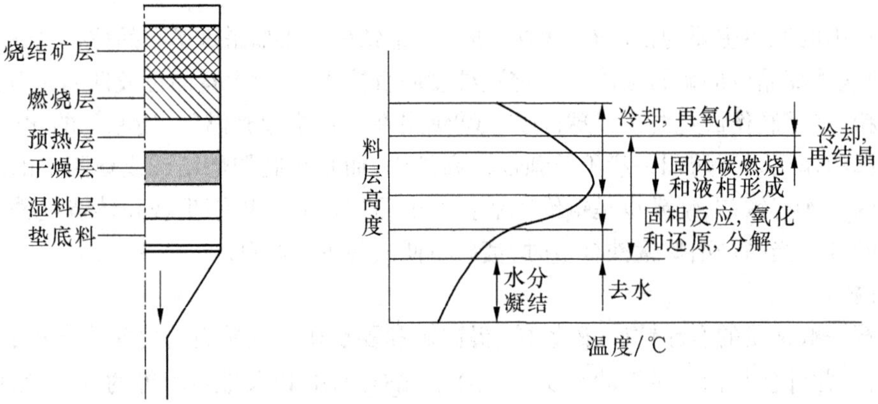

图 2－2　烧结过程各层反应示意图

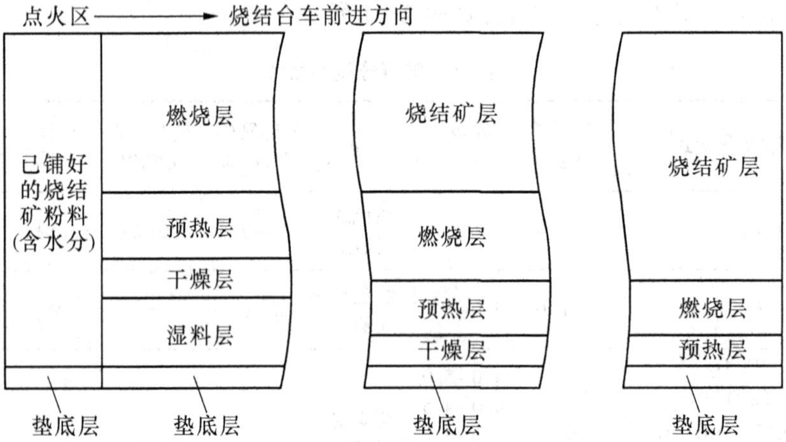

图 2－3　烧结过程某一断面的变化

烧结矿是铺在装有炉箅条台车上，先经过点火区，使上层中的焦末或煤粉燃烧，烧结机视其抽风面积大小在台车行进的过程中燃烧层逐渐下移，直到最底部。

烧结过程是复杂的物理化学反应的综合过程，根据温度和反应气氛条件，主要进行的反应有燃料燃烧反应、分解反应、化合反应、还原与再氧化反应和去硫反应。

对其质量评价指标主要有品位、强度、化学成分、还原性、碱度、粒度、有害杂质含量及高温冶金性能等。我国规定的烧结矿质量标准见表 2－2。

表 2－2　烧结矿质量规定(YB421—77)

w(Fe)/%			碱度波动范围	w(S)/%	w(残碳)/%	转鼓指数(≥5 mm)/%	筛分指数(≥5 mm)/%
一等	二等	三等					
>60	57～60	<57	≤±0.5	≤0.08	≤0.40	≥78	≤10.00
	波动范围<±0.5						

3）球团矿

球团矿是另一种精矿粉造块来生产熟矿的形式，它是把精矿粉与黏结剂等混合，加水润湿在造球机内滚动成粒度为8~25 mm的生球，再经过干燥、预热、焙烧固结、均热和冷却五个阶段完成。

4）燃料

燃料是高炉冶炼不可缺少的基础原料之一，几乎所有高炉都使用焦炭作燃料。由于焦煤资源的紧缺，从风口喷吹燃料技术迅速发展，以代替昂贵的焦炭。目前喷吹燃料用量已占全部燃料的10%~40%，用作喷吹的燃料主要有煤粉、重油和天然气等。

焦炭质量的好坏，对高炉冶炼的技术经济指标有决定性的影响，通常高炉冶炼对焦炭的化学成分、物理性质和化学性质等几方面有如下要求。

（1）焦炭的化学成分　焦炭的化学成分常以焦炭的工业分析来表示。工业分析项目包括固定碳、灰分、硫分、挥发分和水分的含量。高炉对焦炭的成分要求是：固定碳含量要高，每提高1%的含量可降低焦炭用量2%，我国生产的焦炭中固定碳的含量为80%左右；硫磷等杂质含量要少，化学成分要稳定。

（2）焦炭物理性质　焦炭的物理性质主要指焦炭的机械强度，另外还包括筛分组成和气孔度。高炉生产对焦炭物理性质的要求是强度好、粒度均匀、焦粉少、气孔率高。

5）熔剂

由于矿石中的脉石和焦炭灰分的组成大多为酸性氧化物 SiO_2 和 Al_2O_3，这些高熔点的物质在高炉冶炼的温度下很难熔化。因此需要加入熔剂，熔剂的作用如下：

（1）能与矿石中的脉石、焦炭灰分生成低熔点物质，形成易从炉缸流出的炉渣，与铁水分离。

（2）生成一定数量和一定物理、化学性能的炉渣，其性质有利于去除有害杂质硫，改善生铁质量。

高炉常使用的碱性熔剂为石灰石（$CaCO_3$）和白云石（$CaCO_3 \cdot MgCO_3$）。目前高炉大多使用自熔性、熔剂性烧结矿，故可不加或少加熔剂。高炉直接加入熔剂只作临时调剂的措施。

2.3　高炉冶炼原理

2.3.1　高炉冶炼过程和特点

高炉的冶炼过程是：炉料按一定料批从炉顶装入炉内，从风口鼓入由热风炉加热到1 000~1 300℃的热风，炉料中的焦炭在风口前与热风中的氧发生燃烧反应，产生高温和还原性气体，在炉内上升过程中加热缓慢下降的炉料，并还原矿石中铁氧化物为金属铁，矿石升到一定温度后软化熔融滴落，矿石中未被还原的物质形成熔渣，实现渣铁分离。已熔化的渣铁聚集于炉缸内，发生诸多反应，最后调整铁液的成分和温度达到出铁要求，定期从炉内排放炉渣和生铁。

高炉炼铁是连续的、自动化程度较高的生产过程。通过大量的研究表明，高炉内根据物料状态的不同可分为块状区、软熔区、滴落区、焦炭回旋区和炉缸液态区五个区域。在各个区域有各自不同的物理性质和化学反应特点：在炉身以上的块状区，物料呈固体块状，主要发生气固相之间的间接还原反应和炉料中水分的蒸发、分解以及炉料与煤气间的热交换；在软熔区域，矿石从软化到熔融滴落，主要发生以固、液、气间的还原和造渣反应；在滴落区域包括疏松焦炭区和中心呆滞区,主要发生非铁元素的还原、脱硫、渗碳和焦炭汽化等复杂的物理和化学反应。

在焦炭回旋区,主要是焦炭与热风中的氧发生燃烧反应,是炉内的唯一氧化性区域。在炉缸区,除中心区域作为骨架的焦炭外,主要是铁水和渣液,其间也发生一系列的化学反应,最终完成生铁成分的调整。

2.3.2 高炉内的主要化学反应

2.3.2.1 燃烧反应

燃烧反应的作用:一是提供高炉内各种化学反应所需的热量;二是燃烧反应产生还原性气体 CO 和 H_2,为铁和锰等元素的还原提供还原剂;三是由于焦炭的燃烧使高炉下部形成空间,为炉料的下降创造了条件,从而保证高炉的连续生产和顺利运行。

1) 燃烧反应方程式

在风口发生的燃烧反应主要的产物为 CO_2 和 CO。生成 CO_2 的燃烧反应称为完全燃烧反应;生成 CO 的燃烧反应称为不完全燃烧反应。在回旋区的中心主要为完全燃烧反应,在回旋区的周边有大量焦炭存在的条件下,完全燃烧的产物 CO_2 将在高温下与固体碳反应生成 CO,此反应过程称为碳的汽化反应。完全燃烧和汽化反应的总反应方程式如下:

$C_{焦}+O_2 = CO_2\uparrow +400\,928\ kJ$ (碳的完全燃烧反应式)

$C_{焦}+CO_2 = 2CO\uparrow -165\,797\ kJ$ (碳的汽化反应式)

$2C_{焦}+O_2 = 2CO\uparrow +235\,130\ kJ$ (碳的不完全燃烧反应式)

由于在回旋区周围存在大量焦炭,所以,焦炭的燃烧反应主要是不完全燃烧反应,并在反应中放出大量的热量。

2) 影响燃烧反应的因素

风口前焦炭燃烧的区域称为燃烧带。燃烧带对冶炼过程起着重要的作用,它既是高温煤气的发源地,又因焦炭燃烧产生空间而为炉料连续下降创造条件。当燃烧带向炉子中心扩大时,有利于高温煤气达到中心,炉缸和整个高炉中心温度都将升高,炉缸活跃,热量充足,渣铁流畅。

2.3.2.2 还原反应

还原反应是高炉炼铁的主要化学反应。高炉内除了风口区域有部分氧化区外,其他区域都进行还原反应。还原反应消耗的热量约占高炉热量总收入的50%,其中铁氧化物的还原是高炉最主要、最根本和数量最大的反应。

1) 元素的逐级还原原则

金属氧化物中,金属元素化合价较高的氧化物称为高级氧化物,相反的则称为低级氧化物。氧化物的分解顺序是从高级向低级转化的,还原顺序与分解顺序相同,也是从高级氧化物逐级还原成低级氧化物,最后得到单质。因此铁的还原顺序为:

$$3Fe_2O_3 \rightarrow 2Fe_3O_4 \rightarrow 6FeO \rightarrow 6Fe$$

2) 铁氧化物的还原

(1) 用 CO 和 H_2 还原　在炉内滴落区以上,温度在高于570℃和低于900~1 000℃时,主要是煤气中的 CO 和 H_2 还原铁的氧化物。

温度高于570℃时,用 CO 作还原剂:

$$3Fe_2O_3 + CO = 2Fe_3O_4 + CO_2 + 77.4\ kJ/kg\ Fe_2O_3$$

$$Fe_3O_4 + CO = 3FeO + CO_2 - 96.7\ kJ/kg\ Fe_3O_4$$

$$FeO + CO = Fe + CO_2 + 235.6\ kJ/kg\ FeO$$

温度高于570℃时,用 H_2 作还原剂:

$$3Fe_2O_3 + H_2 = 2Fe_3O_4 + H_2O + 45.6\ kJ/kg\ Fe_2O_3$$

$$Fe_3O_4 + H_2 = 3FeO + H_2O - 287.9\ kJ/kg\ Fe_3O_4$$

$$FeO + H_2 = Fe + H_2O + 494.5\ kJ/kg\ FeO$$

这种以 CO 和 H_2 作还原剂还原氧化物的还原反应称为间接还原。

(2) 用固体碳还原　在滴落区以内的高温区,铁的氧化物主要以 FeO 形式存在。由于固体碳与 FeO 接触面不大,直接进行还原反应的数量不大,通常认为固体碳先进行汽化反应生成 CO,再与 FeO 进行还原反应,其总反应式为:

$$FeO + CO = Fe + CO_2 + 13\,180\ kJ$$

$$CO_2 + C = 2CO - 165\,686\ kJ$$

$$\overline{FeO + C = Fe + CO - 152\,506\ kJ}$$

因此,这种在炉内高温区,固体碳先进行汽化反应生成 CO 后,再与铁的氧化物进行还原反应的过程称为直接还原。还原反应的温度一般大于 1 100℃。

3) 非铁元素的还原

高炉内具有较强的还原性气氛,在这种条件下,铁矿石的少量杂质:锰、硅和磷的氧化物也被还原出来,并进入到铁液里,所以铁液里都含有一定量的锰、硅和磷。

2.3.2.3　高炉造渣和脱硫反应

高炉造渣的作用是:使渣铁分离,能够容易地排出炉外;有足够的渣量才能提高脱硫能力,保证冶炼出含硫量合格的生铁;通过控制炉渣的碱度来调节生铁成分,保证生铁质量;通过在炉衬上形成渣皮来保护炉衬,减少炉料和气体的冲刷。

1) 炉渣的组成和炉渣碱度

高炉的炉渣是由矿石中的脉石、熔剂和焦炭灰分组成的熔融物,其主要成分有:SiO_2, CaO, Al_2O_3, MnO, MgO, FeO 和脱硫产物 CaS。如用萤石洗炉,渣中还有部分 CaF_2。

炉渣中的 SiO_2, CaO 分别是成分中的主要强酸性氧化物和强碱性氧化物,所以一般用渣中的 CaO 含量与 SiO_2 含量的比值表示炉渣碱度。

$$R = \frac{渣中\ CaO\ 含量}{渣中\ SiO_2\ 含量}$$

一般高炉冶炼要求的炉渣碱度 $R = 0.9 \sim 1.3$。炉渣碱度是炉渣的重要参数,在一定程度上决定了炉渣的熔化温度、黏度和脱硫能力。当碱度 $R = 0.9 \sim 1.3$ 时,炉渣处在低熔点区,温度大约在 1 400℃以下,炉渣的性能最好。一般黏度在 2~6 Pa·s 时对高炉操作比较合适,而当炉渣碱度为 0.9~1.0 时,炉渣黏度最低。

2) 炉渣脱硫

硫是钢铁产品中的有害元素,硫含量超过规定标准的钢材在轧制或锻造时会出现裂纹,生铁铸造时铁水流动性差,易产生气孔,这些现象称为热脆。因此,从原料处理至炼铁、炼钢等每一道工序都要尽可能使产品中硫的含量降低。对高炉炼铁这一工序而言,研究硫在高炉中的反应过程是非常关键的。我国国标中规定,一般生铁的含硫量不高于0.07%,优质生铁的含硫量不高于0.03%。

焦炭等燃料中的硫主要以FeS, CaS和有机硫形式存在;矿石和熔剂中的硫主要以FeS_2, $CaSO_4$, $BaSO_4$等形式存在。焦炭中带入的硫占高炉总硫量的80%。

进入高炉的硫随炉料下降,在受热过程中硫化物和有机硫将分解或挥发,反应生成的S, H_2S, SO_2, SO_3进入煤气。焦炭灰分中的硫在到达风口前发生燃烧反应,生成的SO_2也进入煤气,但在与下降的炉料和渣铁液相遇时被大部分吸收,在下降过程中又会有部分硫挥发进入煤气,这样硫在炉内形成一个循环过程。但大部分硫(约85%)被渣吸收排出炉外;有不到10%的硫随煤气进入管道;还有不到5%的硫进入铁水中,成为铁水中的有害成分。

提高炉渣脱硫效果的措施是适当提高炉渣碱度、提高炉温、降低FeO含量。

3) 炉外脱硫工艺

近年来,冶炼优质钢对铁水含硫量要求日趋严格,要求$w(S)<0.01\%$甚至在0.001%以下。这在高炉内是很难实现的,近年来采用的炉外脱硫技术可大大减轻高炉的负担,并可降低焦比和渣量,同时可减轻炼钢的脱硫任务。因此,铁水预处理脱硫技术成为钢铁生产中的一项重要技术,目前国内外主要采用脱硫剂及相应的搅拌方法脱硫。

常用的脱硫剂有苏打粉(Na_2CO_3或称纯碱)、石灰(CaO)、电石(CaC_2)、金属镁、钙和复合脱硫剂等。石灰是一种价格低廉的脱硫剂,脱硫效果好,但消耗量大、铁损高、温降大。总的来说,石灰是一种成本较低的脱硫剂,被广泛使用。为了提高脱硫效果,往往以石灰为主,少量添加电石、金属镁、钙来联合脱硫,以达到经济而高效的目的。

目前国内外采用的脱硫搅拌方法主要有四种:铁流搅拌法、机械搅拌法(KR法)、气体搅拌法、插入法,如表2-3所示。

表2-3 铁水炉外脱硫方法

类别	方法	操作简介
铁流搅拌法	将脱硫剂加入铁流中	将纯碱粉或石灰粉、萤石粉和纯碱粉加入铁水槽中,使铁水和脱硫剂自然搅拌混合
机械搅拌法	回转炉法	将石灰粉和焦炭加入回转炉内靠炉体转动搅拌铁水
	摇包法	脱硫剂为CaC_2,有单向和双向两种
	KR法	用实心旋转器搅拌铁水,脱硫剂为CaC_2或石灰粉加Na_2CO_3
	DO法	用T形管状搅拌器搅动铁水,脱硫剂为CaC_2或石灰粉加Na_2CO_3
气体搅拌法	底吹法(PDS法)	经铁水包底部透气砖吹入N_2以搅动铁水,脱硫剂为CaC_2
	顶部喷吹法	以氮气(N_2)将脱硫剂经顶部喷嘴喷入鱼雷型混铁车和铁水包的铁水中,脱硫剂为CaC_2, Na_2CO_3
插入法	镁焦法	将装有镁焦(焦炭浸入熔融镁液,冷却后镁凝固在焦孔内,含镁约45%)的石墨罩插入铁水中,镁呈气态溢出而搅动铁水

2.3.2.4 铁的渗碳反应和铁液的形成

刚从矿石还原出来的金属铁呈固体多孔状,几乎不含碳,称为海绵铁。它在随炉料下降过程中不断吸收碳素(渗碳),在炉身部分发生的这种渗碳过程,主要是靠CO分解出的炭黑进行的。分解出的炭黑具有很高的活性，它附着或沉积在海绵铁表面的孔隙里，使其渗碳，形成铁的碳化物。其反应过程如下：

$$2CO = CO_2 + C_{黑}$$

$$3Fe + C_{黑} = Fe_3C$$

$$3Fe + 2CO = Fe_3C + CO_2$$

渗碳只在固体表面进行，因此海绵铁的渗碳是有限的，只占生铁含碳量的1%。但渗碳作用降低了海绵铁的熔点，随着进入软熔带的海绵铁的温度升高，渗碳后的海绵铁开始融化滴落，改善了铁与焦炭的接触条件，加快了渗碳速度。尤其在风口区域，铁液的含碳量几乎接近生铁成品的含碳量（3.0%~4.5%）。其反应式为：

$$3Fe_{液} + 2CO = Fe_3C + CO_2\uparrow$$

在渗碳的同时，一些被还原的Si，Mn，P等元素熔入铁液中，最终形成生铁。

2.4　高炉冶炼产品和主要技术指标

2.4.1　高炉冶炼主要产品

高炉冶炼所获得的主要产品是生铁。根据化学成分和性能的不同，高炉生铁可分为三类：一类供炼钢用的炼钢生铁（约占生铁总量的90%以上）；一类是供铸造用的铸造生铁；第三类是少量的铁合金。

炼钢生铁是转炉和电炉炼钢的主要原料。为了减少渣量，防止喷溅，保护炉衬，要求炼钢生铁含硅量为0.4%~0.6%，并力争降至0.2%~0.3%。炼钢生铁牌号见表2-4。炼钢生铁中的碳以Mn_3C，Fe_3C形式存在，因此炼钢生铁又硬又脆，不宜加工。

表2-4　炼钢用生铁化学成分 w/%（GB717—82）

牌号		炼04	炼08	炼10
代号		L04	L08	L10
Si		<0.45	>0.45~0.85	>0.85~1.25
Mn	一组	<0.30		
	二组	>0.30~0.50		
	三组	>0.50		
P	一级	<0.15		
	二级	>0.15~0.25		
	三级	>0.25~0.40		
S	特类	<0.02		
	一类	>0.02~0.03		
	二类	>0.03~0.05		
	三类	>0.05~0.07		

高炉另外可以冶炼铸造生铁,铸造生铁又叫翻砂铁,含硅量一般为1.25%~3.60%。因为硅在生铁中能使化合碳游离形成石墨碳,其断口呈灰色,称为灰口铁。灰口铁强度低,但韧性增加,易进行切削加工。

2.4.2 高炉冶炼副产品

1) 炉渣

根据入炉原料成分的不同,每冶炼一吨生铁生成的炉渣约300~600 kg。一座日产1 000 t生铁的高炉,每年渣量约有20万吨。高炉渣经过适当的处理,可以制成渣砖或作为水泥原料,我国主要用于生产水泥。炉渣的综合利用,可以变害为利,降低生铁成本。

2) 高炉煤气

高炉煤气也是高炉生产中有很高经济价值的主要副产品。其中含CO 20%~25%, H_2 3%~4%, $CO_2$14%~17%, CH_4 0.2%~0.6%, N_2 56%~58%。冶炼每吨生铁可产煤气2 000~3 000 m^3。高炉煤气的发热值为2 929~3 347 kJ/m^3。除尘后的高炉煤气可作燃料。一座500 m^3高炉每天生成的煤气完全燃烧所生成的热量相当于燃烧400 t标准煤。除了高炉煤气的热能以外,煤气的余压可以用于发电,对于采用高压炉顶的高炉(煤气压力在1.47×10^5 Pa以上),余压发电量相当于热风炉鼓风机能耗的1/4~1/3。如宝钢2号高炉的余压发电机组装机容量可达5 700 kW。

3) 炉尘

炉尘是煤气上升时带出的细颗粒的固体炉料,其中含铁30%~50%,含碳5%~15%。炉尘在重力除尘器下被回收,可供烧结厂作为烧结原料,每吨生铁吹出的炉尘50~100 kg。

2.4.3 高炉生产的主要技术指标

对高炉的总的要求是高产、优质、低耗、长寿,具体来说,有如下经济技术指标。

1) 高炉利用系数(η_V)

高炉利用系数η_V是指每立方米有效容积平均每天生产合格生铁的产量。计算公式为:

$$\eta_V(\mathrm{t \cdot m^{-3} \cdot d^{-1}}) = \frac{\text{合格生铁产量(t)}}{\text{高炉有效容积(m}^3\text{)}\times\text{规定工作天数(d)}}$$

式中,规定工作天数=日历天数-大、中修天数。

高炉利用系数是高炉生产的重要指标,利用系数越高,说明高炉的生产效率越高。目前高炉使用的基本是高品位精矿,因此一般高炉利用系数平均水平已达到2.3~28 t/(m^3·d),先进水平可达3.0 t/(m^3·d)以上。

2) 焦比(K)

焦比是表示高炉冶炼1 t生铁所消耗的焦炭量。由于高炉冶炼的铁种和使用的燃料不同,焦比可用以下公式计算:

$$\text{入炉焦比(kg/t)} = \frac{\text{焦炭消耗量(kg)}}{\text{合格生铁产量(t)}}$$

对高炉生产而言,焦比越低越好。现代大中型高炉焦比一般在400 kg/t左右。

3) 冶炼强度(I)

冶炼强度是指每立方米高炉有效容积,在一昼夜内所能燃烧的综合焦炭量(称为综合冶炼强度)或净焦炭量(焦炭冶炼强度)。它反映炉料下降速度及冶炼的强度,计算公式为:

$$综合冶炼强度(t/m^3 \cdot 昼夜)=\frac{综合焦炭消耗量(t)}{高炉有效容积(m^3)\times 工作昼夜数}$$

$$焦炭冶炼强度(t/m^3 \cdot 昼夜)=\frac{净焦炭消耗量(t)}{高炉有效容积(m^3)\times 工作昼夜数}$$

冶炼强度、利用系数与焦比有如下关系:$\eta_V = \frac{I}{K}$。

应该指出,提高冶炼强度将使矿石在炉内停留的时间变短,引起直接还原增加。煤气在炉内停留时间变短,如果还原速度跟不上,则不利于还原和降低焦比;但煤气流速增加,易使气流处于紊流状态,有利于热交换。如果炉料能吸收这部分热量,可使焦比下降。随着冶炼强度提高,煤气分布趋向均匀,与矿石接触改善,可提高煤气利用率。如因煤气流速过大造成局部过分发展形成管道,将引起焦比升高,所以在生产中应选择不引起焦比升高的最高冶炼强度。近几年日本高炉平均冶炼强度在1.0左右。

4) 炉龄

炉龄即从高炉点火开炉到停炉大修之间实际运行的时间或产铁总量。炉龄长,产铁多,经济效益高。一般大高炉的炉龄在10年左右,有的高达18年。衡量炉龄的另一个指标是1 m^3炉容在一代炉龄期内的累计产铁量。先进高炉平均达5 000 t/m^3,我国宝钢2号高炉已接近10 000 t/m^3。

5) 生铁成本

单位生铁成本由原料、燃料、动力消耗及人工成本等项组成,它是从经济角度衡量高炉作业的指标。

2.5 高炉炼铁的主要设备

一个大型炼铁厂,除高炉本体设备外,还有原料和产品的运输和存储设备、鼓风加热设备、煤气净化设备、渣铁处理设备、喷吹燃料设备、除尘设备。

2.5.1 高炉本体设备

1) 高炉炉体

现代高炉炉型一般由五部分组成:炉喉、炉身、炉腰、炉腹和炉缸。高炉的有效容积一般指上述五部分的容积之和。高炉各部分的高度和直径的选择对高炉的经济技术指标有至关重要的影响,所以设计时必须适当选择。高炉的大小一般用有效容积表示,目前国内高炉主要的规格有:300 m^3, 1 000 m^3, 2 500 m^3和4 000 m^3等,并逐步向大型化发展。

高炉炉体从内到外由炉衬、冷却设施和炉壳组成。炉衬主要是各种耐火材料。由于各部分温度和受力不同,所使用的耐火材料也不同。在炉身上部采用的是高强度的黏土砖,另外为了承受炉料的强烈冲刷作用,还使用金属板(钢砖)保护;在炉身到炉腹部分采用的是耐碱、耐高温、耐冲刷和侵蚀的高铝砖、碳化硅砖和碳砖等;炉缸和炉底采用碳质砖。

2）高炉冷却设施

高炉冷却是形成保护性渣皮、铁壳、石墨层的重要条件，它降低耐火炉衬本身的温度，避免炉衬和炉壳的损坏。高炉的冷却介质主要是水和气，炉壳水冷设备主要有喷水冷却环管、冷却壁和冷却水箱，风口和渣口的冷却主要使用大小冷却水套。

3）炉顶装料设备

炉顶装料设备主要用于各种炉料按照要求装入高炉并合理布料。目前主要有两种上料和布料设备，一种是双钟式炉顶（马基式炉顶）；另一种是无料钟炉顶。

目前中小高炉主要采用马基式炉顶，即双料钟带小料斗旋转式布料器，其结构如图 2 - 4 所示。两个料钟既要起布料的作用，还要起密封作用。炉料通过卷扬机送到炉顶，首先装入小料钟上的小料斗内，布料器旋转使料在小料钟内均布，小料钟下降使料落入大料钟上的大料斗内。一批料后大料钟下降，炉料落入炉内，完成一次上料和布料。

无料钟炉顶又称为 PW 型炉顶，如图 2 - 5 所示。这种炉顶完全取消了大小料钟，采用一个旋转溜槽代替旋转布料器，并且可在圆周方向旋转，在上下方向摆动，实现全方位布料。溜槽上面有两个料仓，轮换装料与卸料，每个料仓的上下各有一个密封阀。当料仓的上密封阀开启、下密封阀关闭时，处在装料状态，反之则为卸料状态。这种炉顶布料灵活，已广泛应用于大中型高炉上，并有彻底取代双钟式炉顶的趋势。使用这种设备的缺点是控制和传动系统较复杂，要求有较高的监测和自动化水平；对原料的粒度上限要求严格，否则容易卡料。

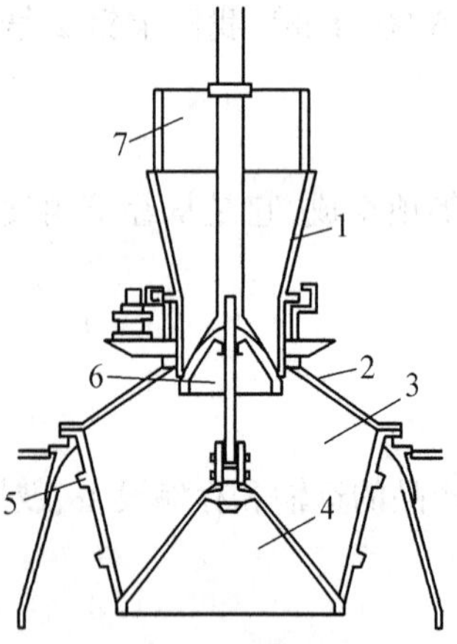

图 2 - 4　双钟式炉顶

1—旋转布料器；2—煤气封盖；3—均压室；4—大料钟；5—大料斗；6—小料钟；7—受料斗

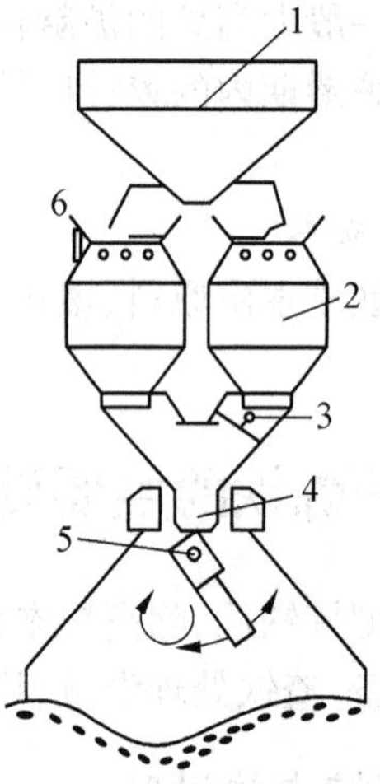

图 2 - 5　无料钟炉顶

1—受料斗；2—料仓；3—料流控制阀；4—中央卸料管；5—布料溜槽；6—均压设备

2.5.2　渣铁处理设备

炉前的渣铁处理设备主要有开铁口机、泥炮、堵渣机、铁水罐车、摆动铁水溜槽和行车等。

1）开铁口机

开铁口机按动作原理分为钻孔式、冲击式和冲钻式三种。通常用的电钻开口机由吊开口机的走行梁、旋转机构、送进机构三部分组成。钻杆一边旋转一边进风，当吹屑中开始带铁花时，说明已经钻到终点，此时应退出钻杆完成开铁口的操作。

2）泥炮

泥炮是用来堵铁口的设备，其类型主要有电动泥炮、液压泥炮。电动泥炮由于结构复杂、丝杠和螺母磨损严重、维护量大，已越来越多地被液压泥炮取代。

泥炮要能完成四个动作，即转炮、锁炮、压炮和打泥，其中以打泥为中心环节，四个动作可以单独驱动，也可以将锁炮与转炮或压炮一起联动。液压泥炮打泥是通过双向油缸的活塞推动泥缸的活塞前进来完成打泥动作。在新型的MHG型全液压泥炮中，采用了固定活塞可动式油缸，打泥时可动式油缸推动炮泥前进，这种结构不会产生返泥现象，延长了油缸的使用寿命。

一种新型IHI全液压泥炮，在压炮油缸上固定着一个旋转套，转臂的一端连在旋转套的转芯上，另一端与连杆铰接，连杆的另一端固定在炮座上，当压炮油缸推动炮架前进时，带动转臂和连杆向前移动并旋转，迫使压炮旋转套旋转，造成炮身向下倾斜，使之对准铁口。这样就大大降低了泥炮高度，如总推力300 t的泥炮只高2.1 m。

锁炮装置是把锚钩机构固定在转炮装置的架体上，锚钩座固定在基础上。在泥炮旋转至铁口位置后，锚钩背的斜坡在前进中从挡板上滑起，炮转正后，锚钩落下，通过弹簧作用，将锚钩锁紧在锚钩座上，然后才可打泥，打完泥后，转炮之前，先将高压油通入锁炮油缸，使活塞杆前进，推动锚钩转起，即可摘钩。

转炮装置有的是通过液压马达使小齿轮旋转，从而带动大齿轮和整个炮架旋转；有的是使用回转缸（又叫摆动油缸）。工作时，转动块在缸内作不大于230°的回转，实际工作角不小于180°，转动块带动与之相连的泥炮转架转动，实现转炮的要求。

3）堵渣机

常用的堵渣机是平行四连杆机构，设备结构如图2－6所示。其主要部分是铰接的平行连

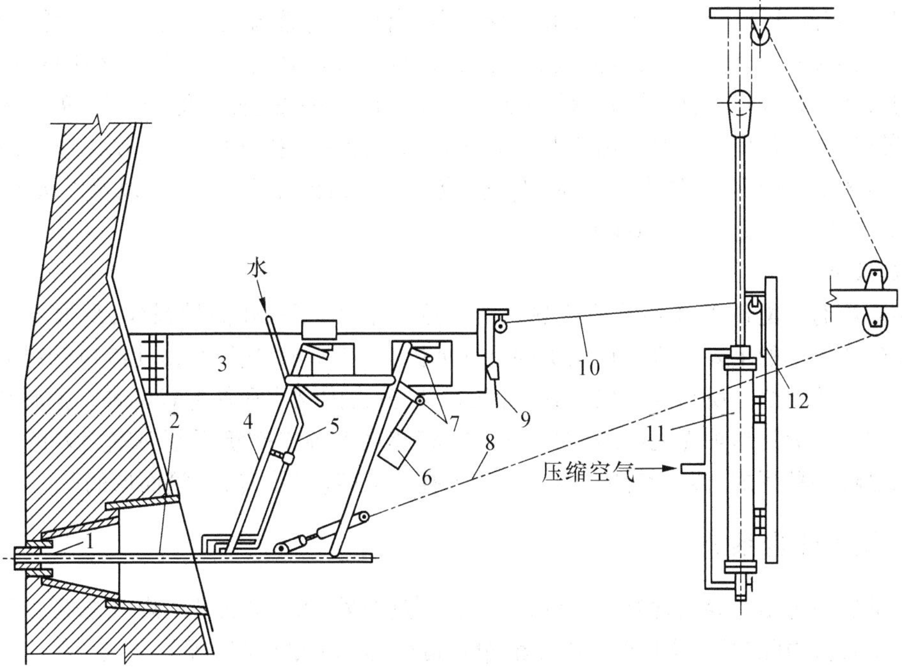

图2－6 连杆式堵渣机

1—塞头；2—塞杆；3—框架；4—平行四连杆；5—塞头冷却水管；6—平衡重；7—固定心轴；8—操纵钢绳；9—钩子；10—操纵钩子钢绳；11—气缸；12—钩子的操纵端

第3章 炼钢生产

3.1 炼钢综述

3.1.1 炼钢的基本任务

炼钢就是将废钢和铁水等炼成具有所需化学成分的钢，并使钢具有一定的物理化学性能和力学性能。在以生铁为主要原料的炼钢生产中，炼钢的主要任务如下所述。

（1）脱碳　在高温熔融状态下进行吹氧熔炼，把生铁中的碳氧化降低到所炼钢号的规格内。

（2）去除硫、磷、金属夹杂物及钢中的有害气体氧、氮、氢等　通过造渣和精炼把生铁中的有害杂质磷、硫和有害气体等降低到所炼钢号的规定范围内。

（3）调整钢液成分和温度　通过加入合金成分冶炼得到不同的钢种；通过温度调节得到合适的出钢和浇注温度，保证连铸生产的需要。

（4）将钢液浇注成合格的钢锭或连铸坯。

3.1.2 钢的分类

钢可以按冶炼方法、化学成分和用途进行分类。

1）*按冶炼方法分类*

按冶炼设备不同，钢分为转炉钢、电炉钢和平炉钢三大类。目前大量生产的碳素钢和普通合金钢大多是转炉钢和电炉钢。

按脱氧程度和浇注制度的不同，碳钢又可分为镇静钢、沸腾钢和半镇静钢三大类。镇静钢是完全脱氧钢，钢液在铸模或结晶器中平静凝固。镇静钢一般含硅0.17%~0.37%，含锰不高于0.80%。同沸腾钢相比较，其优点是成分比较均匀，组织比较致密，轧制的钢材具有较好的机械性能；缺点是成材率较低。沸腾钢是几乎不脱氧的钢，钢水浇入锭模后在凝固前会产生沸腾。沸腾钢含碳0.05%~0.27%，含锰0.25%~0.70%，含硅不高于0.03%。同镇静钢相比较，其优点是表面质量较好，切头较少，成材比较高，生产费用较低，轧制成材后具有较好的焊接、冲压及冷弯性能，广泛用于板材线材等，占普通钢产量的40%~50%；缺点是偏析较严重，钢材性能不均匀，强度较低，时效敏感性较大。半镇静钢的脱氧程度、钢材质量介于镇静钢和沸腾钢之间。

2）*按化学成分分类*

钢按化学成分分为碳素钢和合金钢两大类。

碳素钢简称碳钢，含有碳、硅、锰、硫、磷五种常见元素。碳钢按照含碳量又分为低碳钢（C含量小于0.25%）、中碳钢（C含量为0.25%~0.60%）和高碳钢（C含量大于0.60%）。根据含硫磷量的多少，碳钢又分为普通碳素钢（S含量小于0.055%，P含量小于0.045%）和优质碳素钢（S，P含量小于0.04%）。常用的普通碳素钢有Q195，Q215，Q235等，常用的优质碳素钢有钢号20, 35, 45, 65等。根据交货保证的技术条件,碳钢又分为甲类钢、乙类钢和特类钢,甲类钢只保证钢的机械性能,如普通碳素钢;乙类钢只保证钢的化学成分;特类钢既保证钢的机械性能又保证钢的化学成分,如优质碳素钢。

合金钢除含有碳、硅、锰、磷、硫五种常见元素外,还含有下列合金元素的一种或几种,如铬、镍、锰(>1%)、硅(>0.5%)、钼、钨、钒、钛、硼、锆、钽、铌、钴等。合金钢是具有较好的性能或特殊性能的钢。合金钢按合金元素总含量不同,可分为普通低合金钢(合金元素总含量低于3%)、低合金钢(合金元素总含量为3%~5%)、中合金钢(合金元素总含量为5%~10%)和高合金钢(合金元素总含量大于10%)。合金钢按硫、磷含量分为普通合金钢(S, P含量小于0.04%)、高级合金钢(S含量小于0.030%, P含量小于0.035%)和特级合金钢(S, P含量小于0.025%)。

3)按用途分类

按用途,钢分为结构钢、工具钢和特殊性能钢三大类。

结构钢分为建造用钢和机械用钢两类。前者用于建造锅炉、船舶、桥梁、厂房,后者用于制造机器和机械零件,结构钢一般属于中低碳钢或中低合金钢。

工具钢分为刃具钢、量具钢、模具钢三类,工具钢属于中高碳钢或中高合金钢。

特殊性能钢是具有特殊的物理或化学性能的钢,如耐热钢、耐酸钢、不锈钢、耐磨钢、磁钢等,属于中高合金钢。

3.1.3 炼钢的基本原料

炼钢用原材料可分为金属与非金属两大类。金属料主要指铁水(或生铁块)、废钢和铁合金;非金属料主要指造渣材料、氧化剂、冷却剂和增碳剂等。

3.1.3.1 金属料

1)铁水(或生铁块)

铁水是氧气顶吹转炉炼钢的基本原料,一般占金属料的70%~100%,目前电炉炼钢也大量使用铁水。铁水的成分、温度是否适当和稳定对炼钢操作及获得良好经济指标有关键影响。

铁水的主要成分除铁以外主要是C, Si, Mn, P, S五大元素。

C是炼钢中最主要的发热元素,铁水中含C在2.5%~4.3%,炼钢过程中脱碳是炼钢的主要任务之一。

Si是转炉炼钢的第二大发热元素,铁水含Si高,转炉热量来源增加。根据热平衡计算,Si的浓度每增加0.10%,废钢比可增加1.3%~1.5%。但铁水含Si过高,将增大渣量,引起喷溅,使石灰耗量和损耗增加,同时由于渣中SiO_2的增加,加剧了对炉衬的侵蚀作用,使炉龄下降,还将使高炉焦比增加。铁水含硅量也不宜过低,这不仅会因此少用废钢,而且不易成渣,渣量小,对去除硫、磷不利。所以,为了快速成渣,并能保持适当渣量,要求铁水有适当的含Si量。我国铁水中的Si一般为0.4%~0.8%。

Mn是有益元素。如果铁水中含Mn较高,将促进早期化渣,减少石灰用量,提高炉衬寿命,并有利于去硫,提高金属收率以及降低Fe-Mn耗量。但如果要求铁水有较高含锰量则将使高炉焦比显著增加,生产率下降。一般转炉用铁水含锰0.2%~0.4%。

P是强发热元素,通常是炼钢过程中要去除的有害元素,因此,希望铁水中含磷量越低越好。对含磷量不同的铁水,可采用不同的炼钢方法来处理,生铁含磷量高时可采用铁水炉外脱磷的方法处理。

S 也是炼钢要去除的主要有害元素。炼钢脱硫主要通过造渣脱硫,铁水含硫量过多或要炼低硫钢种时,可采取炉外脱硫来减少铁水的含硫量。

由于炼钢的热量来源主要是铁水的物理热,因此应努力保证兑入转炉的铁水温度尽可能高,一般应大于 1 200~1 300℃,并保持稳定。

2) 废钢

废钢是电弧炉炼钢的基本原料,用量占钢铁料的 70%~90%,对氧气转炉来说,则既是金属料又是冷却剂。废钢的质量对炼钢质量影响很大,而其来源很复杂,因此对废钢的管理十分重要。入炉的废钢应严防混入有害杂质(如有色金属和泥沙等)和危险品,对外形尺寸过大或单重过大的废钢应预先进行解体和切割,对轻薄料要打包或压块,以缩短装料时间。

3) 铁合金

炼钢生产中广泛使用各种脱氧和合金化元素与铁的合金,如 Fe-Mn, Fe-Si, Fe-Cr;以及复合脱氧剂,如硅锰合金、硅钙合金、硅锰铝合金;还有铝、锰、镍、钴等金属。铁合金应合理选用以降低成本,使用前应烘烤以减少气体带入。

3.1.3.2 非金属料

1) 石灰(CaO)

石灰是碱性炼钢方法基本的造渣材料,有很强的脱磷、脱硫能力,不危害炉衬。对石灰要求有效成分($=CaO\%-R\times SiO_2\%$,式中 R 和 $SiO_2\%$分别是石灰中的碱度和 SiO_2 含量)大于 80%~85%,S 和 SiO_2 含量要低,块度小而均匀,干燥无过烧和生烧。当温度控制在920~1 200℃,则烧成的石灰密度小,气孔率高,得到的石灰称为活性石灰。其化学反应能力较强,性能最好。

2) 萤石(CaF_2)

萤石是炼钢中普遍使用的熔剂,它的熔点较低(1 418℃),还能使 CaO 的熔点显著降低,因而能加速石灰的熔解,迅速改善碱性炉渣的流动性。但萤石对炉衬有腐蚀作用,并可能增加喷溅。

3) 白云石

氧气转炉炼钢还采用白云石等含 MgO 的材料造渣,增加渣中的 MgO 含量,以减少炉衬的消耗,并促进前期化渣。

4) 合成造渣料

将石灰和熔剂预先在炉外制备成低熔点的造渣材料,加入炼钢炉内以加速成渣过程。其中高碱度的烧结矿和球团矿就是一种很好的合成造渣料,但由于其造渣过程会吸收大量的热,从而会降低废钢的用量。

5) 氧化剂

(1) 氧气 氧气是各种炼钢方法中氧的主要来源,一般要求氧气纯度大于 98%,冶炼含氮低的钢种时,应大于 99.5%;氧气还应脱除水分;氧气的使用压力一般为$(6\sim12)\times10^5$ Pa。

(2) 铁矿石和氧化铁皮 作为氧化剂而使用的铁矿石,要求含铁高,SiO_2, P 和水分要少,使用前要加热。氧化铁皮则要求杂质含量少,不得含油污和水分,使用前必须烘烤。

6) 冷却剂

(1) 废钢 氧气转炉炼钢因热量有富余,可加入多达 30%的废钢作为调整吹炼温度的冷却剂。采用废钢冷却，可降低钢铁料、造渣材料和氧气的消耗，而且比用铁矿石冷却的效果稳定。

(2) 富铁矿、球团矿、烧结矿、氧化铁皮　这类冷却剂主要是利用它们所含 Fe_xO_y 氧化金属中的杂质时，需要吸收大量的热而起到冷却的作用。这部分炼钢原料可以直接炼成钢，而且利用其中的氧，同时又是助熔剂，有利于化渣，但带进的脉石将使石灰消耗量增加，渣量增加。

(3) 石灰石　在缺乏废钢和富铁矿的地方可用石灰石作冷却剂，因 $CaCO_3$ 分解时要吸收大量热。

7) 增碳剂和还原剂

电炉炼钢使用的还原剂和增碳剂有石墨电极、木炭、焦炭、电石、硅铁、硅钙、铝等。氧气转炉冶炼中、高碳钢时，一般用含灰分很少的石油焦作增碳剂。

3.2 炼钢的基本原理

3.2.1 脱碳反应

1) 脱碳反应的作用

碳-氧反应是炼钢过程中的一个主要反应。将熔池中的碳氧化脱除至所炼钢种的要求是炼钢的基本任务之一。而脱碳反应的产物 CO 气体从熔池中排出时剧烈地搅动金属液与炉渣而产生“沸腾”现象，加速了传质和传热过程，均匀了熔池的成分和温度，并有利于冶金物化反应的进行，同时也有利于熔池中有害气体和非金属夹杂物的排除。因此，脱碳反应实质上是完成炼钢任务的重要手段。

2) 脱碳反应式

在氧气炼钢中，一部分 C 可在反应区同 O_2 接触而被氧化，反应式为 $2C + O_2 = 2CO$。

3.2.2 硅的氧化反应

在炼钢金属料铁水和废钢中，均含有一定数量的 Si。其在铁液中有无限溶解度，它与铁的稳定化合物为 FeSi，在炼钢温度下 Si 可氧化成稳定的化合物 SiO_2。

在任何一种炼钢操作中，由于 SiO_2 的分解压低，所以 Si 在熔炼初期即被迅速氧化，并放出大量的热。其氧化反应式为

$$2FeO + Si = SiO_2 + 2Fe + 341\ 224\ \text{kJ}$$

由于 Si 的氧化为强烈的放热反应，故温度低有利于 Si 的氧化。Si 氧化时产生的 SiO_2 起初与 FeO 结合成硅酸铁，即：

$$SiO_2 + 2FeO = 2FeO \cdot SiO_2$$

随着石灰的逐渐熔化，FeO 被强碱性的氧化钙所置换

$$2FeO \cdot SiO_2 + 2CaO = 2CaO \cdot SiO_2 + 2FeO$$

硅酸钙很稳定，故在冶炼前期 Si 几乎全部被氧化，并不再被还原。

3.2.3 锰的氧化和回锰

与硅相同,炼钢熔池中也含有一定量的锰。锰也能无限溶于铁液中,锰的氧化产物为MnO,其氧化反应式为

$$Mn + FeO = MnO + Fe + 123\ 511\ kJ$$

在有过量FeO存在时,MnO, SiO_2, FeO将结合为$(Fe, Mn)_2SiO_4$。随着CaO的增加,$(Fe, Mn)_2SiO_4$逐渐向Ca_2SiO_4转变,即

$$(Fe, Mn)_2SiO_4 + 2CaO = Ca_2SiO_4 + 2FeO \cdot MnO$$

在转炉吹炼中期碳激烈氧化,熔池中由于供氧速度的限制,氧化性气氛减弱,熔渣中氧化铁含量减少,此时已氧化的锰被还原出来,锰进入熔池中,炼钢过程把这一现象称为回锰。但是到吹炼后期随着金属液中碳含量的降低,渣中氧化铁含量提高,锰重新被氧化进入渣中。

3.2.4 脱磷反应

(1) 对绝大多数钢种来说,P是有害元素。P含量的增加将降低钢的塑性、韧性,即出现钢的脆性现象。在低温时更为严重,所以通常称为"冷脆性"。一般随钢中C, N, O含量的增加,P的这种有害作用增强。另外,P在钢锭中的偏析度很大,更突出了其有害作用。因此,按用途不同对钢中含P量有严格要求:普碳钢要求P含量小于0.045%;优质碳素钢要求P含量小于0.035%;高质量钢要求P含量小于0.03%,有时甚至要求P含量小于0.02%。但在炼钢原材料中,特别是生铁中,总含有一定数量的P。由于各地资源条件不同,铁水(或生铁)含P波动范围很大,常在0.1%~1.0%之间变化,特殊的高达2.0%以上。

(2) 脱磷的基本反应　在碱性炼钢法中,P的氧化是在炉渣-金属液界面进行的,其反应式为

$$2P + 5FeO = P_2O_5 + 5Fe$$

$$P_2O_5 + 3FeO = 3FeO \cdot P_2O_5$$

生成的磷酸铁在高温下很不稳定,可重新分解出P_2O_5。而P_2O_5的分解压较大,是个不稳定的氧化物。因此,仅靠生成P_2O_5是不能把磷去除的。但P_2O_5是酸性氧化物,若用碱性氧化物与其结合成稳定化合物则可去除。一般认为,在碱性渣中P_2O_5与CaO形成稳定的$(CaO)_x \cdot P_2O_5$型化合物,其中x为3或4。因此,碱性操作中需加入石灰使P_2O_5形成稳定的$3CaO \cdot P_2O_5$或$4CaO \cdot P_2O_5$存在于渣中,才能有效地脱磷,即

$$3FeO \cdot P_2O_5 + 3CaO = 3CaO \cdot P_2O_5 + 3FeO$$

$$3FeO \cdot P_2O_5 + 4CaO = 4CaO \cdot P_2O_5 + 3FeO$$

3.2.5 脱硫反应

1) 硫对钢的性能影响

总体来说,硫是钢中的有害元素,应严格限制钢中的硫含量。各钢种对硫含量的要求大致分为三级:普通级,S含量小于0.055%;优质级,S含量小于0.040%;高级优质级,S含量小于

0.030%～0.020%。近年来，对钢质量提出了更高的要求，要求S含量小于0.015%，甚至小于0.005%。因此，对去硫提出了更严格的要求。

2）*脱硫反应方式*

炼钢过程中脱硫的途径有炉渣脱硫和汽化脱硫。

（1）炉渣脱硫　在未脱硫前，硫在钢液中主要以FeS形式存在，其次以MnS形式存在。硫在渣中存在的三种形态以CaS最为稳定，因此，若将钢中的FeS转变为既能在渣中稳定存在又不溶于钢的CaS，就能达到炉渣去硫的目的。炉渣脱硫的反应按如下方式进行

$$FeS + CaO = CaS + FeO - Q$$

$$FeS + MnO = MnS + FeO - Q$$

一般以炉渣和金属中含硫量之比 L_S =（炉渣含硫量/金属含硫量）表示炉渣的脱硫能力，Ls 称为硫的分配系数。表3－2列出不同冶炼方法的实际脱硫能力。

表3－2　不同冶炼方法硫的分配系数

硫的分配系数	顶吹碱性转炉	电炉氧化期	电炉还原期	高炉
L_S	5～16	3～8	30～50	20～80

由表3－2可知，顶吹转炉炼钢的脱硫能力最差，因此，对于含硫过高的铁水或要求钢种的含硫量很低时，必须进行预脱硫。

（2）汽化脱硫。根据硫的平衡及炉气分析得知，氧气转炉炼钢过程中钢液的硫有一部分是以气体状态去除的，其脱硫量一般占总脱硫量的10%～40%。关于转炉汽化脱硫的机理，目前尚缺乏充分的研究，还不能在操作中进行有效的控制。一般认为脱硫反应进行的方式可能有以下几种：

钢液中硫与气态氧结合为 SO_2 气体逸出，即

$$FeS + O_2 = Fe + SO_2$$

炉渣中的硫化物与气态氧反应，生成 SO_2 气体逸出，如

$$CaS + 1.5O_2 = CaO + SO_2$$

炉渣中硫化物与渣中氧化铁反应，生成 SO_2 气体逸出，如

$$CaS + 3Fe_2O_3 = CaO + 6FeO + SO_2\uparrow$$

3.2.6 脱氧反应

1）*氧对钢质量的影响*

在冶炼过程中，各种炼钢方法都要向熔池供入大量的氧以氧化金属中的杂质元素。这样，在氧化精炼末期，就使金属中溶入了一定量的氧。由于氧在液态铁和固态铁中的溶解度悬殊较大（如在熔化温度下，氧在液体铁中的溶解度为0.21%，在室温下，氧在固体铁中的溶解度仅为0.05%），所以当未脱氧的钢水凝固时，随溶解度的降低，氧以氧化铁的形式从液相中析出，分布于晶界上，降低了钢的机械性能。同时，在钢的凝固过程中，碳和氧由于偏析而富集于液相，当超过碳-氧平衡含量时，即再次发生碳-氧反应，产生大量CO气体，部分气泡滞留在钢

锭中形成气孔和疏松，将引起钢锭在加工时开裂。此外，FeO 还将与 FeS 生成低熔点共晶体，增加了硫的“热脆”危害。因此，氧是钢中的有害元素。利用对氧的亲和力比 Fe 大的元素如 Mn，Si，Al 等把 FeO 中的氧夺走，生成难溶于钢液的反应物如 MnO，SiO_2，Al_2O_3 等的工艺操作过程，称为脱氧。脱氧是炼钢的精炼过程，在很大程度上影响着钢的质量。按照脱氧程度的不同，钢可分为：镇静钢，即完全脱氧钢；沸腾钢，即不完全脱氧钢；半镇静钢，其脱氧程度介于镇静钢与沸腾钢之间。

2）*脱氧方法*

钢液的脱氧方法有沉淀脱氧法、炉渣脱氧法和真空脱氧法三种。

（1）沉淀脱氧法　沉淀脱氧又叫强制脱氧或直接脱氧。它是把块状脱氧剂，如锰铁块、硅铁块和铝块等加入钢液内，直接使钢液脱氧。其反应通式可表示为

$$FeO + Me = Fe + MeO$$

$$[MeO] = MeO$$

式中，Me 表示脱氧元素。

这种脱氧方法的优点是操作简便，脱氧速度快，省时间和费用低。其缺点是部分脱氧生成物来不及上浮进入渣，残留在钢液内污染了钢液。

（2）炉渣脱氧法　炉渣脱氧又叫扩散脱氧或间接脱氧。它是把粉状脱氧剂，如木炭粉、焦炭粉、硅铁粉等撒在溶液面上，形成还原渣间接使钢液脱氧。其反应通式可表示为

$$FeO + Me = Fe + MeO$$

$$[FeO] = (FeO)$$

在一定温度下，(FeO)/[FeO]=常数，(FeO)的降低必然引起钢液中[FeO]向渣液中扩散转移，从而间接地使钢渣脱氧。炉渣脱氧的优缺点与沉淀脱氧相反。碱性电弧炉多采用炉渣脱氧法。

（3）真空脱氧法　真空脱氧法是将已炼成的钢液，置于真空条件下，利用钢液中的碳进行钢液的脱氧。反应式可表示为

$$FeO + C \xlongequal{\text{真空中}} Fe + CO\uparrow$$

在真空中由于 CO 的分压降低，打破了 C 与 O 的平衡关系，引起碳脱氧能力的急剧增强，甚至可以超过硅和铝。真空脱氧过程中，对于低碳钢来说，氧含量可降至 0.003%～0.015%，而高碳钢中氧含量可降至 0.000 7%～0.002 0%。真空脱氧的优点是其生成物为 CO，不会留在钢液中，并且在 CO 气泡上浮过程中还有脱气和脱非金属杂质的作用。

3.2.7　造渣反应

从以上各种元素的化学反应可以看出，炉渣对钢中各种有害元素和杂质的脱除有至关重要的作用。因此有必要对造渣作专门的论述。

1）*炉渣的作用*

（1）通过对炉渣成分、性能及数量的调整，可以控制金属中各元素的氧化和还原过程，如调整渣的碱度及渣中 FeO 含量来去除 P，S 等。

(2) 向钢中输送氧以氧化各种杂质。如电炉炉气中和矿石中的氧,均通过炉渣传入钢液。

(3) 吸收钢液中的非金属夹杂物,并防止钢液吸气(H 和 N)。

(4) 电弧炉炉渣可起稳弧作用;电渣炉炉渣是电阻发热体;浇注过程中采用保护渣可改善钢锭质量等。

(5) 碱性炉渣对碱性的炉衬有保护作用,通过溅渣护炉操作来实现炉龄寿命的延长。

2) 炼钢炉渣的来源及其主要组成

炼钢炉渣的来源有:

(1) 废钢带入的泥沙和铁锈等;氧化物或冷却剂(矿石、烧结矿等)带入的脉石。

(2) 加入的各种造渣材料(石灰、萤石、黏土砖等)以及被侵蚀的炉衬耐火材料。

(3) 炼钢过程中化学反应的产物,即金属炉料、脱氧剂及合金中的各元素被氧化后所生成的氧化物(SiO_2, MnO, P_2O_5, FeO, Fe_2O_3);还有少量硫化物(CaS, MnS)。

由上可见,炉渣的组成以各种金属氧化物为主,并含有少量硫化物和氟化物。炼钢炉渣的基本体系是 $SiO_2-MnO-FeO$,渣中各成分的酸碱性强弱顺序为:

CaO MgO MnO FeO CaF_2 Fe_2O_3 Al_2O_3 TiO SiO_2 P_2O_5

碱性 ←———————中性———————→ 酸性

3) 炼钢炉渣的主要性质

炉渣的主要化学性质包括炉渣的碱度、黏度、熔点、稳定性和氧化性等,这里重点介绍对炼钢有重要影响的两个性质:碱度和氧化性。

(1) 炉渣的碱度 炉渣中碱性氧化物浓度总和与酸性氧化物浓度总和之比称之为炉渣碱度,常用符号 R 表示。炼钢炉渣碱度常用的表示方法如下。

第一种,当炉料中 $w(P)<0.30\%$时,用渣中碱性最强的 CaO 和酸性最强的 SiO_2 含量之比表示,即

$$R=\frac{w(CaO)}{w(SiO_2)}$$

第二种,当炉料中含 P 量较高时,则要考虑渣中 P_2O_5 对碱度的影响,此时碱度的表达式是:

$$R=\frac{w(CaO)}{w(SiO_2)+w(P_2O_5)}$$

炼钢碱性渣按其碱度大小一般可分为三类:$R=1.3\sim1.5$ 为低碱度渣;$R=1.8\sim2.0$ 为中碱度渣;$R>2.5$ 为高碱度渣。

(2) 炉渣的氧化性 炉渣的氧化性也称炉渣的氧化能力,它是炉渣的一个重要的化学性质。炉渣的氧化性是指在一定的温度下,单位时间内炉渣向钢液供氧的数量。炉渣的氧化性通常是用 $\sum w(FeO)$ 表示,$\sum w(FeO)$ 包括 FeO 本身和 Fe_2O_3 折合成 FeO 两部分。

3.3 转炉炼钢

氧气转炉炼钢法是当今国内外最主要的炼钢方法。氧气转炉炼钢法可分为顶吹法、底吹法、顶底复合吹炼法、侧吹法和顶底侧三向复合吹炼法五种。前三种用得较多,顶底复合吹炼

法是当前氧气转炉炼钢的发展方向。

氧气顶吹转炉最早出现在1952年的奥地利,我国于1964年在首钢投产了一台30 t的氧气顶吹转炉。目前我国最大的一座氧气顶吹转炉为宝钢的300 t转炉。氧气顶吹转炉结构图如图3-1所示。

氧气顶吹转炉炼钢法是水冷氧枪自炉口垂直伸入炉内,直接向熔池吹入高速氧流,将铁水中的碳、硅、锰、磷、硫氧化到所炼钢号的规格内,并利用铁水的物理热和元素氧化放出的热量获得熔炼所需的高温,无需外部热源的一种炼钢方法。

顶吹转炉主要由转炉炉体、转炉倾动装置、转炉托圈、供氧氧枪以及副枪等组成。炉体的最外层是炉壳,由钢板焊成。炉壳内砌筑有一定厚度的碱性耐火材料——氧化镁白云石作炉衬。转炉倾动装置通过带耳轴的托圈驱动转炉作360°的旋转。氧枪也是转炉的关键设备(如图3-2),由供氧系统供氧和水冷循环系统提供冷却,氧枪可由升降系统实现升降运动。副枪顶端安装有测温探头和取样器,用于随时测量炉温和钢液中的含碳量。

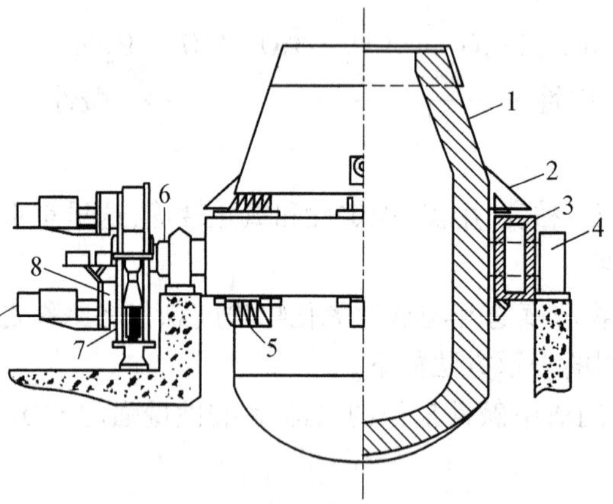

图3-1 转炉炉体结构和倾动机构示意图

1—炉壳;2—挡渣板;3—托圈;4—轴承及轴承座;
5—支撑系统;6—耳轴;7—制动装置;8—减速机;9—电机及制动器

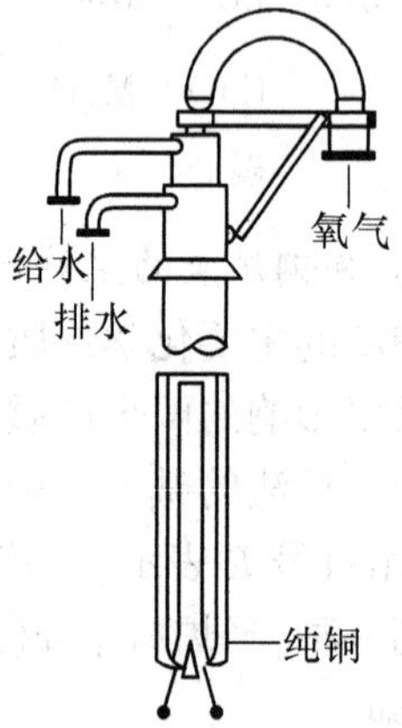

图3-2 氧枪结构图

1) 顶吹转炉的吹炼特点

供氧在氧气转炉炼钢过程中起主导作用,对整个吹炼过程的控制及各项技术经济指标都有重大影响。因此,必须了解氧气射流与熔池作用的基本规律。

(1) 氧气射流由喷嘴喷出后的运动规律　当气体流股由喷嘴射出后,气流与周围静止的气体介质相接触,由于运动气流的负压作用(流股内的静压低于外界静止气体的静压)和气体本身的黏性作用,邻近流股周围的静止气体逐渐被卷入流股内部,使气流体积不断膨胀,而流速却逐渐减小。距喷口越远,被卷入的气量就越多。流股截面逐渐增大,使流股边界形成一锥体形,而各截面上的压力和速度则逐渐减小,且边缘速度比中心速度降低得快。

(2) 氧气流股与熔池间的作用　氧气流股从喷嘴喷出后,以一定速度冲击熔池,引起熔池内金属液的循环运动,起到机械搅拌的作用。搅拌作用的强弱和均匀程度,与氧气射流对熔池的冲击状况和熔池的运动情况有关,一般以熔池产生的冲击深度和冲击面积来衡量。由自由流股的运动规律可知,距喷孔出口越远,流股的冲击力越小,而截面越大。当距离一定而改变气流压力时,也将产生类似的效果。因此,枪位(即喷孔至液面的距离)和使用氧压是影响冲击压力(冲击深度)和冲击面积的主要因素。

当枪位较低或使用较高氧压时,氧流对液面有较高的冲击压力,金属液被冲击成一深坑。此时,氧流作用区(冲击面积)较小,一部分金属液被粉碎成液滴,从深坑中沿切线方向喷溅出来,送入熔池上面空间被大量氧化,然后又被卷入熔池,使熔池受到强烈的搅拌而进行循环运动,这种情况称为"硬吹"。在"硬吹"情况下,由于金属液的强烈循环运动,加速了金属熔池中非铁元素的氧化,脱碳速度增加。但此时渣中氧化铁含量低,对化渣不利。

当枪位较高或使用较低氧压时,氧气流股对液面的冲击力较低。金属液被冲击成一个浅坑,而冲击面积较大。被击碎的金属液滴从浅坑沿切线喷出的方向较平,熔池内金属液的循环运动较弱、较平稳,这种情况称为"软吹"。在"软吹"情况下,由于熔池搅拌较弱,因而熔池中非铁元素的氧化减慢,脱碳速度降低。但此时渣中氧化铁含量较高,有利于化渣。

(3) 碳氧反应对熔池的剧烈搅拌作用　熔池受到氧流的强烈冲击和氧化反应生成的CO气泡的急剧沸腾搅拌作用,在熔池上部造成钢液-渣液-炉气三相的剧烈混合,部分钢液呈小液滴和气泡悬浮于钢液和渣液中,形成乳浊液和泡沫渣。从而加快了金属熔池的化学反应速度。

2) 氧气顶吹转炉炼钢过程

顶吹转炉冶炼的操作过程如图3-3所示。

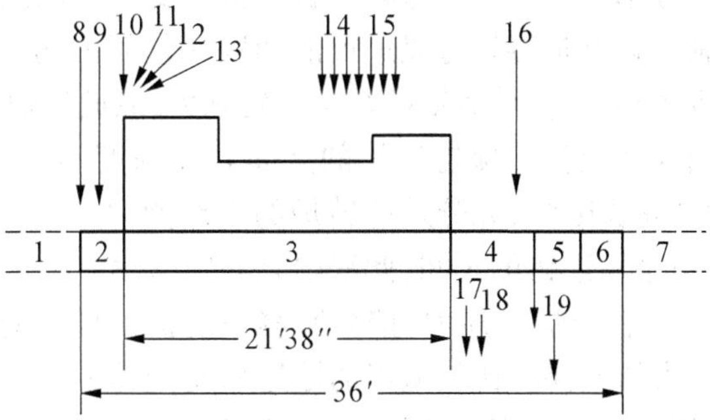

图3-3　顶吹转炉吹炼操作实例图

1—上炉排渣;2—装料;3—吹炼;4—出钢准备;5—出钢;6—排渣;7—下炉装料;8—废钢15 000 kg;9—铁水72 500 kg;10—石灰石4 200 kg;11—氧化铁皮700 kg;12—萤石180 kg;13—铁矿石600 kg;14—铁矿石200 kg×7次;15—石灰200 kg×5次;16—锰铁;17—取样;18—测温;19—锰铁、铝

(1) 上炉出钢倒渣后,迅速检查炉体,必要时进行补炉,然后堵好出钢口,及时加料。

(2) 装入废钢和兑入铁水后,摇正炉体,下降氧枪并同时加入第一批渣料(石灰、萤石、氧化铁皮、矿石),其量约为总渣量的2/3~1/2。当氧枪降至规定枪位时,即调至规定氧压开始吹炼。当氧流与熔池面接触时,产生C, Si, Mn的氧化,称为点火。点火后几分钟,初渣形成并覆盖于熔池面。随着Si, Mn, C, P的氧化,熔池温度升高,火焰亮度增加,炉渣起泡,并有小铁粒从炉口喷溅出来,此时应适当降低氧枪高度。

(3) 吹炼中期脱碳反应剧烈,渣中氧化铁含量降低,炉渣熔点增高、黏度加大,并可能出现稠渣(即返干)现象。此时应适当提高枪位,并可分批加入铁矿石和第二批渣料,以提高渣中氧化铁含量,并调整炉渣。必要时,可加少量萤石调整炉渣流动性,防止产生严重的金属喷溅。

(4) 吹炼末期,脱碳速度减弱,火焰变短而透明。最后根据火焰状况、供氧数量和吹炼时间等因素,按所炼钢种的成分和温度要求,确定吹炼终点。判定终点后,提升氧枪并停止供氧,倒炉进行测温和取样。根据分析结果,决定出钢或补料时间。

(5) 当钢水成分和温度均已合格,即可出钢。在出钢过程中,向盛钢桶内加入铁合金,进行脱氧和合金化。出钢完毕,将炉渣倒入渣罐。

通常将相邻两炉之间的间隔时间(从装入钢铁料至倒渣完成)称为冶炼周期,一般为20~40 min。其中吹入氧气的时间称为供氧时间或纯吹炼时间。冶炼周期与炉子吨位的大小和采用的工艺有关。

3) 氧气顶吹转炉炼钢的操作制度

为了保证吹炼反应在最佳条件下进行,缩短冶炼时间,达到所要求的钢水成分和温度,确保其质量,并提高金属收率和炉龄,必须正确地执行一系列的操作制度。

(1) 装入制度 每炉装入铁水和废钢的数量称为装入量。氧气顶吹转炉不用外来热源,是依靠铁水物理热和铁水中杂质元素氧化反应生成热来提供热量的。因此,铁水和废钢的合理配比需根据炉子的热平衡来确定,绝大多数情况下,铁水的比例为75%~90%。同时,还应有合适的装入量,装入量过大,喷溅增加,因而迫使供氧强度降低,熔池搅拌不好,造渣困难,炉衬寿命降低;装入量过小,则产量减少,同时因熔池过浅,炉底可能受到氧气射流的冲击,甚至被损坏。通常把炉容与装入量之比(m^3/t)称为炉容比,一般炉容比为0.70~1.05,小炉容取上限,大炉容取下限。目前,国内外氧气顶吹转炉装入制度有三种。

a. 定量装入 在整个炉役期内,保持每炉的装入量不变。其优点是便于稳定操作、组织生产和实现过程自动控制。缺点是容易造成炉役前期装入量偏大而熔池偏深;炉役后期装入量偏小而熔池偏浅。炉容越小,炉役前后期的炉容差别越大,故此法适用于大型转炉。

b. 定深装入 在整个炉役期内,保持每炉的金属熔池深度不变。其优点是氧枪操作稳定,有利于提高供氧强度和减少喷溅,充分发挥转炉的生产能力。但装入量和出钢量变化大,采用模铸时难于配合,但对采用连铸的车间,此法则有其优越性。

c. 分阶段定量装入 在整个炉役期内,按炉膛容积的扩大程度划分为几个阶段,每个阶段按不同定量装入。此法大体上保持比较适当的熔池深度,也保持了装入量的相对稳定,既满足了吹炼工艺的要求,也便于组织生产,为国内各厂普遍采用。

(2) 供氧制度 供氧制度是控制氧气转炉炼钢操作的关键制度。其内容包括选择合理的喷头类型和尺寸,确定恰当的供氧强度,采用适宜的喷枪高度与工作氧压。当喷头的类型和尺寸确定后,吹炼过程中能够调节的供氧参数是枪位与工作氧压。供氧的主要工艺参数有三个。

a. 供氧强度 是指单位时间内每吨金属的供氧量,单位是$m^3/(t \cdot min)$。每吨金属所需氧量可以根据铁水成分、废钢比、所炼钢种、渣量、氧的利用率等已知条件由物料平衡计算得到。目前国内小型转炉的供氧强度为2.5~4.5 $m^3/(t \cdot min)$,120 t以上转炉的供氧强度为2.8~3.6 $m^3/(t \cdot min)$。国外转炉供氧强度为2.5~4.0 $m^3/(t \cdot min)$。

b. 氧压 是指测定点的压力(并非喷头出口压力或喷头前压力),单位是Pa。在实际生产中,氧压的测定点与喷头前有一定的距离,所以有一定的压力损失。目前国内一些小型转炉工作氧压为$(5 \sim 8) \times 10^5$ Pa,一些大型转炉为$(8.5 \sim 11) \times 10^5$ Pa。

c. 喷枪高度 是指氧枪喷头出口距静止金属液面的高度,单位为cm。由于吹炼过程中金属液面的实际高度频繁地变化,至今尚无法测定,所以生产上喷枪高度一般根据经验公式计算确定,然后由实际操作效果加以校正。

(3) 造渣制度 由于脱硫和脱磷反应都是通过造渣完成的,造好渣是炼好钢的基本保证。

所以必须控制造渣过程按照合理的造渣制度完成。造渣制度的具体内容是加入造渣材料的种类、数量和时间,并要与相应的供氧制度和温度制度相配合。

a. 炉渣碱度 是炉渣去除S, P能力大小的主要标志。其控制范围应根据铁水P, S含量和所炼钢种对P, S的要求,以及最少侵蚀炉衬等因素来确定。国内氧气顶吹转炉,在原料含P, S较高或冶炼低P, S钢种时,终渣碱度一般控制在3以上。

b. 造渣方法 目前,国内使用的造渣方法有单渣、双渣和双渣留渣法三种。单渣法是指整个吹炼过程中,不倒渣、不扒渣。适用于P, S, Si含量较低的铁水或对P, S含量要求不高的钢种。此法操作简单,冶炼时间短。双渣法是指在吹炼过程中需倒出或扒出部分炉渣(约1/2~2/3),然后重新加渣料造渣。该法适于铁水含Si量高于1.0%或含P量高于0.5%或原料含P量低于0.5%但要求生产低磷的中、高碳钢,以及需在炉内加入大量易氧化元素的合金钢时采用。此法优点是脱P, S效率高,避免了大渣量引起的喷溅。双渣留渣法是指将双渣法的高碱度、高氧化铁、高温、流动性好的终渣留一部分在炉内,然后在吹炼第一期结束时倒出,重新造渣。其优点是可加速下炉吹炼初期渣的形成,提高前期去P, S的效率,同时可减少石灰消耗。该法适用于吹炼中、高磷铁水(P含量大于1.0%)。

(4) 温度制度 主要是指合理控制炉钢的过程温度及终点温度。控制过程温度的目的是使吹炼过程升温均衡,保证操作顺利进行;终点温度控制的目的是保证合适的出钢温度。

炼钢的热量来源 氧气顶吹转炉炼钢的热量来源主要是铁水物理热和铁水中杂质元素氧化反应放出的大量化学热。这些热量除了能满足出钢温度要求外,还有富余,因此必须加入一定数量的冷却剂,才能使终点温度控制在一定范围内。另外,氧气转炉的升温速度很快,兑入炉内的铁水温度一般为1 200~1 300℃,经十几分钟吹炼,钢液温度就可达1 640~1 670℃,平均每分钟升温20~30℃。铁水中发热量最大的元素是碳,约占铁水化学热的一半,其次是硅和磷。

出钢温度的确定 一般是根据生产条件和经验来确定合适的出钢温度。主要考虑以下原则:所炼钢种的凝固点可根据钢种的化学成分计算而得。钢液中含有其他元素愈多,钢的熔点愈低。

a. 合适的浇注温度。一般要求开浇温度应高出所炼钢种凝固点为50~100℃。小炉子偏高些,大炉子则偏低些。

b. 出钢过程和镇静过程的温降。一般出钢时间长,钢水温降大,钢包容量大则降温少。

c. 所浇钢锭锭型大小。若浇小锭时,出钢温度要偏高些。

d. 浇注方法。连铸比模铸出钢温度要高些(一般高20~50℃)。

e. 终点控制。基本目的是在吹氧结束时使金属的化学成分和温度同时达到出钢要求。转炉炼钢终点控制一般有两种不同的方法,即“拉碳法”和“增碳法”。“拉碳法”是在熔池含碳量达到出钢要求时停止吹氧,即吹炼终点时,不但钢液的磷、硫和温度等符合出钢要求,而且钢液中的碳加上铁合金所带入的碳之后,也能符合钢种的规格,不需专门向金属追加增碳剂增碳。“增碳法”是在吹炼平均含碳量大于或等于0.08%的钢种时,一律采取吹到0.05%~0.06%碳时停吹,然后按照所炼钢种的规格,在盛钢桶内增碳。

f. 脱氧与合金化。加入某一种或几种合金元素,使其在钢中的含量达到钢种规格的操作过程,通称合金化。脱氧和合金化是吹炼过程的最后一个操作工序。主要是根据钢种规格选择合适的脱氧剂,确定其加入量及加入方法,使脱氧程度和成分含量均达到钢种要求。

3.4 钢的炉外精炼

为了提高钢的质量,常常要精确控制钢中的 C, P, S, N, H, O 含量,因为这些元素单个或综合的作用均可大大影响钢的性能。这些元素之所以有害,是因为它们可以产生晶界偏析、白点、夹杂物等。在转炉或电炉中进行的精炼对这些有害元素的去除是有限的。为了提高精炼水平,将在转炉或电炉中冶炼后的钢水送到精炼炉中去进行二次精炼。对于炉外精炼设备,各国相继研制出各种精炼炉,德国于1956年发明了真空提升脱气法,即DH法,莱茵钢冶金公司和海拉斯公司合作开发了真空循环脱气法,即RH法,解决了传统炼钢方法难以解决的脱氧、脱氮等问题。进入20世纪60年代后,为了提高钢水的炉外处理效果,扩大处理功能,使钢水有均匀的温度和成分,促使夹杂物上浮,瑞典研制出具有感应搅拌和电弧加热功能的ASEA-SKF精炼炉。1965年,德国又研制成真空吹氧脱碳法,即VOD法。1968年,美国研制成氩-氧精炼炉,即AOD法。20世纪70年代初,日本研制成具有电弧加热、氮气搅拌功能的钢包精炼炉,即LF炉。为了达到二次精炼的目的,这些炉外精炼设备的主要工艺操作手段包括真空处理,吹氮或氩,吹氧,电磁搅拌,加入渣料、脱氧剂和合金元素,电弧加热等。

3.4.1 炉外精炼的作用

1) 脱氧

钢中氧的含量是随着钢中碳的减少和温度的升高而增加的,在炼钢温度范围内,钢水中的碳氧浓度积为常数,因此,在低碳范围内(0.2%以下),处于与C平衡的O含量急剧增加。为了降低钢水中的含氧量,一般加入铝、硅等脱氧剂。在平衡条件下,钢中加入0.04%Al,通常可使约含500 mg/kg的最高含氧量(低碳钢)降到极限值。

2) 微合金化

将B, Ti, Nb, V和Zr这些元素少量地加入到钢水中,可提高钢的强度和韧性,在钢筋业和汽车行业中都显示了微合金化的作用。但微合金元素本身也是脱氧剂,如果钢水不预先脱氧,将很难控制钢水中的合金量,并造成合金元素的浪费。因此,加微合金前必须预脱氧。

3) 控制夹杂物的形态

用Al脱氧必然形成Al_2O_3,当残余铝超过0.03%时,Al_2O_3颗粒将形成不易上浮的微小颗粒。这些颗粒将成为钢质量下降的主要夹杂物。在采用炉后钢包喂丝技术后,可将填有CaSi粉的空心铝丝喂入钢水中,这样既进行了脱氧又可达到细化晶粒的目的。CaSi中的Ca与Al_2O_3化合产生铝酸钙,而铝酸钙呈球状,且在钢的浇注过程中不堵水口,有助于提高连铸能力并在轧制温度下不变形。所以,炉后处理用钢包喂丝法,通过加入Ca, CaSi, Mg或稀土元素,可精确地控制脱氧量并可改善夹杂物的形态,是一种极好的炉后处理方法。

3.4.2 炉外精炼的主要方法

1) 钢液的真空处理

钢液真空处理有脱氧、去气和去非金属夹杂物的作用,主要有钢流脱气法、真空提升脱气法和循环脱气法三种。

(1) 钢流脱气法　钢流脱气法包括倒包法、真空浇注法及出钢过程脱气法三种。钢流脱气法是将钢水注入真空室,由于压力急剧下降,使流股突然膨胀并散开成一定角度以滴状降落,使脱气表面积大大增加,有利于气体逸出。研究证明,在真空滴流过程中,钢水脱氧的同时还有脱碳作用,另外,非金属夹杂物的含量也相应降低50%~70%。滴流处理的主要问题是钢水温降严重,尤其是倒包法更为突出。

(2) 真空提升脱气法(DH法) 真空提升脱气法的主要设备由真空室、提升机构、加热装置、合金加料装置以及抽气系统等组成,如图3-4所示。其操作程序是,将真空室下部的吸嘴插入钢水中,真空室抽成真空后,钢水沿吸嘴上升到真空室内脱气。当钢包下降或真空室相对提升时,脱气后的钢水重新返回到钢包中;当钢包上升或真空室下降时,又有一批新的钢水进入真空室进行脱气,不断重复,直到达到预期的处理效果为止。这种脱气方法的优点是:脱气效果好,脱气效率高,钢水降温小,并有较强的脱碳能力。

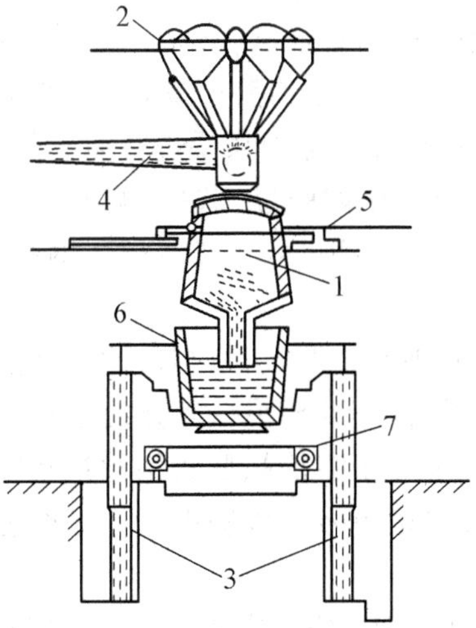

图3-4 DH法设备示意图

1—真空室;2—合金加料装置;3—液压提升机构;4—抽风管道;5—电阻加热装置;6—钢包;7—钢包车

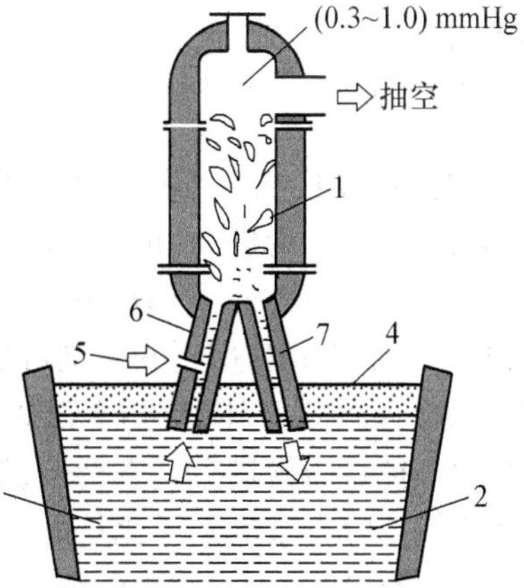

图3-5 RH法设备示意图

1—真空室;2—钢包;3—钢水;4—熔渣;5—氮气入口;6—上升管;7—下降管

(3) 循环脱气法(RH法) 其工作原理如图3-5所示。真空脱气设备由真空室和抽气装置组成,真空室下端有两根分别用作上吸钢水和排放钢水的上升管和下降管,脱气处理时,将这两根管子插入钢水中,通过真空室抽成真空,使钢水从两根管内上升到压差高度约1.5 m,同时从上升管下部1/3处吹入作为驱动气体的氮气,使上升管内的钢水中充满气泡,氮气经高温钢水加热,加之钢中气体向Ar气泡内扩散,使其体积迅速膨胀,膨胀的气泡使上升管内的钢水密度变小,气泡带动钢水上升,当钢水进入真空室时,流速高达5 m/s左右,氮气泡在真空下突然膨胀,使钢水呈雨滴状喷起,从而大大增加了脱气表面积,加速了钢液脱气过程,脱气后的钢水进入下降管,因其相对密度相对较大,以1~2 m/s的速度返回钢包中,如此周而复始多次循环,钢水顺次进入真空室,在真空下完成脱气过程。RH法的优点是:脱气效果好,钢水温降小,适用范围广(可处理不同容积和类型的钢包内钢水)。

2) *钢包精炼法*

上述的真空脱气法主要是以降低钢中的气体含量、脱碳等为目标来提高钢的质量,钢包精炼是在保证钢的质量的同时,以提高生产率和降低成本为目标。典型的钢包精炼方法有

ASEA-SKF 法、VOD 法、LF 法等。

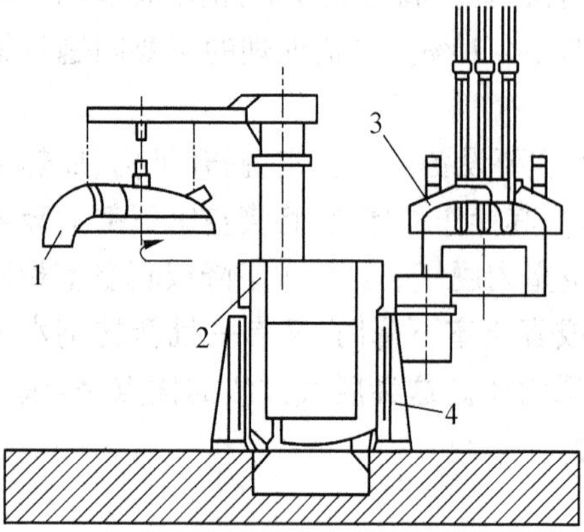

图 3-6 ASEA-SKF 法设备简图

1—摆动式真空炉顶；2—钢水包；3—摆动式加热电极炉顶；4—感应式电磁搅拌器

(1) ASEA-SKF 法　该法是瑞典 ASEA 与 SKF 公司于 1985 年联合研究制造而成的，设备可处理的容量为 20～140 t。其处理工艺流程如图 3-6所示。钢水出钢后，将钢包炉吊入搅拌器内进行电磁感应搅拌，此时除掉初炼渣，加渣料造新渣，待钢水温度合适后盖上真空盖，进行真空脱气处理。真空脱气后，通过斜槽漏斗加入合金调整钢水成分，最后将钢水加热到合适的温度，再将钢包吊出进行浇注。

此法的主要优点是：由于有电磁搅拌和电弧加热，钢水处理时间不受限制，夹杂物容易上浮，并可进行脱氧、脱硫、调成分和温度操作，操作灵活。简化了初炼炉的操作，初炼炉只要进行简单的脱碳、脱硅等操作，其他操作如脱氧、脱硫、调成分和温度等由精炼炉完成，提高了生产效率并降低了成本，扩大了生产品种，可生产各种碳钢和合金钢。不足之处是设备复杂、造价高、精炼时间长。

(2) 真空吹氧脱碳法　VOD 法的生产工艺设备与其他钢包脱气法比较，除有两点不同外其他均相似。一是吹氧精炼用的氧枪可通过真空室盖子自由升降；另一点是由于真空室进行吹氧脱碳产生大量 CO 气体，故要增强抽气能力。VOD 法对于精炼超低碳钢种具有突出的优越性，同时对各种特殊钢进行真空精炼或真空脱气处理也很有效。该法由于包底设有吹氩搅拌装置，其脱气去除夹杂的效果比较好。

(3) 钢包炉精炼法　这种钢包精炼炉的特点之一是不用真空。它采用氩气搅拌及炉渣精炼技术，免去了昂贵的电磁搅拌，在大气压下用石墨电极埋弧加热。

3.5 钢的浇注

冶炼后的合格钢水一般通过模铸浇注成钢锭或连续浇注成钢坯。由于模铸的钢锭质量不高，成材率低，因此现在除了少数钢厂保留了一些特殊钢种采用模铸外，所有钢厂几乎完全采用连续铸钢的方法生产钢坯。本节主要介绍连续铸钢的工艺和设备。

3.5.1 连续铸钢的特点

连续铸钢是近 30 年发展起来的铸造技术，它与模铸钢锭不同，是通过连铸机将钢液连续铸造成钢坯，不经过初轧厂开坯，直接送轧钢车间轧制成钢材。连续铸钢法与模铸相比有极大优越性，具体表现在以下几个方面。

(1) 钢液经连铸机可直接得到接近成品断面形状的铸坯，使由钢液到钢坯的生产工艺和设备大为简化，即无需经初轧工序，省去了初轧机、均热炉，并节约了燃料、动力和人力。

(2) 铸坯切头率比钢锭少，金属收率可提高 7%～12%。

(3) 省去了脱模、整模、铸锭等一系列工序，可简化车间布置，节约耐火材料，改善劳动条件,并为炼钢生产的连续化、自动化创造了条件。

(4) 铸坯内部组织均匀、致密,偏析少,性能稳定,表面缺陷也少。

(5) 可降低能耗。与模铸相比,每吨连铸坯的综合能耗约可减少 130 kg 标准煤,劳动生产率可提高 20%以上,生产成本可降低 10%~12%。

其缺点是设备复杂,操作难度大,但随着设备技术和操作水平的进步,这些缺点已逐步克服,但连铸沸腾钢和高合金钢还有一定难度。

3.5.2 连铸机

连续铸钢用的连铸机有各种类型,按照结构形式可分为立式、立弯式、弧形、水平式等,目前使用最多的是弧形连铸机,并且弧形连铸机的技术也最为成熟,90%以上的连铸坯是由弧形连铸机生产的。连铸机按照铸坯的断面形状又分为板坯连铸机、小方坯连铸机、大方坯连铸机、圆坯连铸机、异形坯连铸机和薄板坯连铸机。这里主要介绍弧形连铸机的设备和工艺。

1) 弧形连铸机的主要设备

目前应用最广、发展最快的弧形连铸机由下列主要部分组成:中间罐、结晶器及振动装置、二次冷却装置、拉坯矫直装置、引锭装置、切割装置、输送辊道及冷床等。

(1) 中间罐　中间罐的作用是盛放由盛钢桶转来的待浇钢液。中间罐的钢液高度一般维持在 350~500 mm。一个中间罐可以安装几个水口,以实现多流浇注的目的。

(2) 结晶器及振动装置　结晶器是连铸机的最重要的部件,其主要任务是保证钢液迅速冷却,形成足够强度的外壳,以免铸坯由结晶器中拉出时受钢液静压力作用而破裂。结晶器一般由紫铜或黄铜板装配而成。内壁是夹层结构,夹层间留有一定的空隙,以供冷却水流通。结晶器长度一般为 650~800 mm,横断面尺寸就是连铸坯所要求的断面形状尺寸。整个结晶器放在能以一定频率作上下往复运动的框架上,目的是使结晶器按一定规律上下往复运动,以免初生坯壳与结晶器内壁粘连而造成坯壳破裂。

(3) 二次冷却装置　铸坯从结晶器中被拉出后,坯壳厚度只有 15~25 mm,而中心部分仍是钢液。因此,在二次冷却区继续喷水冷却铸坯,直至完全凝固。二次冷却装置包括冷却水喷嘴及夹辊。喷嘴的作用是把冷却水喷成雾状,均匀射到铸坯表面。夹辊是用来防止铸坯因内部钢液重力作用而产生“鼓肚”现象以及拉坯导向。二次冷却区结束时应保证完全凝固,且铸坯表面温度应不低于 800~900℃,以免产生切割漏钢和矫直裂纹。

(4) 拉坯矫直装置　拉辊的任务是在准备浇注时,支持引锭杆并将它送到结晶器内(利用拉辊倒转);在浇注开始后,将锭杆和铸坯一起拉出。随着浇注的进行,拉坯任务只是支持铸坯自重和控制拉速。矫直辊的作用是对铸坯进行矫直。

(5) 引锭装置　引锭装置包括引锭头和引锭杆两部分。引锭头是结晶器的假底,其横断面略小于结晶器的横截面积,四周间隙用石棉绳塞紧。引锭头上端成“燕尾”状或“钩”状。在浇注前,将引锭头送入结晶器内以托住钢液,待钢液凝固成一定厚度的坯壳后,引锭杆则在拉辊作用下把铸坯引出。

(6) 切割装置　目前,在连铸机上切割铸坯的装置有两种形式:火焰切割和机械切割。前者使用较广泛。

(7) 输送辊道及冷床　铸坯经切割后,就被输送辊道运至冷床冷却或送去连续轧制。

2）弧形连铸机的连铸工艺

弧形连铸机的连铸工艺过程是：钢液通过中间罐注入结晶器内，迅速冷凝成内部仍为液态的铸坯。铸坯的尾部与伸入结晶器底部的引锭头衔接。浇注开始后，开动拉坯机，通过引锭杆把结晶器内的铸坯慢慢拉出。铸坯通过二次冷却装置时被进一步喷水冷却直到完全凝固。完全凝固的铸坯通过拉坯机后切割成规定长度，然后由输送辊道送到冷床上冷却，再由行车吊运走。

在铸坯形成过程中，影响铸坯质量的主要因素是浇注温度、拉坯速度、结晶器冷却制度和二冷区的冷却制度。它们随钢种特性、铸坯断面形状和尺寸而变化。

（1）浇注温度。连铸时，浇注温度通常是指中间罐内的钢水温度。浇注温度是由浇注钢种的凝固点温度再加上一定的过热度得到。连铸时注温偏低，易使水口堵塞，注温偏高铸坯表面容易产生裂纹，甚至造成漏钢事故。因此，必须根据所浇钢种、铸坯断面、浇注条件等因素来确定合适的钢水过热度 Δt，实际生产中 Δt 为 5~50℃。实践证明，“低温快注”是一条行之有效的浇注方法。在选定合理的过热度后，过热度波动范围要求很窄，一般只允许波动 10~20℃。钢水温度均匀化也是保证顺利连铸的重要条件。钢包吹氮搅拌有利于调温和均温，它已成为稳定连铸工艺和提高铸坯质量的必要措施。

（2）拉坯速度。拉坯速度是根据铸坯断面、钢种和注温来确定的。确定拉速的主要依据是保证结晶器出口处铸坯有适当的坯壳厚度，能承受拉坯力和钢水静压力，使坯壳不会被拉裂，不出现明显的“鼓肚”变形。经验表明，在铸坯成分一定的情况下，小断面铸坯在结晶器出口处坯壳厚度大于 10~15 mm、大断面铸坯大于 20~30 mm 时，则不会发生拉漏现象。合金钢的高温强度大，可以略薄一些。

（3）结晶器冷却制度和二冷区的冷却制度。为保证钢液在短时间内形成坚固的外壳，要求结晶器有相应的冷却强度。冷却强度过低，影响拉坯速度的提高，并影响结晶器寿命；反之，则使铸坯过早收缩，在坯壳和结晶器之间过早形成气隙，从而减少铸坯向结晶器的传热，也将影响拉速的提高。因此，必须要求结晶器有合适的冷却水用量，以保证其冷却强度。

二冷区的冷却强度（kg 水/kg 钢）随钢种、铸坯断面尺寸及拉速等因素而改变。为提高铸坯凝固速度，应尽可能地提高二冷强度。但过分加强冷却，则会使铸坯产生裂纹，所以二冷强度通常控制在 0.3~1.2 kg 水/kg 钢。低碳、塑性好的钢种及方坯，采用上限；导热性和塑性差的钢种及圆坯，采用下限。

思考题

1. 炼钢的基本任务有哪些？
2. 按化学成分和用途分，钢可以分为哪几类？
3. 炉渣在炼钢过程中有哪些作用？炼钢炉渣和炼铁炉渣有什么不同？
4. 炼钢炉渣的来源及主要组成是什么？
5. 何谓炉渣的氧化性？如何表示？
6. 硅、锰的氧化和还原有什么异同点？
7. 为什么要脱磷？试写出脱磷的化学反应式并分析脱磷的基本条件。
8. 硫对钢的性能有什么影响？如何才能提高炉渣脱硫的效率？
9. 为什么要脱氧？脱氧的原理和任务是什么？脱氧剂应满足哪些条件？

10. 脱氧的方法有哪几类？各有什么优缺点？
11. 何谓“软吹”与“硬吹”？
12. 氧气顶吹转炉炼钢反应的特点是什么？
13. 根据什么原则来确定转炉装入的铁水与废钢的配比？
14. 供氧制度包括哪些内容？吹炼过程中一般可调节哪些参数？
15. 转炉吹炼终点控制的目的是什么？通常终点控制方法有几种？各有什么优缺点？
16. 镇静钢的脱氧和沸腾钢的脱氧有什么不同？
17. 什么叫炉外精炼？
18. 炉外精炼对特殊钢生产会产生什么作用？
19. 炉外精炼一般可分为哪几种？
20. 炉外精炼后的钢，其氢、氮、氧含量可达到什么程度？
21. 炉外精炼为什么能促进脱硫反应？
22. RH 法和 DH 法有什么区别？
23. 连续铸钢与模铸相比有什么优越性？
24. 连铸机有哪几种类型？以弧形连铸机为例，说明连铸机的主要组成部分及各自的作用。

参考文献

[1] 李慧.钢铁冶金概论.北京：冶金工业出版社，1993.
[2] 蒋国昌.钢铁冶金及材料制备新技术.北京：冶金工业出版社，2006.
[3] 李正邦.钢铁冶金前沿技术.北京：冶金工业出版社，1997.
[4] 王明海.钢铁冶金概论.北京：冶金工业出版社，2001.

第二篇　材料成型概论

第4章　绪　　论

4.1　材料概述

材料的利用与加工在人类生活中占有极其重要的作用，人类的历史就是以材料划分的，材料是人类物质文明的基础和支柱。它经历了石器时代、青铜器时代和铁器时代，现在正进入人工合成材料的新时代。

材料可分为金属材料和非金属材料两大类。金属材料又分为黑色金属和有色金属，而有色金属又分为重金属、轻金属和稀有金属；非金属材料分为无机非金属材料（陶瓷材料）、有机高分子材料及复合材料。

材料的选择是由人类社会的需求决定的，其取决于资源、能源、环保、经济和性能，当前三个条件得到满足时，取决于材料的性能是否满足要求及其经济上的合理性。材料的发展包括传统材料的改进和新材料的开发两个方面。

已经投入和长期使用的材料称为传统材料，其改进的目的是满足消费者的要求，即提高性能和降低成本。改进传统材料最有效的措施就是改进加工工艺技术以及成型技术，并由此提高材料的性能、生产率，降低成本。

新开发的材料包括能源材料（如提高燃气轮机叶片工作温度的镍基合金、Si_3N_4和 SiC 陶瓷材料、降低输电变压器铁损的非晶态软磁材料和利用太阳能的非晶硅、作为氢气载体的储氢材料、GaAs 光电转换材料）、信息材料（如硅芯片、光导纤维、非线形光学材料及光信息接受、传递和发送材料）、生物材料（替代人体各种组织和器官的高分子、陶瓷、复合材料）、轻质而又经济的汽车材料以及稀土永磁材料、非晶微晶（纳米晶，10^{-9} m）材料等。纳米材料具有奇异的性能，如扩散系数提高 100 倍，溶质原子的溶解度提高 2 500 倍，陶瓷由脆性变为塑性，导体变为非导体等。新材料的研究、开发和应用将成为 21 世纪材料发展的重点。

4.2　材料成型方法

材料成型是把原来无定型的材料加工成形状满足要求的器件——管、棒、型、线、板、带、条、箔及各种器件。

从质量的增减上，材料成型可分为：减少质量的成型——由大质量材料上除去一部分质量而获得一定形状、尺寸的器件的方法，即切削成型；增加质量的成型——由小质量的材料逐渐累积成大质量器件的方法，包括液态成型（铸造）、连接成型（铆焊）、烧结、电解沉积成型等；质量保持不变的成型——成型前后材料质量保持不变而获得一定形状、尺寸和性能的器件的方法，如塑性成型（轧、挤、拉、锻、冲等）、粉末成型（铸、轧、挤、拉、锻、冲、烧结等）。

塑性成型（或塑性加工）是对材料施加一定的外力作用并产生塑性变形而获得一定形状、尺寸和性能的成型方法。与其他成型方法相比，塑性加工可以节省材料、改善内部组织性能，且具有产量高、能耗低、成本小、适于大批量生产的优点,因此95%以上的金属材料及相当部分的陶瓷材料和高分子材料及复合材料是通过塑性加工后才具有使用价值的。

4.3 材料成型的作用

自地球上出现原始人起,材料的利用与成型就在人类生活中占有重要地位。人类在石器时代就通过材料的使用性得知其性能、成型工艺及其在多种用途中的行为。但在产业革命之前,人类对材料性能、成型工艺和使用性的认识是以实践和经验为基础的,该时代可称作"炼金术"时代,材料成型处于"技艺"的水平。

产业革命后,材料的利用与成型走上了科学发展的道路,从而形成了"材料科学与工程"学科,即关于材料成分、结构、成型工艺及其性能与用途间相关的开发和应用的科学。在与材料有关的基础知识得到开发的同时,把基础科学提供给实践经验和社会需求,将科学知识和经验知识相互融会贯通。而作为"材料科学与工程"重要组成部分的材料成型技术,是建立在科学理论和近代检测技术的基础上的。

金属材料的发展促进人类进入了文明社会。产业革命之后,以钢为代表的金属材料构成了材料的主流,材料成型方法和成型技术随之得到了新的发展。

金属材料成型的产品在国民经济中应用极为广泛。金属塑性成型产品在各行各业中的应用,面面俱到,无所不包。根据统计,金属塑性成型产品在铁路运输工具中占其金属制品的96%,在汽车和拖拉机制造工业中约占95%,在农业机械工业中占80%,在航空和航天工业中占90%,在机械制造工业中占70%,在基本建设中约占100%。现代科学技术飞速发展,对金属产品种类和质量上,将提出新的更高的要求。

我们常用的一般钢材、钢轨、钢梁、钢筋、滚珠轴承、飞机机翼外壳、大炮炮筒等,都必须用塑性加工的方法来进行优质、大量的生产。

工业、农业、交通运输等国民经济各个部门和国防建设中,都需要钢材。建设一个较大的重工业工厂需要多种大量的钢材,如钢筋、钢梁以及屋面板等就要用几千吨甚至上万吨;铺设一公里铁路,仅钢轨一项就要用100 t之多;制造一辆汽车,需要三千多种不同规格的钢材;一艘万吨轮船,要用近6 000 t钢材;制造一门炮和一杆枪,需要一百多钢种和一千多形状不同、尺寸不等的钢材。

通常冶炼出来的钢,除很少量是用铸造方法制成零件外,绝大部分是经过塑性加工制成产品,而且90%以上都要经过轧制,以轧制钢材供给国民经济各个部门。个别钢材虽非直接由轧钢车间生产,但基本上都要由轧钢车间供料。由此可见,在现代钢铁企业中,作为使钢成材的最后一个生产环节的轧钢生产,在整个国民经济中占据着非常重要的地位,对促进整个生产的发展起着十分重大的作用。

总的看来,当前金属塑性成型生产的规模更加庞大、产量更加多、种类更加齐全、控制更加精确,人们正围绕着优质、高产、低消耗的生产工艺,不断完善、不断更新,进而实现综合技术的改革和创造。

4.4 金属材料成型的主要方法

在自然界中,金属一般是以氧化物、硫化物、碳酸盐等化合物的形式出现,人们通常是将矿石开采出来,通过冶炼提取金属及其合金,再进行成型加工。金属材料成型的过程,实质是金属塑性加工的过程。所谓金属塑性加工,是对具有塑性的金属施加外力作用使其产生塑性变形,改变金属的形状、尺寸和性能而获得所要求的产品的一种加工方法。

金属塑性加工的主要方法有:轧制、锻造、冲压、拉拔和挤压等。

1) 轧制

轧制是金属塑性加工中使用最广泛的方法。它是借助于旋转的轧辊与金属接触摩擦,将金属拖入轧辊缝隙间,再在轧辊的压力作用下,使金属在长、高、宽三个方向上完成塑性变形的过程。简而言之,是指金属通过旋转的轧辊缝隙进行塑性变形的过程。

轧制的方式目前大致分为三种:纵轧、斜轧和横轧。

(1) 纵轧　纵轧即金属在相互平行且旋转方向相反的轧辊缝隙间进行塑性变形,而金属的行进方向与轧辊轴线垂直(图4-1)。结果使金属厚度减小,而长度、宽度增大,其中长度增大最为显著。金属无论在冷状态之下还是热状态之下皆可进行纵轧,这种方法在钢材的生产中应用得最为广泛,如各种型材、板带材都用该法生产。

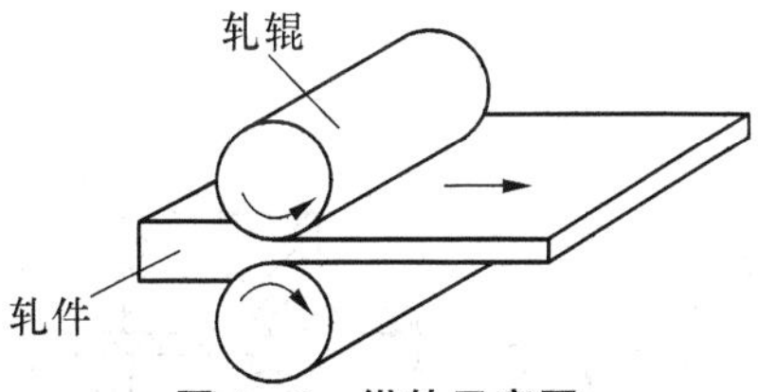

图4-1　纵轧示意图

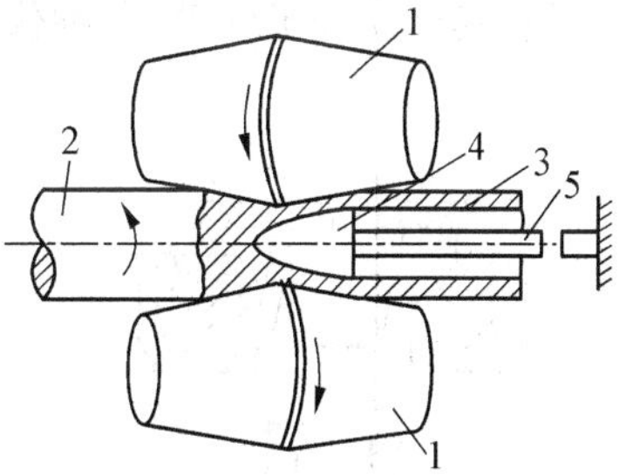

图4-2　二辊斜轧简图

1—轧辊;2—坯料;3—毛管;4—顶头;5—顶杆

(2) 斜轧　斜轧是指金属在同向旋转且中心线相互成一定角度的轧辊缝隙间进行塑性变形(图4-2)。金属沿轧辊交角的中心线方向进入轧辊,金属在变形过程中除了绕其轴线旋转运动外,还有沿其轴线的前进运动,即既旋转又前进的螺旋运动。此法常用以轧制管材及变断面型材。

(3) 横轧　横轧是指金属在同向旋转且中心线相互平行的轧辊缝隙间进行塑性变形(图4-3)。在横轧中金属轴线与轧辊轴线平行,金属只有绕其自身轴线旋转的运动,故仅在横向受到加工。这种方法用于生产齿轮、车轮和各种轴等回转体件。

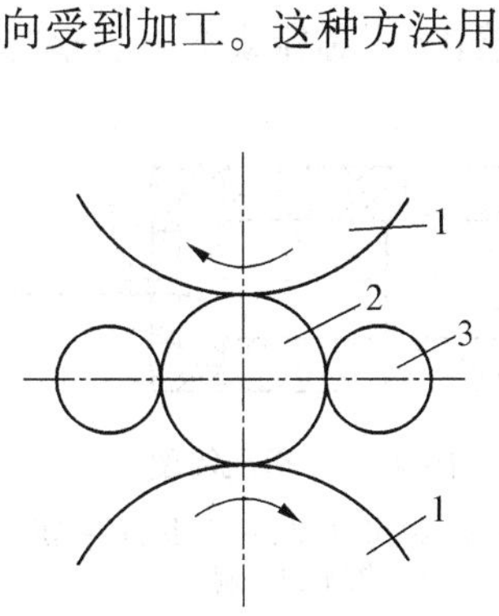

图4-3　横轧简图

1—轧辊;2—轧件;3—支撑辊

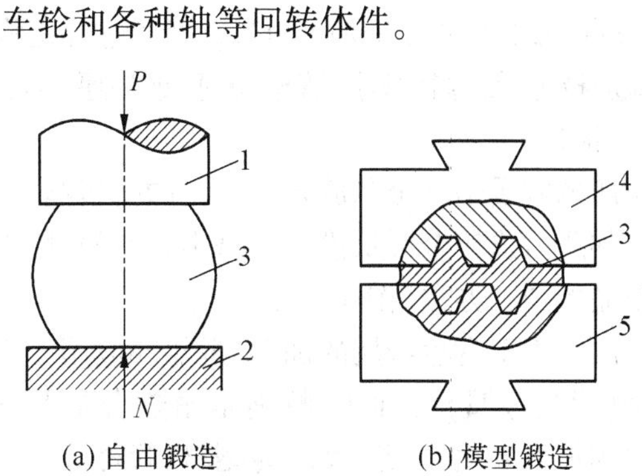

(a) 自由锻造　(b) 模型锻造

图4-4　锻造

1—锤头;2—砧座;3—锻件;4—上模;5—下模

2) 锻造

锻造即指一般所说的“打铁”,它是一种古老的金属塑性加工方法。锻造是用锻锤的往复冲击力或压力机的压力使金属进行塑性变形的过程。

锻造可分为自由锻造(图4-4(a))和模型锻造(图4-4(b))两种。所谓自由锻造,是指金属在锻造过程中流动受工具限制不严格的一种工艺方法。它是在上下往复运动的平锤头冲击下使金属产生塑性变形的过程。模型锻造是指锻造过程中金属流动受模具内腔轮廓或模具内壁的严格限制的一种工艺方法。

锻造加工广泛地应用在各工业部门中,尤其在造船工业、发动机制造工业、机床制造工业、国防及农业机械工业中均占有很重要的地位。锻造所用的原料可为金属锭或轧制。合金钢厂一般都设置锻造车间,以提供后面加工车间的合金钢坯。锻造成品包括各种各样的零件,诸如曲轴、连杆、飞机和轮船的螺旋桨、高压锅炉的圆筒、枪身、炮管、涡轮机的叶轮等等。

3) 冲压

一般用薄的板料冲压成我们所需形状的零件(图4-5)。用这种方法可以生产有底的薄壁空心制品,其产品如子弹壳、各种仪表器件、器皿及日常生活用的锅碗盆勺等。

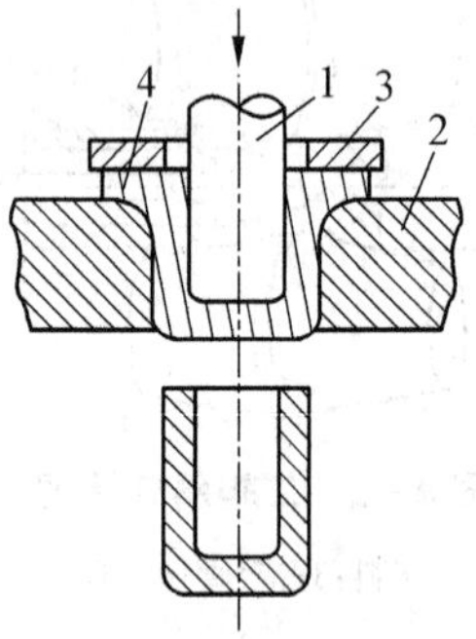

图4-5 冲压简图

1—冲头;2—模子;3—压圈;4—产品

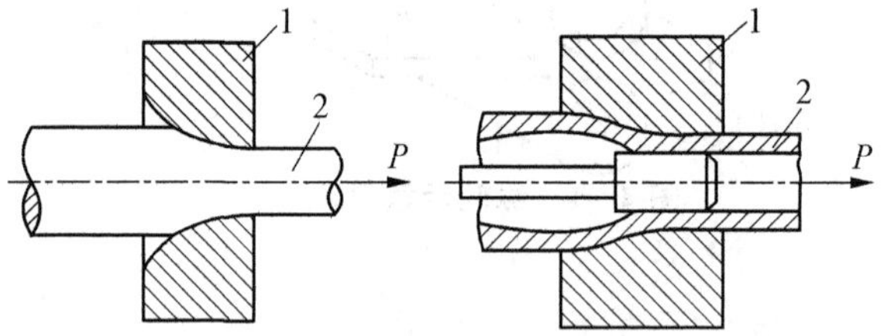

图4-6 拉拔简图

1—模子;2—制品

4) 拉拔

拉拔是指将金属通过固定的具有一定形状的模孔拉拔出来,而使金属断面缩小、长度增加的一种加工方法(图4-6)。

拉拔包括拉丝和拔管过程。拉丝过程是使外力作用于被加工金属的前端,金属通过一定的模孔,其断面缩小、长度增加的过程。拔管过程是将中空坯通过模孔(用芯棒或不用芯棒),在其前端施加拉力,使管径减小、管壁变薄(或加厚)的过程。

5) 挤压

挤压的实质是将金属放入挤压机的挤压筒内,以一端施加压力迫使金属从模孔中挤出,而得到所需形状的制品的加工方法(图4-7)。

挤压多用于有色金属的加工,近年亦应用于钢及其合金(黑色金属)的加工,特别是耐热合金及低塑性金属的加工方面。其产品多为型材、管材等。

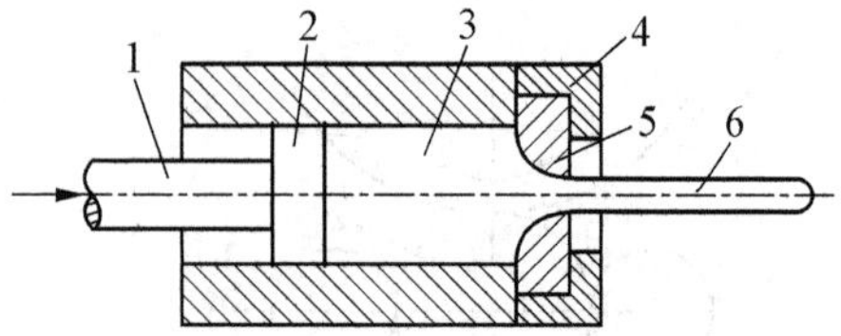

图4-7 挤压简图

1—挤压棒;2—挤压垫;3—坯料;4—模座;
5—模子;6—制品

思考题

1. 简述材料的分类。
2. 从质量的增减上，材料成型可分为哪几种？塑性成型（压力加工）有何优点？
3. 材料成型有什么作用？
4. 简述金属塑性成型的主要方法及其特点。

第5章　轧制成型

炼钢厂生产的钢坯,其内部组织往往存在着一些缺陷,因此很少直接作钢材使用。一般是将钢坯进行压力加工,制成各种钢材。轧钢是一种主要的金属塑性加工方法。

根据加工温度,轧钢有两种加工类型,即:将钢坯先加热到一定温度,再进行轧制,称为热轧;将坯料在常温下进行轧制,称为冷轧。由于金属在高温下变形抗力小,容易获得较大的变形量,所以当产品需要变形量较大的轧制加工时,多采用热轧。而冷轧变形量小,但所获得的制品表面较光洁,尺寸较精确。

轧钢不仅能使钢的内部组织更加致密,从而改善钢的机械性能,而且具有生产效率高,生产过程的连续性强,易于实现机械化、自动化等优点。目前,90%以上的钢材是轧制而成的。因此,轧钢在国民经济中占有十分重要的地位。

对于钢铁联合企业来说,轧钢是最后一个生产环节,如果因为轧制阶段的失败导致金属回炉,则企业的生产成本会大大提高,经济效益下降。同时,作为成品的生产,轧钢生产的利润在整个钢铁企业的利润中占有举足轻重的地位,所以,每个钢铁企业的管理者都应懂得认真抓好轧钢生产的重要意义。

5.1　轧材的种类、用途

轧制钢材的断面形状和尺寸总称为钢材的品种规格。在国民经济各部门所使用的以轧制方法生产的钢材品种规格已达数万种之多。根据钢材形状特征的不同,可分为型材、线材、板材、带材、管材及其他特殊钢材等品种。

5.1.1　型钢

全长具有一定断面形状和尺寸的实心钢材称为型钢。

型钢品种很多,按其断面形状可分为简单断面型钢(方钢、圆钢、扁钢、角钢等)和复杂断面型钢(槽钢、H型钢、工字钢、钢轨等);按其用途又可分为常用型钢(方钢、圆钢、扁钢、角钢、槽钢、工字钢、H型钢等)和特殊用途型钢(钢轨、钢桩、球扁钢、窗框钢、汽车挡圈等);按其生产方法还可分为轧制型钢、弯曲型钢、焊接型钢等。型钢是一种实心断面钢材,通常按其断面形状分类。

1) 简单断面型钢

如图5-1所示,大致包括以下几种。

(1) 方钢　断面形状为正方形的钢材称为方钢,其规格以断面边长尺寸的大小来表示。经常轧制的方钢边长为5~250 mm,个别情况还有更大些的。方钢可用来制造各种设备的零部件。

(2) 圆钢　断面形状为圆形的钢材称为圆钢,其规格以断面直径的大小来表示。圆钢的直径一般为5~200 mm,在特殊的情况下可达350 mm。直径为5.5~9 mm的小圆钢称为线材,用于拔制钢丝、制造钢丝绳、金属网、涂药电焊条芯、弹簧、辐条、钉子等;直径 10~25 mm 的圆钢是常用的建筑钢筋,也用以制作螺栓等零件;直径 30~200 mm 的圆钢用来制造机械上的零件;直径 50~350 mm 的圆钢可用作无缝钢管的坯料。

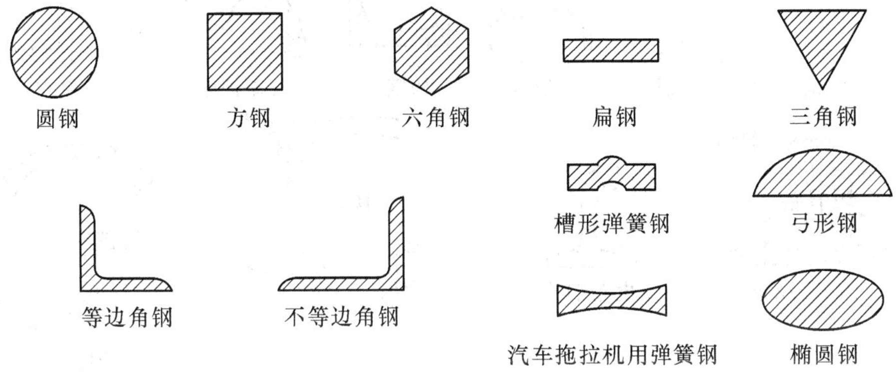

图 5-1 简单断面型钢

(3) 扁钢 断面形状为矩形的钢材称为扁钢,其规格以厚度和宽度来表示。通常轧制的扁钢厚度为 4~60 mm,宽度为 10~200 mm。多用作薄板坯、焊管坯以及用于机械制造业。

(4) 六角钢 其规格以六角形内接圆的直径尺寸来表示。常轧制的六角钢内接圆直径为 7~80 mm,多用于制造螺帽和工具。

(5) 三角钢、弓形钢和椭圆钢 这些断面的钢材多用于制作锉刀。三角钢的规格用边长表示,常轧制的三角钢边长为 9~30 mm。弓形钢的规格用高度和宽度表示,一般的弓形钢高度为 5~12 mm,宽度为 15~20 mm。椭圆钢规格是以长、短轴尺寸来表示的,其长轴长度为 10~26 mm,短轴长度为 4~10 mm。

(6) 角钢 角钢有等边角钢、不等边角钢两种,其规格以边长与边厚表示。常用等边角钢的边长为 20~200 mm,边厚为 3~20 mm。不等边角钢的规格分别以长边和短边的边长表示,最小规格的不等边角钢长边为 25 mm,短边为 16 mm;最大规格的不等边角钢长边为 200 mm,短边为 125 mm。角钢多用于金属结构、桥梁、机械制造和造船工业,常为结构体的加固件。

2) 复杂断面型钢

如图 5-2 所示,经常轧制的品种有以下几种。

(1) 工字钢 工字钢规格以高度尺寸表示。一般的工字钢有 No.10~No.63,即高度等于 100~630 mm,特殊的高度可达 1 000 mm。工字钢广泛地应用于建筑或其他金属结构。

(2) H 型钢 H 型钢被称为"经济断面"型钢,它的断面形状类似于普通工字钢,但壁较薄,断面的有关轮廓线平行,腿端呈直角。占用的金属较普通工字钢少 30%~40%,但承载能力却较普通工字钢大。

(3) 槽钢 其规格以高度尺寸表示,一般的槽钢有 No.5~No.40,即高度等于 50~400 mm。槽钢应用于工业建筑、桥梁和车辆制造等。

(4) 钢轨 钢轨的断面形状与工字钢类似,所不同的是其断面形状不对称。钢轨规格是以每米长的质量来表示的。普通钢轨的规格是 5~75 kg/m,通常在 24 kg/m 以下的称为轻轨,在此以上的称为重轨。钢轨主要用于运输,如铁路用轨、电车用轨、起重机用轨等,也可用于结构部件。

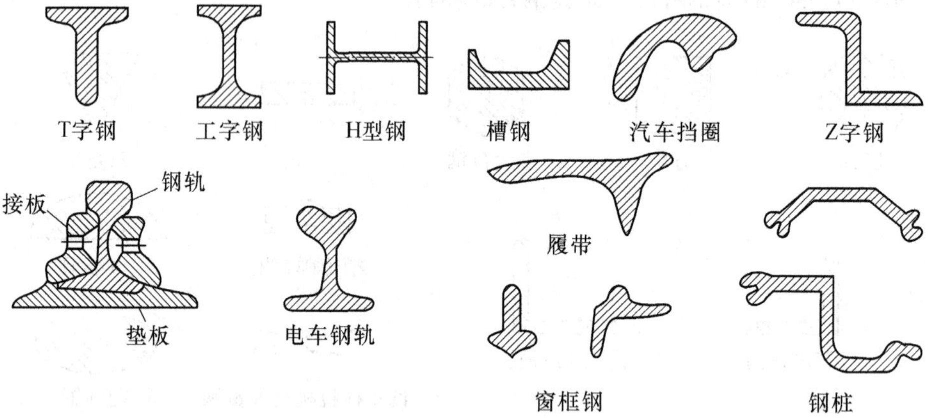

图 5-2 复杂断面型钢

(5) Z 字钢 Z 字钢也分为腿部和腰部两部分,其规格是以腰部高度表示。它应用于制造铁路车辆、工业建筑和农业机械。

型钢是使用广泛的钢材,其产量在工业先进的国家中一般占总钢材产量的 30%~35%,我国达 50%以上。

5.1.2 板带钢

板带钢是一种宽度与厚度比值(*B/H* 值)很大的扁平断面钢材,包括钢板和带卷。

板带钢按其厚度一般分为厚板、薄板、极薄带材(箔材);按制造方法可分为热轧板带钢和冷轧板带钢;按用途还可分为锅炉板、桥梁板、造船板、汽车板、镀层板、电工钢板等。通常是按其厚度分类。

(1) 厚板 厚板属于热轧钢板,厚度为 4~500 mm 或以上,其中 4~20 mm 者为中板,20~60 mm者为厚板,60 mm 以上者为特厚板;宽至5 000 mm;长达 25 000 mm 以上。一般是成张供应,主要用于锅炉、造船、车辆、桥梁、槽罐、化工装置等。

(2) 薄板 热轧、冷轧皆可生产薄板,厚度为 0.2~4 mm,宽至2 800 mm。可剪成定尺长度供应,也可成卷供应。用于汽车、电机、变压器、仪表外壳、家用电器等。

(3) 极薄带材 极薄带材或称箔材,属于冷轧产品,一般厚度为 0.001~0.2 mm,宽度为 20~600 mm,常以带卷供应。用于表面包层和包装,可起隔冷、隔热、隔潮、隔音等作用。应用范围广泛,诸如精密仪器、电容器等零件,造船和车辆工业中的绝热层,建筑工业中的防水层,食品、化妆品盒等。

各种钢板宽度与厚度的组合已超过 5 000 种,宽度与厚度的比值达 10 000 种以上。成张钢板的规格用厚度×宽度×长度表示;成卷的钢带的规格用厚度×宽度表示。

随着科技工业的发展,异型断面钢板、变断面钢板等新型产品正不断出现。板带钢不仅作为成品钢材使用,而且也常用于制造弯曲型钢和焊接钢等的原料。它是应用最广泛的钢材,其产量在各工业先进国家中占总钢材产量的 50%~60%以上,美国达 66%以上。

5.1.3　钢管

凡是全长为中空断面且长度与周长之比较大的钢材称为钢管。

钢管规格用其外形尺寸(外径或边长)和壁厚(或内径)表示。它的断面形状一般为圆形,也有方形、矩形、椭圆形等多种异型(图5-3)及变断面钢管。

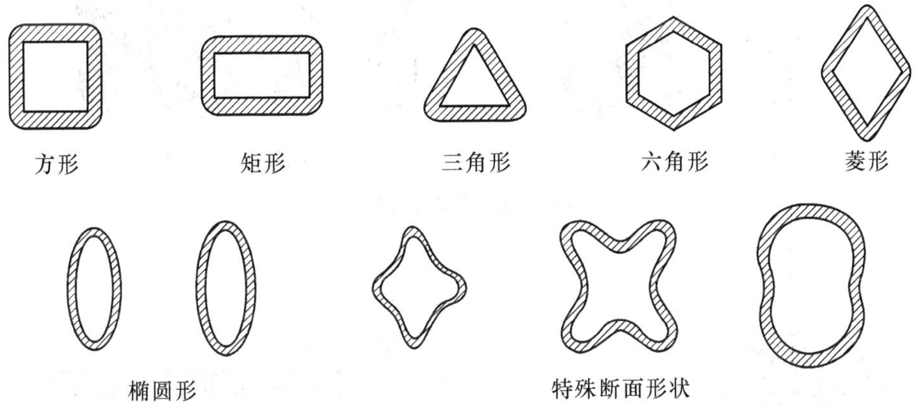

图5-3　异型钢管示例

钢管按用途分为管道用管、锅炉用管、地质钻探管、化工用管、轴承用管、注射针管等;按制造方法分为无缝钢管、焊接(有缝)钢管及冷轧与冷拔钢管;按管端状态可分为光管和车丝(带螺纹的)管,后者又分为普通车丝管和端头加厚的车丝管;按外径和壁厚之比的不同,还可分为特厚管、厚壁管、薄壁管和极薄壁管。各种钢管的规格按直径与壁厚组合也非常多,其外径小至0.1 mm,大至4 000 mm;壁厚薄达0.01 mm,厚至100 mm。随着科学技术的不断发展,新的钢管品种还在不断增多。

钢管用途也很广,素有工业和生活的动脉之称,钢管的产量一般约占钢材总产量的8%~16%。其中高级的无缝钢管主要用途是高压用管、化工用管、油井用管、炮管、枪管,也用于航空、机电、仪器仪表元件等;一般的焊接钢管可用于煤气管、水道用管、自行车和汽车用管等。

用轧制方法生产钢材,生产效率高,产品质量好,金属消耗少,生产成本低。随着轧制钢材产量的不断提高,钢材品种规格必将日益扩大。

5.2　轧钢的基本原理

5.2.1　钢的组织及其在轧制中的变化

我们知道,钢是晶体,构成它的基本质点(原子、离子)在三维空间中有规律地排列成晶格。纯金属的两种常见晶格如图5-4所示,无数的晶格有规律地排列成大小不等的晶粒(图5-5)。

晶粒是在金属凝固的过程中逐渐长大的,一般说来,凝固的过程越缓慢,晶粒长得越粗大。晶粒的大小与钢的机械性能有直接的关系,一般是晶粒越大则机械性能越差。

铸造而成的钢坯晶粒较粗大,将其加热到一定的温度进行压力加工,就会使其晶粒细化,从而改善钢的机械性能。图5-6表示了钢在轧制中组织变化的情况:左侧部分的粗大晶粒,进入轧辊时全部被压碎,并沿轧制方向伸长;通过轧辊后,立即开始产生新的小晶粒。这是因为,钢和其他金属都具有再结晶的性能,即金属被加热到某一临界温度时,在晶粒边界处将有新的晶粒出现,最后全部变成新的晶粒,这一过程称为再结晶。开始产生再结晶的临界温度称为再结晶温度。由此可见,如果轧制终了时,轧件的温度仍高于钢的再结晶温度,则新生的细晶粒还会长大。因此,在轧制过程中,必须根据产品的性能要求,选择适当的终轧温度。

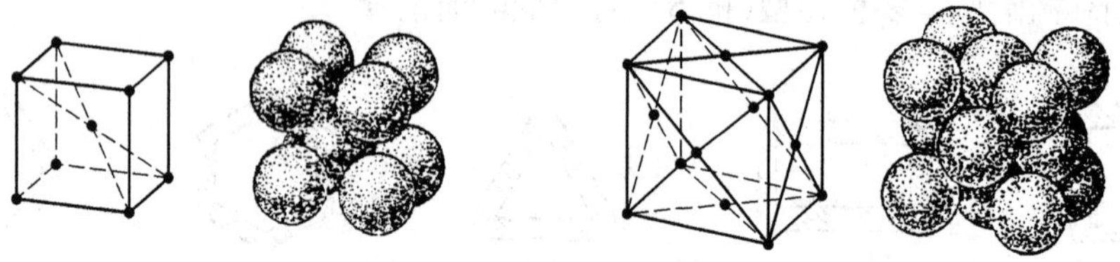

(a)体心立方晶体 (b)面心立方晶体

图5-4 晶体示意图

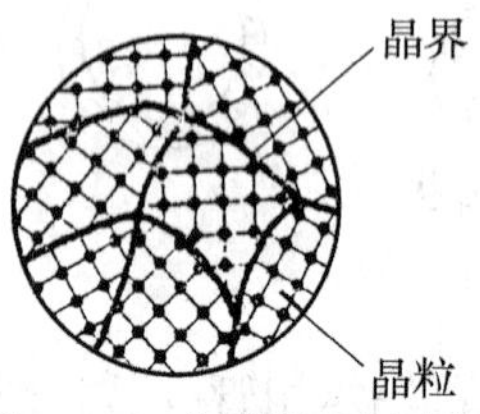

图5-5 金属组织示意图

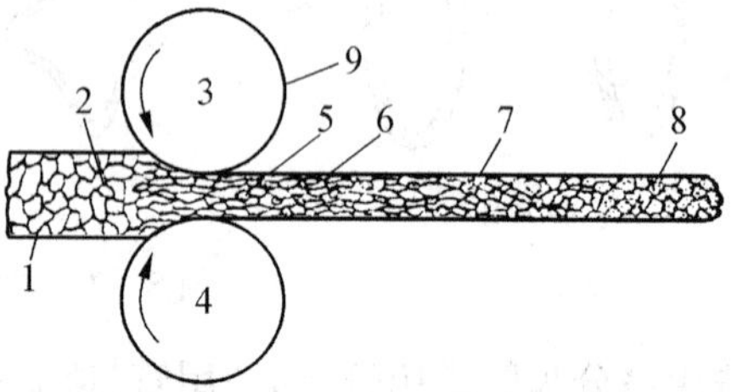

图5-6 热轧时钢的组织变化

1—轧件;2—轧前晶粒;3—上辊;4—下辊;5—变成细长晶粒;6—细晶;7—新晶粒长大;8—形成新晶粒

钢在冷轧中,晶粒大体上沿轧制方向伸长,形成纤维状组织(图5-7),导致钢材在轧制方向和垂直方向上具有不同的机械性能。另外,冷轧会使轧件变硬变脆,产生加工硬化,使轧件进一步变形。当变形量超过限度时,会使轧件破断,因此在反复冷轧到一定程度应将轧件加热到再结晶温度以上,使钢产生再结晶,消除加工硬化,然后继续轧制。

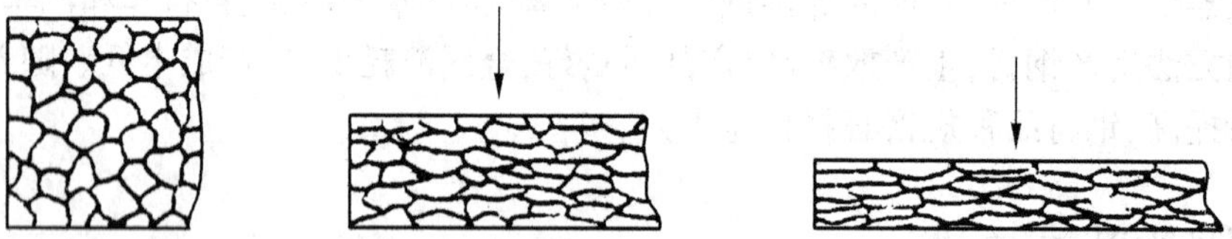

图5-7 冷轧时钢的组织的变化

5.2.2 轧制变形量

物体受外力作用,引起形状的改变称为变形。变形分为弹性变形和塑性变形。物体在外力的作用下产生变形,当外力消失后,物体的形状和尺寸的改变也随之消失,这样的变形称为弹性变形;如果外力超过某一限度,当外力消失后,物体不能恢复至原来的形状,这种变形称为塑性变形。轧制过程中的变形为塑性变形。

1) 轧制中材料的变形

一般说来,在轧制中材料厚度变薄的同时,长度显著伸长,宽度少许增加。下面用一个实验来观察轧制时材料的流动情况。

如图 5-8 所示,以刻着网纹的橡皮泥块进行轧制,发现其两侧轧前为垂直的线条,轧后变得弯曲。这表明:轧件上与轧辊接触的部分,由于轧辊与轧件之间的摩擦力作用,比其他层次率先进入轧辊间。愈靠近中间层的部分,由于摩擦力作用减弱,愈后进入轧辊间。最后进入轧辊的是中间层。

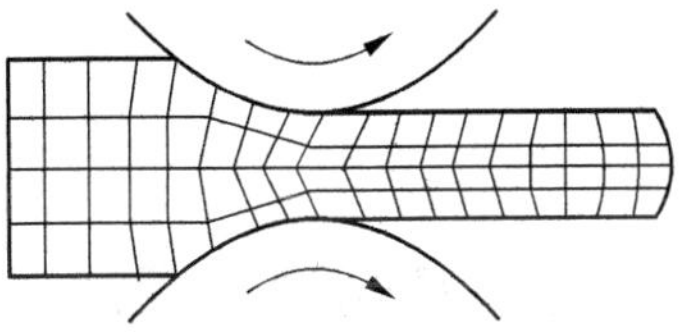

图 5-8　橡皮泥块的轧制

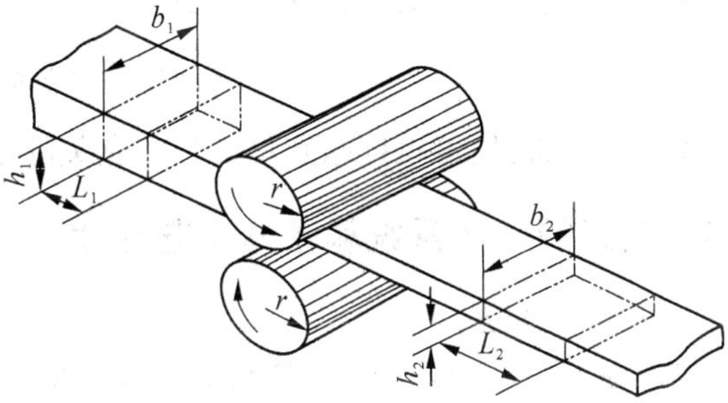

图 5-9　轧制变形量

2) 轧制变形量

轧制变形量如图 5-9 所示。

(1) 压下量和压下率

轧制的加工程度用压下量或压下率表示。

压下量(Δh)表示轧制前后轧件厚度的绝对变化量,即

$$\Delta h = h_1 - h_2$$

式中,h_1 表示轧前厚度;h_2 表示轧后厚度。

压下率(ε)表示轧制前后轧件厚度的相对变化量,即压下量(Δh)与轧前厚度(h_1)的百分比:

$$\varepsilon = \frac{h_1 - h_2}{h_1} \times 100\%$$

在实际轧制中,压下率大时,轧制道次减少,动力消耗、轧辊磨损都较少。但是压下率过大,材料容易损坏或成品出现表面缺陷。

(2) 宽展

宽展(Δb)表示轧制前后轧件宽度的绝对变化量,即

$$\Delta b = b_1 - b_2$$

式中,b_1 表示轧前宽度;b_2 表示轧后宽度。

(3) 延伸量

延伸量(ΔL)表示轧制前后轧件长度的绝对变化量,即

$$\Delta L = L_2 - L_1$$

式中,L_1 表示轧前长度,L_2 表示轧后长度。

3) 基本定律

(1) 弹塑性共存定律　在塑性变形过程中伴随着产生弹性变形,即前述塑性变形是在弹

性变形基础上发生的。

(2) 最小阻力定律　最小阻力定律是指物体在变形过程中其质点有向各个方向流动的可能时,物体各质点总是向着阻力最小的方向流动。利用该定律和体积不变定律可以解释金属塑性成型中金属塑性流动的规律和现象。

(3) 体积不变定律　如果忽略某些细微的变化(如氧化铁皮损耗),人们通常认为,金属在压力加工中,变形前后的体积保持不变,即

$$h_1b_1L_1 = h_2b_2L_2$$

应用这一公式,便可根据已知量计算出有关的未知量。

5.2.3 轧钢的生产系统和基本工艺流程

1) 轧材生产系统

由于市场需求、原料来源、产品结果及生产规模的不同,为了获得最佳的经济效益,而将初轧机或连铸机与各种成品轧机配套设置,组成各种轧材生产系统。

20 世纪 80 年代前,轧材生产系统向着大型化、连续化、自动化的方向发展,生产规模日益增大。由于市场的激烈竞争和轧制技术及近终形连铸技术的发展,大型化的趋向已日见消退,而投资省、见效快、生产灵活、效益好的短流程钢厂在美、日及许多发展中国家得到迅速发展。

2) 生产工艺流程

从冶炼到轧制成材的生产工艺简图如图 5 - 10 所示。

碳素钢和合金钢的典型生产工艺流程见图 5 - 11、图 5 - 12。由图可知,不管采用哪种坯料,生产何种产品,热轧生产工艺流程为:

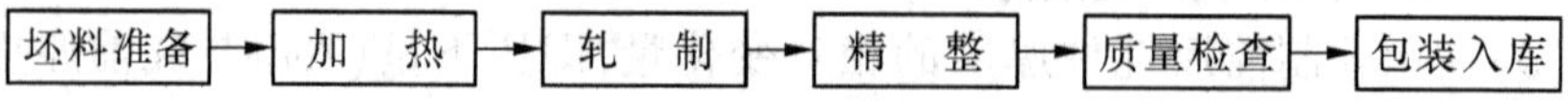

钢材的冷加工包括冷轧、冷拔和冷旋压等,其特点是必须有加工前的酸洗与加工后的退火相配合,组成冷加工生产线。冷轧生产工艺流程为:

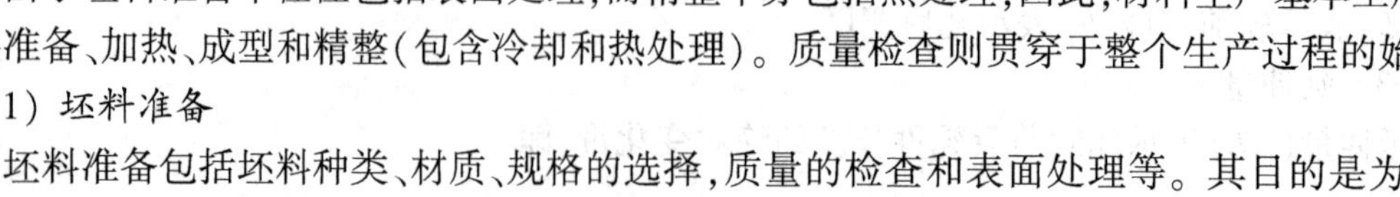

5.2.4 轧制成型基本工序

由于坯料准备中往往包括表面处理,而精整中亦包括热处理,因此,材料生产基本工序为:坯料准备、加热、成型和精整(包含冷却和热处理)。质量检查则贯穿于整个生产过程的始终。

1) 坯料准备

坯料准备包括坯料种类、材质、规格的选择,质量的检查和表面处理等。其目的是为材料成型准备合格的坯料。

常用的坯料主要有铸锭和连铸坯。由于连铸坯具有生产过程简化、成材率高、能耗低、质量好、成本小、投资省和生产周期短及易于连续化、自动化的优点,采用连铸坯已是材料生产发展的方向。

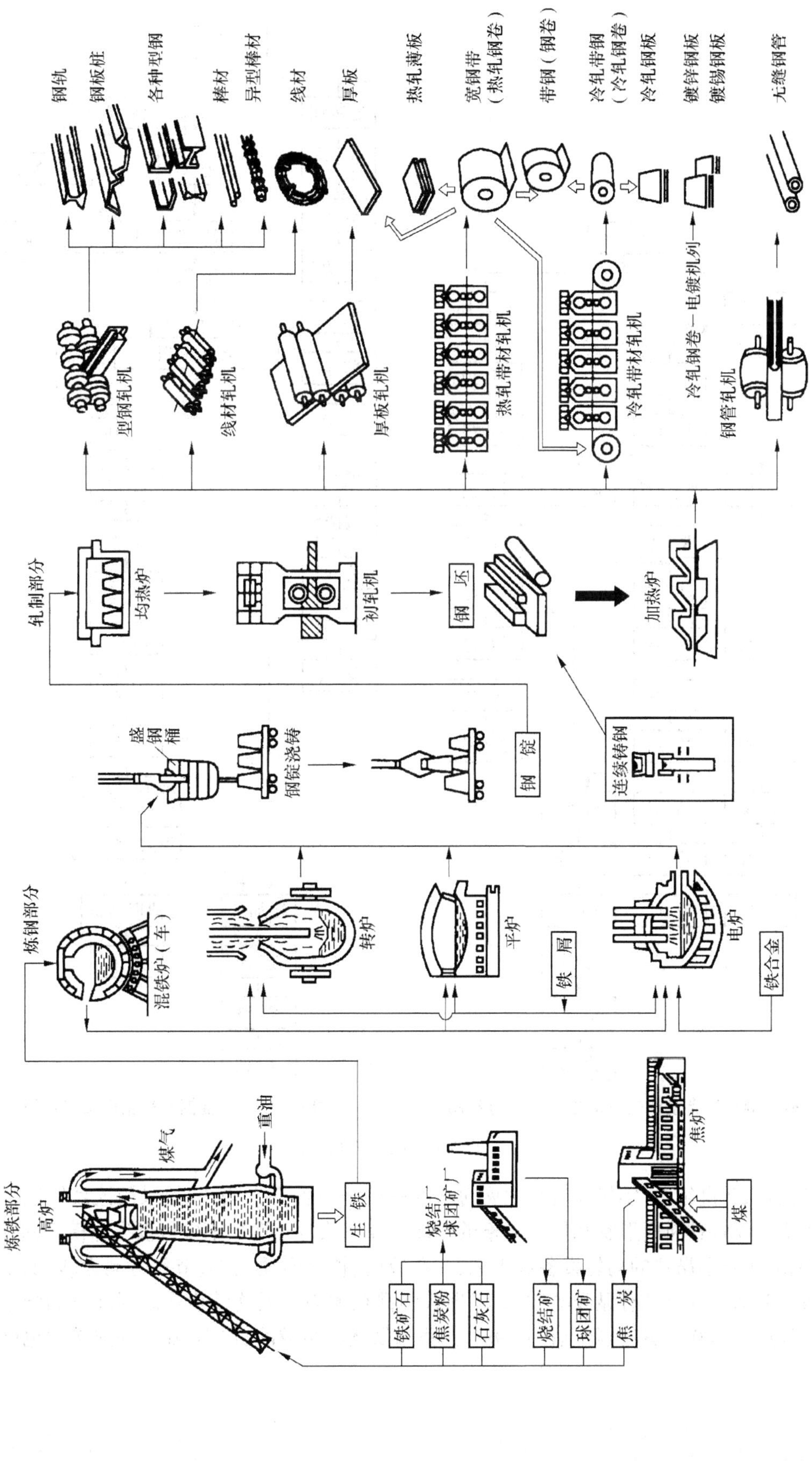

图5-10 从冶炼直到轧制成材为止的生产简图

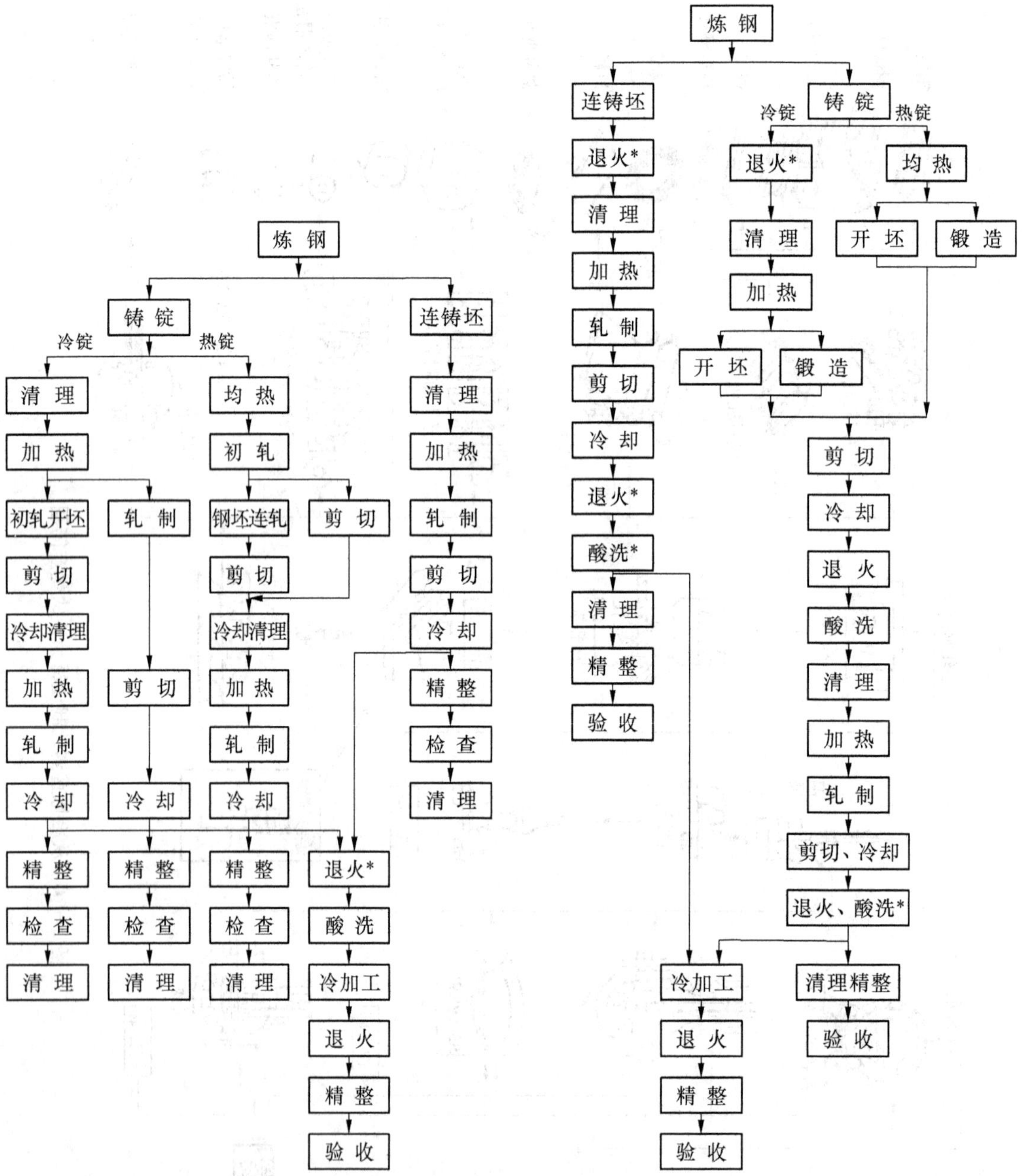

图 5－11 碳素钢和低合金钢的一般生产工艺过程图 **图 5－12 合金钢一般生产工艺过程**

（带 * 号的工序视需要而定，可不经过）

连铸法是20世纪60年代以后新发展起来的一种钢坯生产方法，它是采用连续铸造法直接把钢水浇铸成各种断面形状和尺寸规格的钢坯。连铸法生产钢坯不仅可以省掉模铸钢锭的许多工序，取代复杂昂贵的初轧设备和工艺，并在节能、提高金属收率、节省劳动力、降低生产成本和改善劳动强度上具有显著的效果，世界各国都在大力发展连铸生产。国外有的国家的连铸比已经达到100%，其中，德国已达98%。我国虽然起步较晚，但2006年的连铸比也已达

98%,达到了世界先进水平。未来的连铸发展将令人十分鼓舞,连铸比一定会进一步增加。用钢水铸成只需最少量轧制就能生产出成品的近终形连铸技术将成为今后的发展目标。

材质主要指化学成分。不同材质的材料在工艺流程上各有不同,而且加热制度、成型制度、精整制度及组织性能有着明显的差异。因此,在生产准备中绝不能混料和混批号。

坯料的规格对成型制度、组织性能和成材率有较大的影响。因此,必须对坯料的规格进行合理的选择。坯料的缺陷直接影响最终产品的质量,因此必须对坯料的质量进行严格的检查,并根据工艺要求进行表面处理或热处理。

2) 加热

加热的目的是使坯料具有足够的塑性,减小变形抗力和改善内部组织,以利成型。

加热主要应根据材料的材质及成品的要求选择合理的加热设备和工艺制度。

(1) 加热设备——加热炉　用于锭坯加热的加热炉主要有均热炉、均匀化炉和连续式加热炉。均热炉主要用于初轧车间和特厚钢板车间加热断面边长大于400 mm的钢锭。均匀化炉用于铝镁合金的均匀化处理,以消除铸造时引起的热应力,减少铸锭组织和化学成分的不均匀。连续式加热炉应用最广,主要有斜底式、推钢式、步进式和感应加热炉。由于步进式炉具有加热能力大、质量好,炉长不受推钢比限制和易于维修等优点,在轧制车间应用较广;环型加热炉生产效率高、占地面积小、易控制炉内气氛,常用于管材车间;感应加热炉具有加热速度快、体积小、耗电低及温度易控等优点,常用于现代化挤压车间及铝、钛等有色金属及其合金的加热。

(2) 加热制度　热轧的温度制度包括加热温度、开轧温度和终轧温度。热轧温度要根据有关塑性、变形抗力和钢种特性来确定,以保证金属的内部组织最适宜于压力加工。由于各钢种的化学成分和组织不同,因而其热轧温度范围也各异。最高开轧温度取决于金属的最高允许加热温度和加热炉到轧机的距离,终轧温度取决于变形抗力的大小和对金属内部组织的要求。确定温度制度的依据是相图、塑性图、变形抗力图、再结晶图及金属的导热性。

3) 成型

成型的任务是精确成型和改善组织与性能,是保证产品质量的一个中心环节。精确成型要求产品形状正确、尺寸精确、表面完整光洁。对精确成型起决定作用的是工模具设计及其调整,其实质是变形程度。而变形温度、变形速度(均影响变形抗力等)及工模具的磨损也对精确成型产生很重要的影响。因此,必须加强成型工艺的控制。在改善材料组织性能方面起决定作用的是变形的热动力因素——变形程度、变形温度和变形速度。

4) 精整

精整包括成型后的冷却、矫直、剪切、质量检查、修磨、热处理、标记和包装等。其目的是保证最终产品符合产品标准和用户的要求。

成型后的冷却不仅是为后部工序的操作提供方便,而且对材料的组织性能有较大的影响,其实质是利用成型后的余热进行热处理的过程。例如,实际生产中利用控制冷却的手段来控制材料的组织性能。根据产品的技术要求和材料特性,热成型后采用的冷却方式通常有水冷、空冷、堆冷和缓冷等。冷却时不仅要求控制冷却速度,而且力求冷却均匀,以免引起材料的扭曲变形和组织性能不均等缺陷。

矫直和剪切(含锯切)目的是保证正确的形状和尺寸。

质量检查贯穿材料生产的始终,其包括熔炼检查、生产工艺过程检查和成品检查三种,对保证成品质量具有重要意义。最终成品质量检查的任务是确定成品质量是否符合产品标准和使用要求。检查内容取决于材料的成分、用途和要求,其在产品标准中一般都有明确的规定。

热处理是按照组织性能的要求进行的,有时在热处理后还要进行平整,以消除屈服平台,确保形状及表面质量。中间热处理的目的是消除加工硬化、提高材料塑性和降低变形抗力,以便进一步成型。

包装的目的是保证产品的安全运输和便于存放。

对于某些产品,按技术要求可进行特殊的精整加工。

5.3 轧制成型设备

现代轧钢生产的高度机械化,是通过使用数量很大、种类很多的机械设备来实现的。在轧钢设备中,用以使轧件产生塑性变形的设备称为轧机,亦称主要设备;而将轧制之外完成轧制生产工艺过程中一系列辅助工序的设备(如加热、运输、除鳞、矫正、剪切、卷取、包装等)称为辅助设备。

5.3.1 轧机的组成

通常所称的轧机由轧辊、组装轧辊用的机架、使上下轧辊旋转的齿轮座、电动机等部分组成,此外还有连接用的中间接轴和联轴节等部件。其包括主电机、传动机构和工作机座三大部分,见图 5-13。

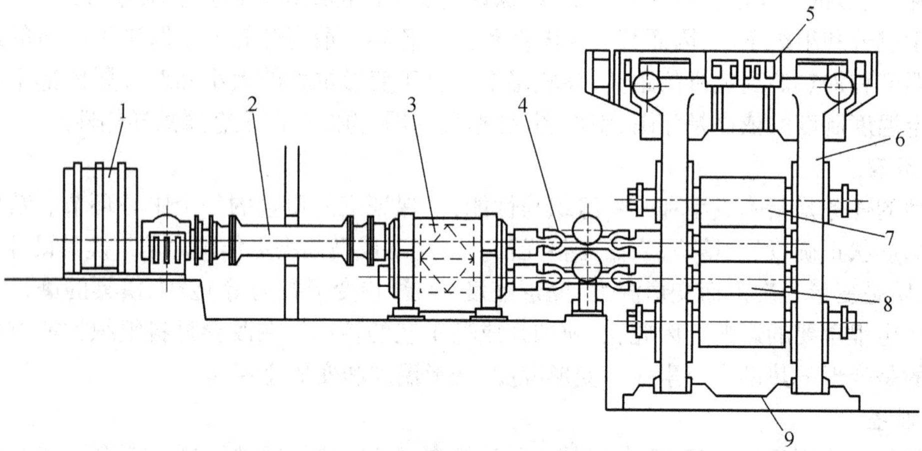

图 5-13 轧机的结构图

1—主电机;2—主轴;3—齿轮座;4—连接轴;5—压下装置;6—机架;7—支撑辊;8—工作辊;9—地脚轨

1) 工作机座

工作机座主要包括轧辊和机架,它使轧件在其间实现轧制塑性变形。

(1) 轧辊　在轧制加工中轧辊是压缩成型的最重要部件,它直接与被加工的金属接触使其产生塑性变形。轧辊如图 5-14 所示,它是由辊身、辊颈和轴头三部分组成。

辊身是轧制轧件的部位。根据轧制产品的断面形状,板材用圆柱形的平辊轧制,型材用带轧槽组成孔型的型辊轧制。辊颈位于辊身两侧,是轧辊的支撑部位,用它将轧辊支撑在轴承上。轴头是轧辊与联接轴相接,用以传递扭转力矩使轧辊旋转的部分。

(2) 机架 机架是由组装轧辊用的两个铸铁或铸钢的牌坊所组成。它承受金属作用在轧辊上的全部压力,因此在强度和刚度上都对其有较高的要求。

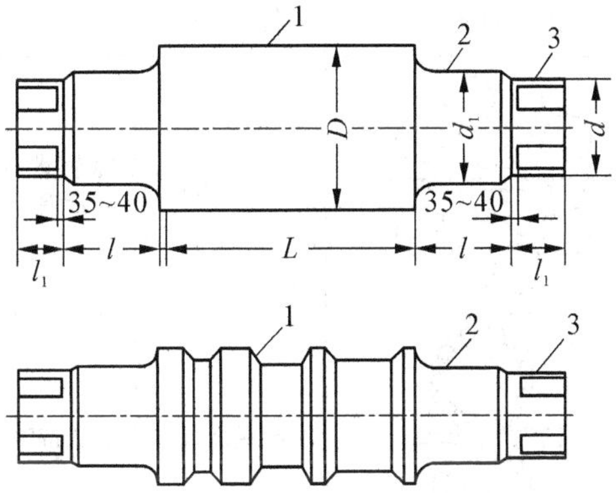

图 5-14 平辊和型辊组成图

1—辊身;2—辊颈;3—辊头

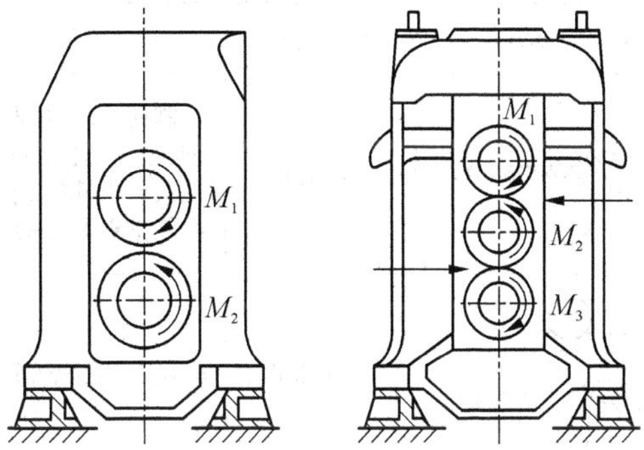

(a) 闭口式机架 (b) 开口式机架

图 5-15 轧钢机工作机架

机架有闭口式和开口式两种(图 5-15)。闭口式机架主要用于轧制负荷大的初轧机和板带材轧机上,而开口机架多用于像型钢、线材等经常换辊的轧机上。在机架上安装有支撑辊颈部分的轧辊轴承、调整轧辊压下的压下装置和用来保持空载辊缝的平衡装置,以及把轧件正确导入孔型或者从孔型中导出的导卫装置等。

2) 传动机构

传动机构包括电机联轴节、飞轮、减速器、主联轴节、齿轮机座和连接轴,根据轧机的不同而有所取舍。

(1) 齿轮机座是把电动机的动力传递分配到各个轧辊上,使轧辊互相朝着相反方向旋转的装置。

(2) 连接轴和联轴节 连接轴用于将转动从电动机或齿轮机座传递给轧辊,或从一个工作机座的轧辊传递给另一个工作机座的轧辊。联轴节的用途是将主机列中的传动轴连接起来,有连接电动机轴与减速箱轴的电动机联轴节和连接减速箱轴与齿轮机座轴的主联轴节之分。

3) 轧钢机用主电机

轧钢机用主电机为轧件实现塑性变形提供必要的动力。轧钢机动力逐步地由水力——蒸汽——电力发展起来。现代轧钢机上所使用的电动机一般分为感应电动机、同步电动机和直流电动机三大类,均备有无论在电动控制上还是机械控制上都完全耐用的大容量的特殊控制装置。从轧制的运转状态还可分为不变速、变速可逆和变速不可逆等种类。

5.3.2 轧机的分类

由于轧制生产的发展,轧机的型式各异,通常可按用途、构造和布置分类。

根据用途轧机可分为开坯机、型钢轧机、板带轧机、轧管机和特殊用途轧机(如钢球、轮箍轧机等)。

通常开坯机、型钢轧机以轧辊的名义直径来命名;板带钢轧机以辊身长度来命名,轧管机以其所轧管材的最大外径来命名。

按轧辊在工作机座中的位置,轧机可分为水平轧机、立辊轧机、斜轧穿孔机及周期断面轧机等(表 5-1)。

表 5-1　轧机按结构分类

轧辊装配示意图	轧机名称	用　途
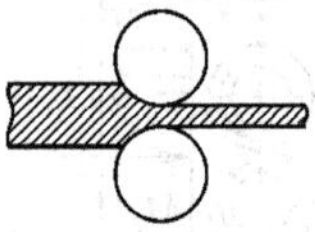	二辊轧机	轧制初轧坯及型钢;生产薄板(周期式叠板轧机);冷轧钢板及带钢
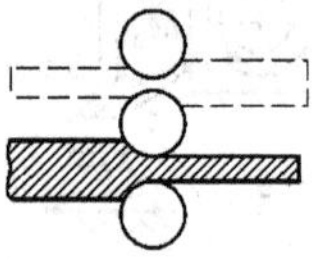	三辊轧机	轧制钢坯及型钢
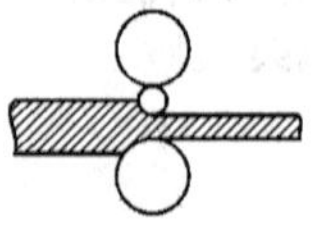	三辊劳特式轧机	轧制中厚板
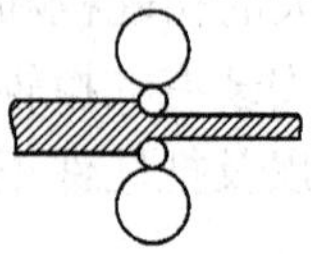	四辊轧机	轧制中厚板;冷轧及热轧钢板和带钢
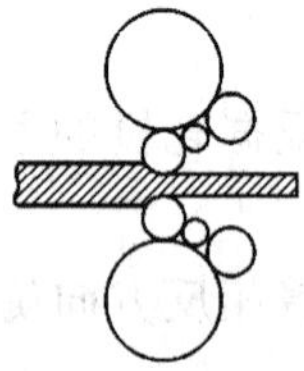	八辊轧机	冷轧薄带钢
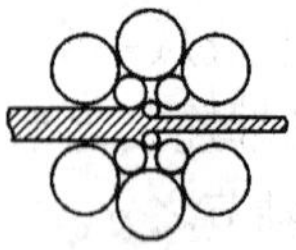	十二辊轧机	冷轧薄带钢
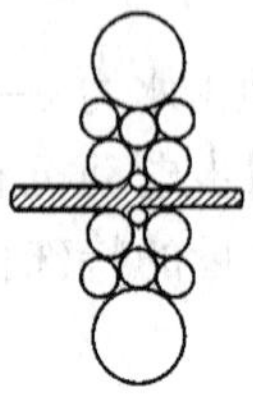	十四辊轧机	冷轧薄带钢
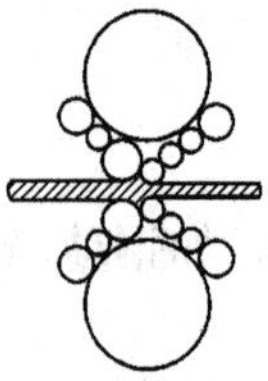	十六辊轧机	冷轧薄带钢
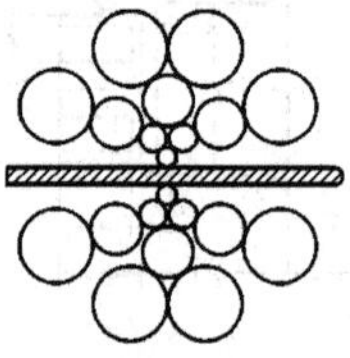	二十辊轧机	冷轧薄和极薄带钢
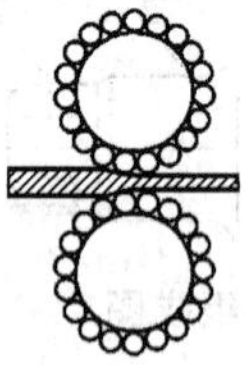	行星轧机	热轧带钢
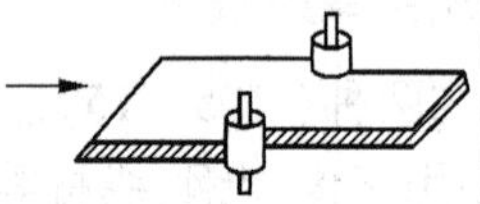	立辊轧机	轧制板坯或厚板的侧面
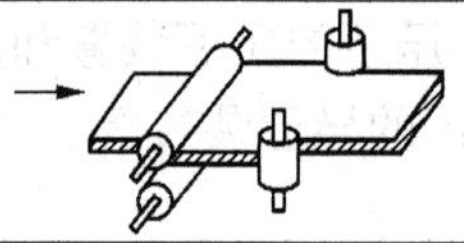	二辊万能轧机	轧制板坯及厚板
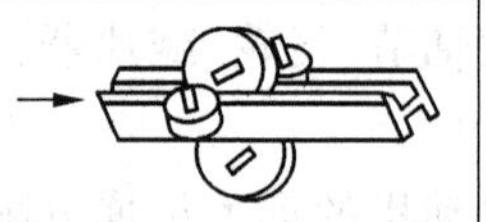	轨梁万能轧机	轧制宽边工字钢
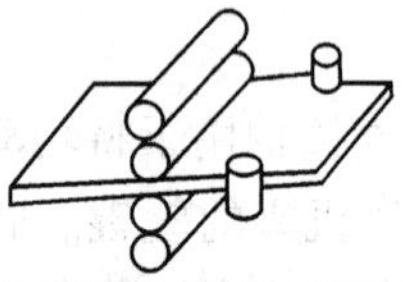	四辊万能轧机	轧制厚板
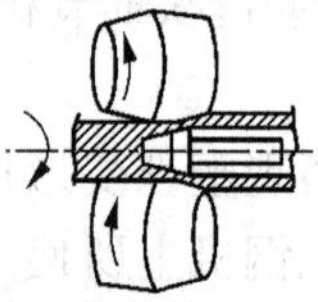	二辊穿孔机	管坯穿孔
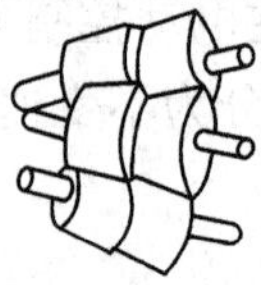	三辊轧管机	轧制钢管,管坯穿孔
	钢球轧机	轧制钢球

按布置形式,轧机可分为单机架、横列式、连续式、半连续式和顺列式等(图 5-16)。

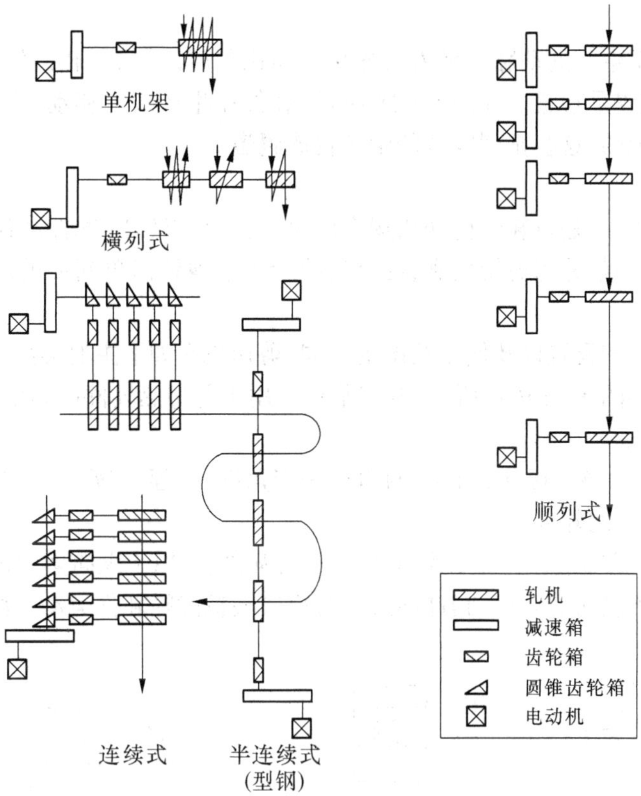

图 5-16　轧机布置形式

5.3.3　轧钢的辅助设备

1）加热设备

加热炉用来将坯料加热到所需温度，以供轧机轧制。为了满足各种不同的使用要求，加热炉的型式也有多种，图 5-17 所示为一种常见的三段式连续加热炉。这种加热炉，从装料口到出料口分为三段，即预热段、加热段和均热段。坯料从装料端由推钢机推入，在炉内轨道内移动，依次经过预热段、加热段和均热段后，从出料口出炉，整个过程是连续进行的。

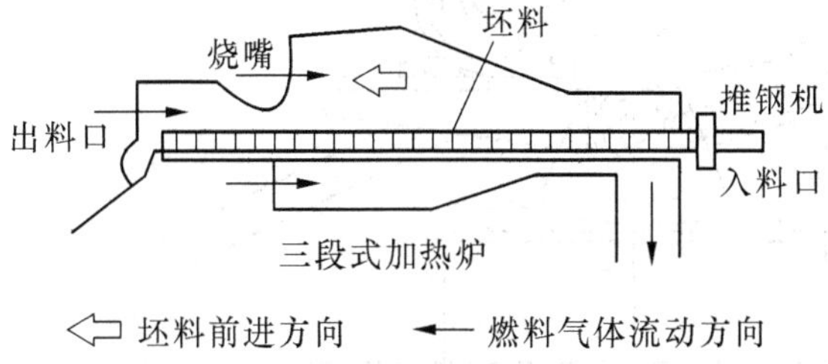

图 5-17　三段式连续加热炉

图 5-18　辊道输送轧件

2）传送设备

传送设备是轧钢生产的动脉。随着机械化自动化程度的提高,轧钢传送设备的种类越来越多,常见的传送装置是辊道。如图 5－18 所示,轧件在生产线上移动,主要是借助于一个个旋转着的辊子来实现的,这些排列整齐的辊子构成辊道。

3）剪切设备

剪切设备的作用,一是将轧件剪切成规定的尺寸;二是将轧件两端的不良部分剪切掉。剪切设备的种类较多,一般分为剪切机和锯断机,前者用于剪切简单断面的轧件,后者用于锯断一些异型轧件。

按照剪刃的形状和配置以及使用情况的不同,剪切机有如下主要类型。

（1）平刃剪　如图 5－19(a)所示,两刃平行。用于剪切热轧件(方坯、矩形断面的型钢和钢坯)和小型冷轧件。

（2）斜刃剪　如图 5－19(b)所示,两刃成一定角度(一至六度)。主要用于剪切钢板、扁钢、薄板等长方形断面的轧件。

（3）圆盘剪　如图 5－19(c)所示,两个刀片为圆盘状,用于纵向剪切板带钢。

（4）飞剪　用于横向剪切运动着的轧件,剪刃或整机能随轧件运动一段距离,使轧件在运动中被剪断。

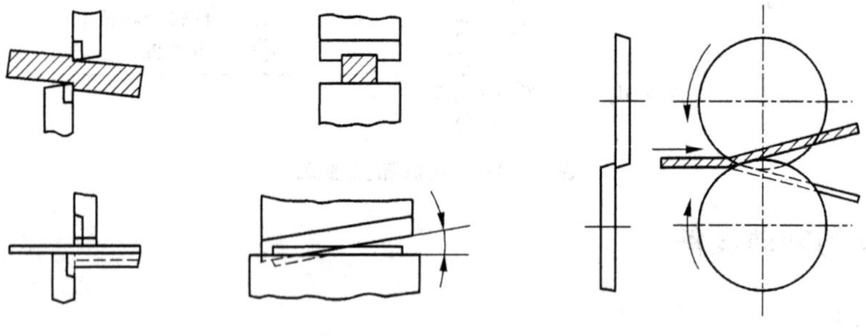

(a) 平刃剪　(b) 斜刃剪　(c) 圆盘剪

图 5－19　剪切机的类型

4）锯断机

根据锯片送进方式不同,锯断机分为摆动式锯断机、杠杆式锯断机和滑座锯断机。图 5－20所示为用于锯断小型轧件的杠杆式锯断机。

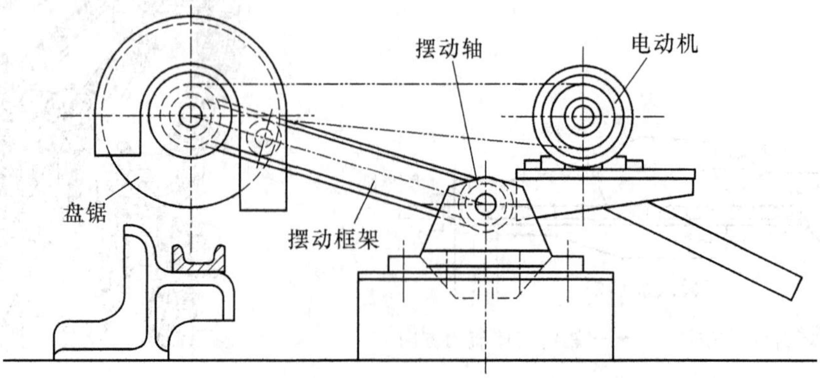

图 5－20　杠杆式锯断机

5）矫正设备

轧件在生产过程中，因加热不均、轧辊调整不当、冷却不均等影响，往往产生变形。因此，成品钢材在轧制后，一般均要用矫正机进行矫正。矫正机的种类较多，表5－2中列举了三种不同用途的矫正机。

表5－2 矫正机示例

名 称	图 例	用 途
辊式矫正机	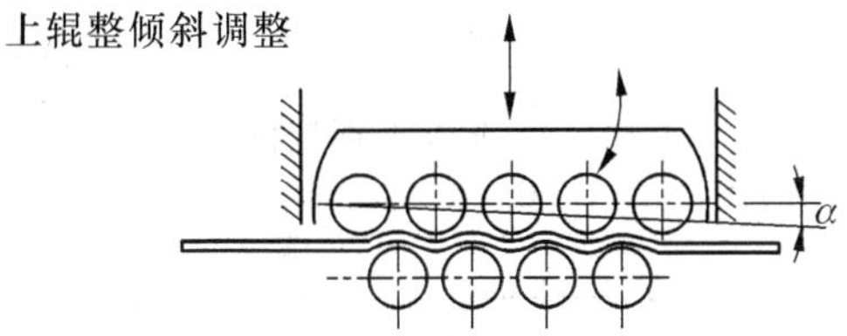	矫正薄、中板
管材、棒材矫正机	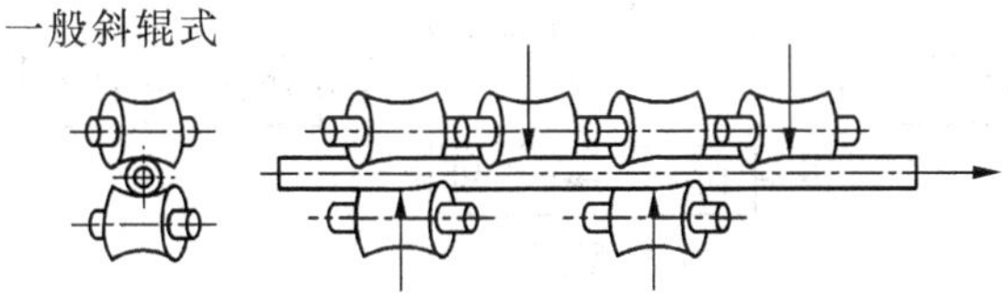	矫正管材、棒材等
张力矫正机	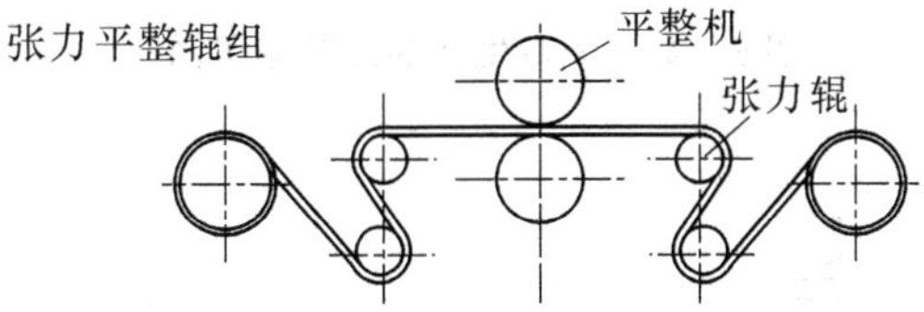	粗矫成卷薄板

5.4 轧制成型工艺

5.4.1 型、线材生产

5.4.1.1 型材生产

型钢按生产方法分为热轧型钢、冷弯型钢和焊接型钢，其中焊接型钢是以板带钢为原料焊接而成。以下我们将对热轧型钢生产和冷弯型钢生产的工艺分别进行介绍。

1）热轧型钢的生产工艺

目前使用的型钢，绝大部分是热轧而成的。由于型钢的品种规格繁多，各类产品的生产工艺和所用设备也不尽相同。因此，热轧型钢车间按产品的品种规格，分为大型、中型及小型。

型材的品种规格非常多，产品定尺长度各有不同，因此生产方法也是多种多样。生产型材的主要工艺流程如图5－21所示。中型型钢车间典型平面布置如图5－22所示。

（1）坯料加热　生产热轧型钢所采用的坯料主要是：大方坯、小方坯和异型坯等。

目前，热轧型钢生产中多用三段式连续加热炉来加热坯料。三段式连续加热炉按坯料送进方式不同，可分为推钢式（图5－17）与步进式（图5－23）。两者的炉型大体相似，只是步进式加热炉设有可动轨道和固定轨道，各有两条且彼此平行。可动轨道由驱动机构带动，边上升边向前移动,边下降边向后退,如此反复动作,坯料便在固定轨道上按顺序地向前送进。由于坯料在炉内彼此有一定间隔,故加热较均匀,也不易产生划伤、黑印等缺陷。新建车间多采用步进式连续加热炉。

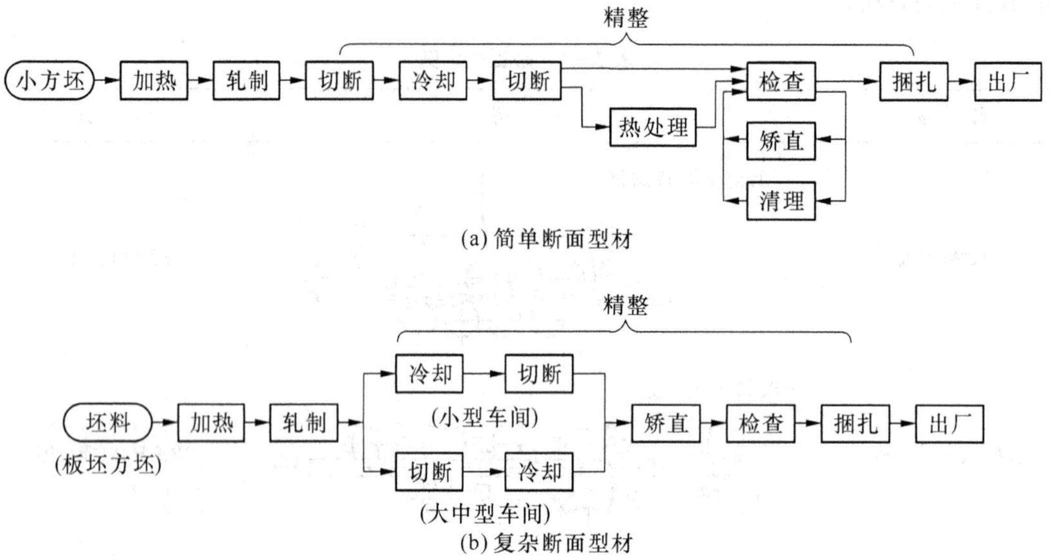

图 5-21 型材生产的工艺流程图

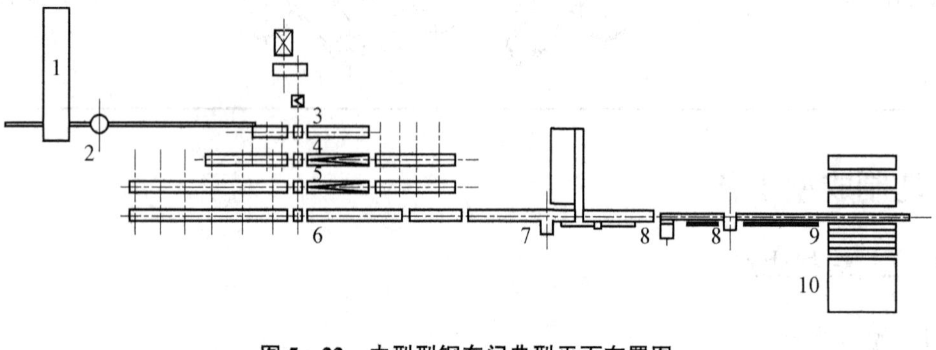

图 5-22 中型型钢车间典型平面布置图

1—加热炉;2—转盘;3—粗轧机;4—第一中间轧机;5—第二中间轧机;
6—精轧机;7—热剪机;8—热锯;9—冷床;10—收集台

坯料的出炉温度因钢种而异,一般是1 100~1 300℃。

(2) 型钢的轧制 热轧型钢的轧制方法有孔型轧制法和多辊轧制法。前者是将坯料加热后,送到具有不同孔型的各架轧机,依次轧制若干道次,制成具有一定断面形状和几何尺寸的型钢;后者是采用数个各种辊型的轧辊,同时对轧件的几个表面进行轧制,如图5-24所示。

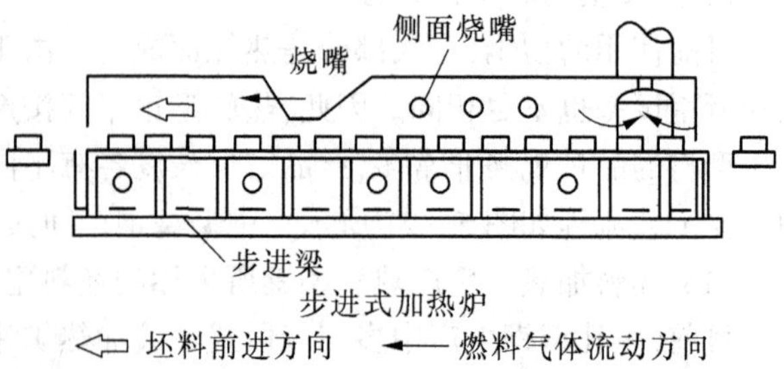

图 5-23 连续式加热炉

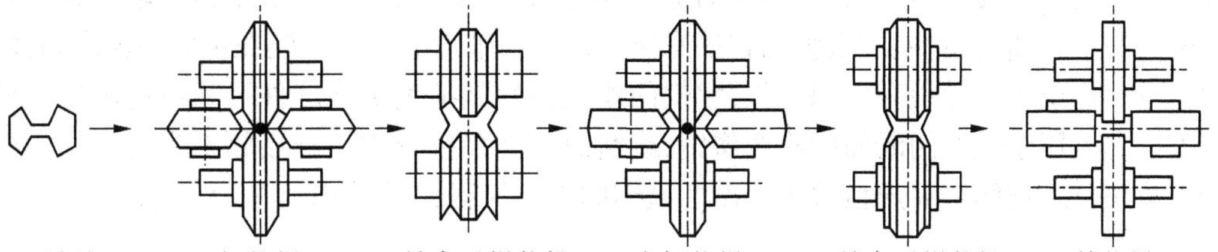

图5-24 H型钢多辊轧制法

热轧型钢轧机有水平二辊式、水平三辊式、水平-立式和多辊式(表5-1)。根据型钢的品种规格和生产规模不同,型钢轧机的布置形式如图5-16所示。

在孔型轧制法中,为使金属逐步地均匀变形,各轧制道次的孔型都不相同,这些不同的孔型的组合,称为孔型系统。各种产品的孔型系统是根据金属的变形机理,按照压下规程设计的。在生产实践中,人们逐渐总结出不少产品的较完善的孔型系统。图5-25所示为轧制简单断面型钢孔型系统。

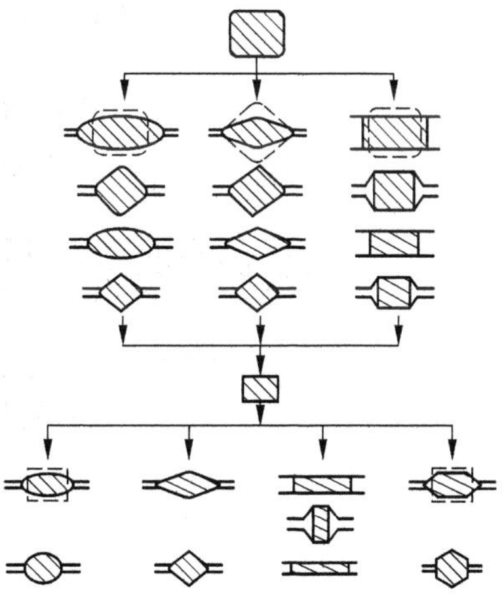

图5-25 简单断面型钢的孔型系统

在型钢的轧制中,为了准确地将轧件引入和导出孔型,须在孔型的入口和出口处安装导卫装置。此外,还要经常注意轧辊的轴向调整,以保证各轧辊的轧槽对正,形成正确的孔型。为了清除加热和轧制过程中产生的氧化铁皮,除用立辊破鳞外,常用高压水或高压空气冲除。

为了不断提高成品质量和生产率,实现以计算机自动控制为中心的操作自动化是目前型钢生产的发展趋势。

(3) 精整 热轧型钢的精整,主要包括:切断、冷却、矫正、检查、捆扎等工序。为了获得断面整齐的轧件,对于异型型钢,一般用锯断机切断。

型钢一般是在传送中和冷床上进行空冷。在操作上要考虑使制品产生的变形量尽量少。型钢矫正常用辊式矫正机,大型车间也采用压力矫正机作为辅助矫正装置。对于检查中发现的表面缺陷,有的可用砂轮机修理,有的可进行焊接修补。

2) 冷弯型钢的生产工艺

(1) 冷弯型钢简介 冷弯型钢是以板带钢为坯料,在常温下弯制成型。冷弯型钢具有壁薄、均匀、节省金属、重量轻、尺寸精确、表面光洁等优点,故颇受用户欢迎,生产发展很快。

冷弯型钢的品种繁多,可以根据使用要求弯成各种形状和规格的冷弯型钢。因此它的用途十分广泛,已在越来越多的领域中取代部分热轧型钢。如冷弯槽钢、工字钢、冷弯角钢、帽形钢等,被广泛地用作机械、冶金、建筑、交通等行业的金属构件、梁、柱、框架以及车辆的底盘等;瓦垄钢可用作屋面板,波纹钢可用作车辆地板等。

(2) 冷弯型钢的生产方法 生产冷弯型钢的主要方法有冷拔成型、压力成型和辊式连续成型等。其中,辊式连续成型具有生产效率高、表面质量好、可生产断面复杂和产品长度较长等优点,所以应用最广泛。

图5-26所示为辊式连续弯曲成型的过程,成型机由主成型辊、辅助成型辊、导板、芯棒等

组成。主成型辊有几对至十几对,每对的上、下辊都为主动,由一台电机集体驱动。为了对板带钢进行逐步弯曲,各对主成型辊的辊槽有所不同。各辅助成型辊安装在主成型辊之间,均为随动。导板有出入口导板和中间导板,它们的作用主要是准确引导轧件顺利地进出各对成型辊孔型。芯棒用于生产闭断面的冷弯型钢,或断面复杂存在着成型辊接触不到的部位的冷弯型钢。采用辊式连续弯曲成型法生产冷弯型钢的工艺流程,一般如图 5-27 所示。

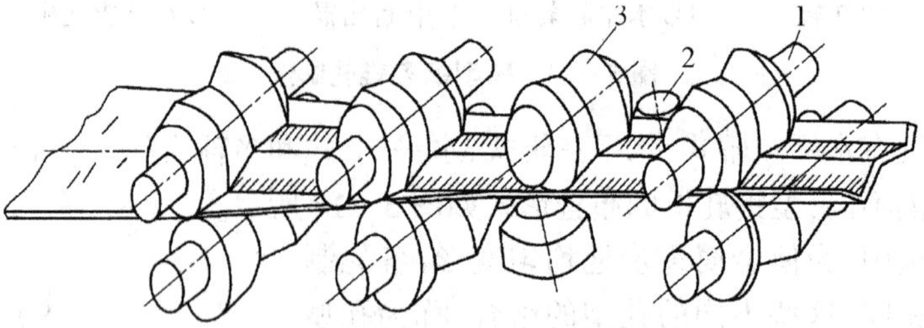

图 5-26 辊式冷弯成型机成型过程示意图

1—主成型辊;2—侧辅助辊;3—上辅助辊

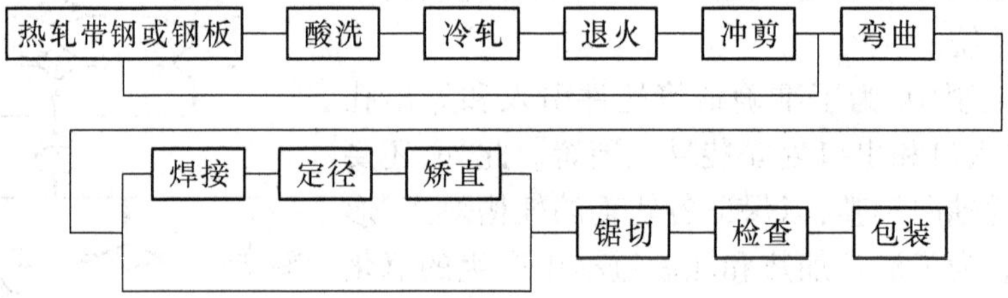

图 5-27 冷弯型钢生产工艺流程图

5.4.1.2 线材生产

线材是热轧型材中断面最小的一种,一般把直径为 5.5~9 mm 细而长的热轧圆钢叫做线材。由于大多是成盘卷交货,故又俗称盘条。

线材和成卷供应的小型钢材很难明确区分,其生产方法亦有许多共同点。但是,因为线材的断面更小,长度更长,并且对产品质量要求也较高,所以在生产方法上又具有许多特点。

1) 线材的品种

线材按用途分,有热轧状态直接使用的和需经二次加工的两种,前者多用于建筑和包装等,后者用于拔丝、制钉等金属制品生产上;按钢种分,可分为普通钢线材和特殊钢线材;过去的线材只限于螺纹钢和圆断面等少数几个品种,规格一般为 ϕ5.5~9 mm 、盘重 80~90 kg。随着生产的发展,目前已有方形、六角形、扇形和异形断面的线材,规格也已扩大至 ϕ4.6~38 mm (最大达 ϕ50 mm),盘重增大至 2 000~3 500 kg,甚至更高。

2) 线材的生产工艺

线材生产工艺随生产车间的设备和产品品种不同而各异,其典型生产工序如图 5-28 所示。

3) 线材的生产特点

线材的特点是断面小、长度长、尺寸精度和表面质量要求高。但增大盘重、减小线径和提高质量、精度二者是互相矛盾的。这是由于盘重增加和线径减小,导致轧件长度和轧制时间增加,从而又使轧件终轧温度降低,首尾温差加大,结果造成轧件首尾尺寸公差和性能不均。正是上述矛盾,推动了线材生产技术的发展。

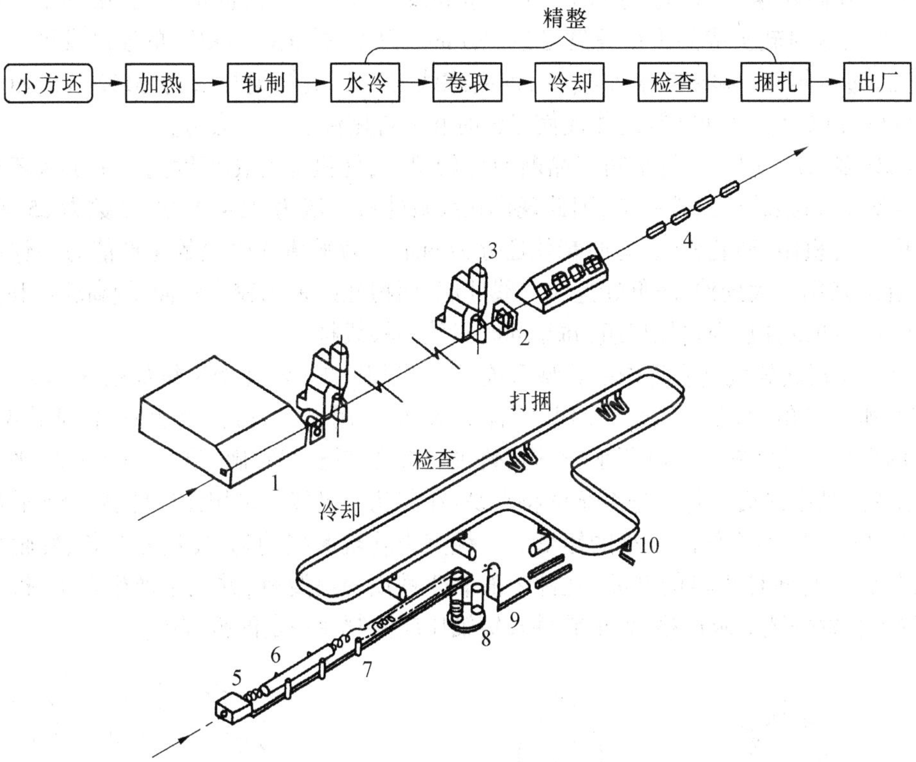

图5-28　线材生产工序图

1—加热炉;2—粗轧机组;3—高速连续精轧机组;4—水冷装置;5—卷线装置;6—冷却装置;7—链式运输机;8—线卷收集装置;9—线卷放倒装置;10—钩式运输机

(1) 坯料的特点

线材坯料主要有初轧坯和连铸坯两种。为了保证终轧温度,适应小线径和大盘重的需要,在供坯允许的前提下,其断面应尽可能小,以减少轧制道次,因此坯料一般较长,目前最大坯料断面边长为150 mm,最大长度为22 m,并开始采用连铸连轧或焊接坯等;“无头轧制”法将坯料无限延长。由于线材成卷供应,不便于轧后探伤和清理,故对坯料表面质量要求较严,一般可根据坯料表面缺陷深度估算成品表面缺陷深度。

(2) 加热特点

由于用作线材原料的锭坯断面小,在保证加热质量的前提下,加热温度应尽可能高,各部温度应均匀,但尾部温度应稍高,以减小轧后的轧件首尾温差。加热速度一般控制为1.7~2.3 mm/min,有的达到1 mm/min。

对线坯的加热要严防过热和过烧,氧化铁皮要少,对易脱碳的钢,要严格控制高温段的停留时间,采取低温、快热、快轧等措施。为减小轧制温降,加热炉应尽量靠近轧机。

入炉和出炉方式取决于坯料长短和加热炉型式。对于连续式线材轧机,由于坯料较长,炉子较宽,为保证炉尾温度,一般采用端进端侧出的方式。现代线材轧机多采用步进式加热炉。为了快速加热和减少氧化,还有采用电感应加热、电阻加热、高强力红外线加热及无氧化加热法。

(3) 线材轧机特点

① 小辊径高转速　为解决小线径、大盘重和线材质量要求之间的矛盾,必须尽量增加轧制速度。当前线材轧机成品出口速度已达 130 m/s 以上,并正向着更高的速度发展。线材轧机高速是通过小辊径、高转速得到的。目前新式线材精轧机轧辊径仅为 ϕ152 mm,而转速高达 9 000 r/min 以上。高速轧制还能促使终轧时轧件首尾温度趋于均匀。

② 机架多,分工细　线材车间产品断面比较单一,轧机专业化程度高。由于从坯料到成品总延伸较大,每架轧机只轧一道,因此现代化线材轧机一般为 21~28 架,多数为 25 架,分为粗轧机组、中轧机组、精轧机组,有时精轧还分为两组。为平衡各机组的生产能力和保证产品精度,粗轧多采用较大延伸、较低转速和多线轧制,而精轧则采用较小延伸、较高轧速和多路单线轧制方法。即设置数列精轧机组,每组同时只轧一根线材。

③ 高速无扭转轧机具有特殊的孔型系统　Y 型轧机的多辊孔型系统如图 5－29 所示,一般为三角-弧边三角-圆孔型系统。对某些合金钢,可采用弧边三角-弧边三角-圆孔型系统。45°轧机的孔型系统如图 5－30 所示,有椭-椭-圆、弧菱-弧菱-圆、椭-圆-椭-圆及平-平-椭-圆等孔型系统。其中最后一种孔型系统的特点是:在前几个机架上采用无槽轧制,交替轧制各道矩形的长轴方向以形成新的较小的矩形。其优点为轧辊磨损均匀、使用寿命长、轧辊加工容易,一套轧辊可轧多种规格的产品;轧件表面氧化铁皮容易脱落,并且不产生耳子、折叠等缺陷。但导卫装置安装要求严格,各道轧件长短轴比应控制在一定的范围内。

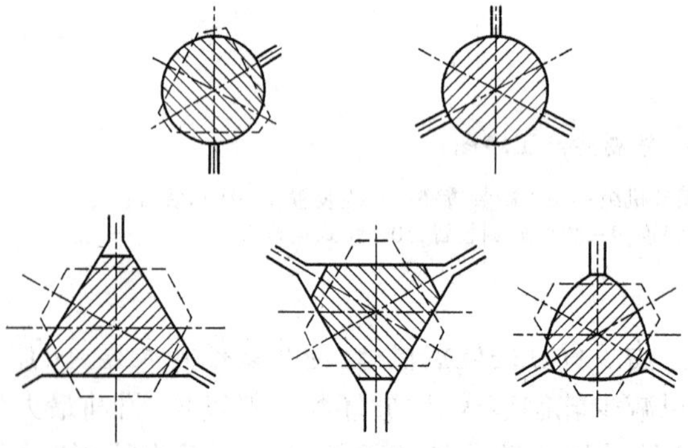

图 5－29　Y 型轧机孔型系统

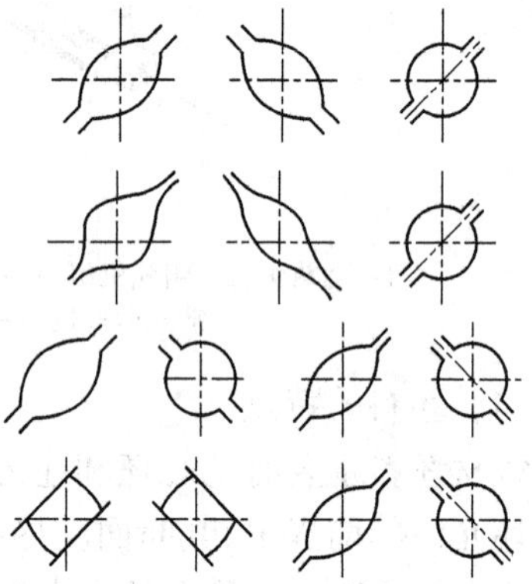

图 5－30　45°线材轧机孔型系统

(4) 轧制工艺特点

高速轧机线材生产轧制工艺特点主要是单根连续、高速无扭、控轧控冷和恒微张力轧制。恒微张力轧制就是用精确的设计方法和采用高刚度轧机、高耐磨轧辊及均匀的加热温度保证轧制过程微张力的恒定,以保证产品精度和减小能耗。

(5) 精整的特点

线材冷却一般采用成卷冷却和散卷冷却两种方式。前者用卷线机、钩式冷却运输机和收集打捆装置;后者采用水冷带、吐丝机、散卷冷却带、集卷装置和自动打捆机。

5.4.2　板带材生产

板带材是单张供应的板材和成卷供应的带材的总称,它是汽车、舰船、建筑、化工、机械、轻工及家电等工业的重要原料。板带材的品种规格较多,各种板带材的生产工艺及所用设备并不完全相同。本节只从工艺的典型性出发,介绍中厚板、热轧薄板和冷轧薄板生产的基本知识。

5.4.2.1 中厚板生产

1) 中厚板轧机的型式及其布置

中厚板轧机的型式不一,按机架结构有二辊可逆式、四辊可逆式和四辊万能式(图5-31)等。按机架的布置主要有单机架、双机架和多机架连续式或半连续式等。

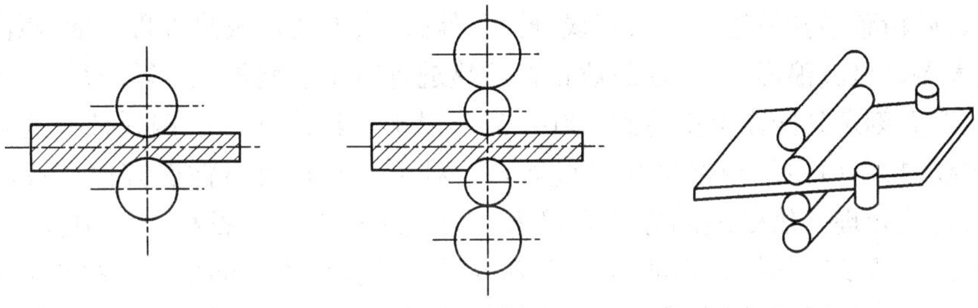

(a)二辊可逆式　(b)四辊可逆式　(c)四辊万能轧机

图5-31 轧机型式

二辊可逆式轧机由于辊系刚性较差,轧制精度不高,仅作粗轧或开坯之用。四辊可逆式轧机,对于提高产量和质量有明显的优越性,特别是对于精度和板型要求较严、宽度较宽的中厚板的轧制,四辊可逆式轧机几乎是不可少的。万能轧机是在一侧(或两侧)具有一对(或两对)立辊的四辊(或二辊)可逆式轧机,其原意是要生产齐边(不剪边)钢板,以降低金属消耗,提高成材率,但由于立辊轧边只有在 $B/H < (60 \sim 70)$ 时才能产生作用,故自1970年以来一般已不采用万能轧机。

2) 中厚板生产工艺

中厚板生产工艺流程通常为:

坯料准备—加热—除鳞—轧制—精整—检验—入库

典型的中厚板车间如图5-32所示。

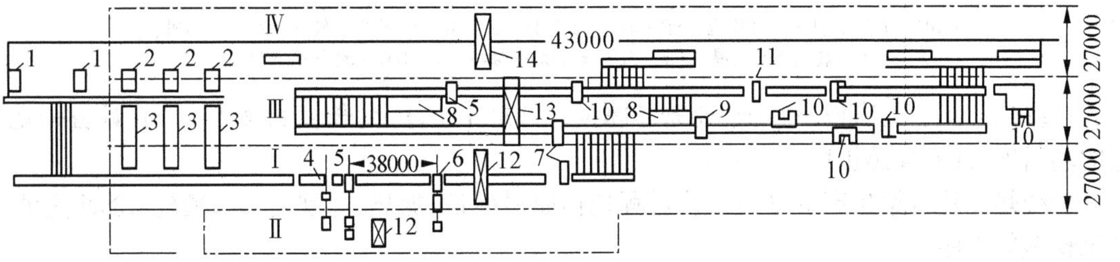

图5-32 2800中厚板车间平面布置图

Ⅰ—主要设备跨;Ⅱ—主电室;Ⅲ—精整设备跨;Ⅳ—成品跨

1—上料装置;2—推钢机;3—加热炉;4—立辊机架;5—二辊可逆粗轧机;6—四辊万能精轧机;7—矫直机;8—翻板机;9—划线机;10—斜刃剪;11—圆盘剪;12—5/15 t吊车;13—20/5 t吊车;14—15 t吊车

坯料准备主要是选择合理的坯料和尺寸、规格,并进行表面检查、清理,以保证轧制生产的正常进行。

加热的目的是增加金属塑性,降低变形抗力,有利于轧制。中厚板生产的加热炉常采用推钢式炉或步进式炉。由于产品质量要求的提高,现代化中厚板厂趋向采用步进式连续加热炉。

除鳞的目的是清除轧件表面的炉生、次生氧化铁皮,以免压入轧件表面产生缺陷,是保证钢板表面质量的关键措施。

轧制分为粗轧和精轧两个阶段。中厚板的粗轧和精轧阶段并无明显界限。通常双机架布置的第一架称为粗轧机,第二架为精轧机。粗轧的主要任务是整形、展宽和延伸,精轧的任务是延伸和质量控制,包括厚度、板形、性能及表面质量的控制。

中厚板轧后精整包括矫直、冷却、划线、剪切、检查、表面清理及热处理和酸、碱洗等。轧制后的中厚板大多略呈波浪形,必须在热矫正机趁热进行矫正。钢板经过矫正后,为了避免继续产生热偏差,应立刻送到冷床上空冷到200~150℃以下。经冷却后的钢板被送到后面的工序进行检查、划线、打印(厂标、规格尺寸等)、剪切。对于一些在机械性能方面有特殊要求的中厚板,还要进行热处理。热处理的方法有淬火、回火、正火等。在各种方法中,产品升温的高低、保温时间的长短及冷却的方式都不相同,从而使产品获得不同的金属组织及机械性能。现代化中厚板车间所有精整工序都是布置在金属流程线上,由辊道及移送机进行转运。

5.4.2.2 热轧带钢生产

热连轧带钢生产,不仅能够高产,而且可以达到优质和低成本的要求,因而在当前轧钢生产方法中占据了主流和统治地位。当前热轧板带主要有两种生产方式,即传统热连轧和薄板坯连铸连轧短流程生产方式。

1) 传统热连轧带钢生产方式

一般将20世纪90年代以前的热带钢连轧称为传统带钢热连轧,年产量可达300万吨以上。目前我国有半数左右带钢是通过这种方式生产的,典型的传统热连轧方式如图5-33所示。

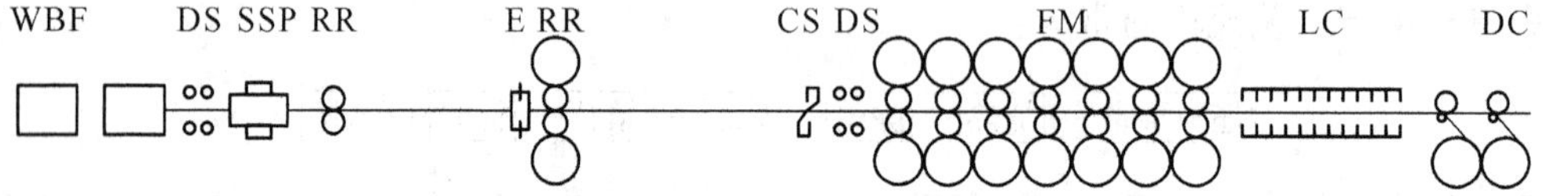

图5-33 典型的传统热连轧工艺流程图

WBF—加热炉;DS—除鳞机;SSP—板坯调宽压力机;RR—可逆式粗轧机;CS—剪切机;
E—轧边机(立辊);FM—精轧机;LC—层流冷却;DC—地下卷取机

传统生产工艺具有以下特征:连铸坯厚度在200 mm以上,长度为4.5~9 m;具备一定容量的坯料库;具备加热炉区。

传统热连轧带钢生产的基本工艺过程包括原料准备、加热、除鳞、粗轧、精轧、冷却、卷取及带钢精整等工序。

(1) 原料准备与加热

传统热连轧带钢所用的坯料主要是连铸板坯,少数用初轧坯。板坯的质量对成品质量的影响非常大,特别是板坯的内部缺陷往往造成成品的致命伤。因此,首先须对坯料进行认真选择和清理。

传统热轧薄板所用的加热炉,大多数是三段或五段的连续式加热炉。由于步进式连续加热炉具有明显的优越性,所以用得越来越多,它是现代热连轧机加热炉的主流。

(2) 粗轧

传统连轧热带钢的轧制和中厚板的轧制一样也可分为除鳞、粗轧和精轧几个阶段，各阶段的主要任务也基本相似，只是在粗轧阶段的宽度控制任务不但不用展宽，反而是采用立辊对宽度方向压缩的方法来完成，并且在除鳞的过程中除采用高压水之外，同时还采用大立辊轧边，对板坯侧面施以 50~90 mm 的压下量，以调节板坯宽度和提高破鳞的效果。

板坯除鳞以后，接着进入二辊轧机轧制。此时板坯厚度大、温度高、塑性好、抗力小，故选用二辊轧机即可满足工艺要求。随着板坯厚度的减薄和温度的下降，变形抗力增大，而板形及厚度精度要求也逐渐提高，故须采用强大的四辊轧机进行压下，才能保证足够的压下量和较好的板形。为了使钢板的侧边平整且宽度控制精确，在以后的每架四辊粗轧机前面，一般皆设置有小立辊进行轧边。各种热带连轧机的精轧机组是由 6~8 架轧机组成，并没有什么区别，但其粗轧机组布置形式不同。根据粗轧机组的轧机架数和布置，带钢热连轧机可分为全连轧、3/4 连轧和半连轧三种型式(图 5－34)。

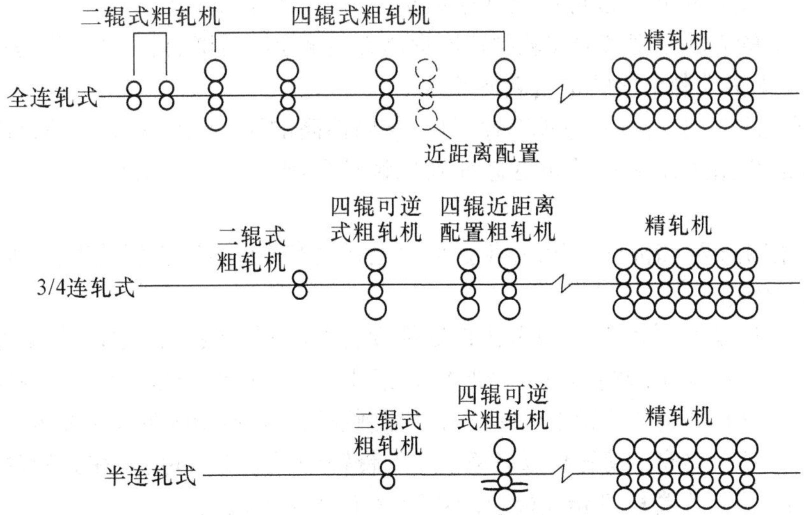

图 5－34　热轧带钢轧机的型式

① 全连轧　粗轧机组由 4~6 架轧机组成，顺列式布置，每架轧制一道，无逆轧道次，一般前几架不进行连轧，后面两架为缩短机架间距离而采用连轧。

② 3/4 连轧　粗轧机组由 3~4 架轧机组成，其中后两架为近距离布置的四辊连续式轧机；第一或第二架轧机为可逆式轧机，其中四机架粗轧机组中有一架为不可逆式轧机。3/4 连轧粗轧机组布置的特点是既有可逆轧制，又有连轧。

③ 半连轧　粗轧机组只有 1~2 架轧机，其中一架或两架为可逆式轧机，可设置中板加工线，既生产中板，又生产板卷。

不管是哪类方式，实际上，粗轧机组都不是同时在几个机架上对板坯进行连续轧制，因为粗轧阶段轧件较短，厚度较大，温降较慢，难以实现连轧，也不必进行连轧。

(3) 精轧　由粗轧机组轧出的带钢坯，经中间辊道输送到精轧机组进行精轧。精轧机组的布置比较简单，如图 5－35 所示(图中 1~7 为机架)。带坯在进入精轧机之前，首先要进行测温、测厚并接着用飞剪切去头部和尾部。切头的目的是为了除去温度过低的头部以免损伤辊面，并防止“舌头”、“鱼尾”卡在机架间的导卫装置中或辊道缝隙和卷取机缝隙中。有时还要把轧件的后端切去，以防后端的“鱼尾”或“舌头”给卷取及其后的精整工序带来困难。

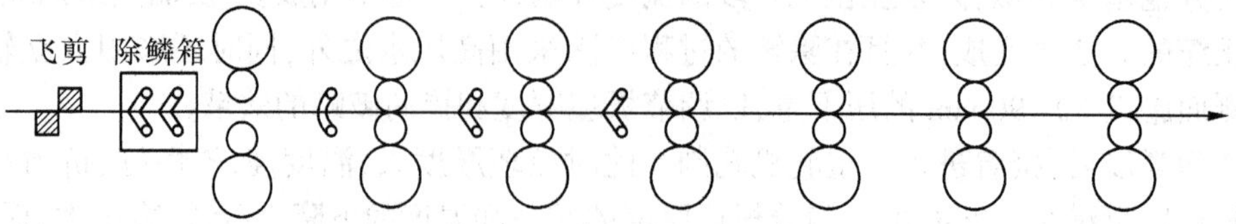

图 5-35 精轧机组布置简图

带钢钢坯切头以后，即进行除鳞。现代轧机已取消精轧水平破鳞机，只在飞剪与第一架精轧机之间设置高压水除鳞箱以及在精轧机前几架之前设高压水喷嘴，利用压力约15 MPa的高压水破除次生氧化铁皮即可满足要求。

除鳞后，带坯便进入精轧机轧制。精轧机组一般由 6~7 架组成连轧，有的还留出第八架、第九架的位置。增加精轧架数可使粗轧来料加厚，提高产量和轧制速度，并可轧制更薄的产品。因为粗轧机的来料厚度增加和轧制速度提高必然减小温度降，使精轧温度得以提高，减小头尾温度差，从而为轧制更薄的带钢创造条件。

为适应高速度轧制，必须相应地有速度快、准确性高的压下系统和必要的自动控制系统。这样，才能保证轧制过程中及时而迅速准确地调整各项参数的变化和波动，得出高质量的钢板。

为了灵活控制辊型和板形，现代热带连轧机上皆设有液压弯工作辊装置，以便根据情况实行正弯辊或负弯辊。

为了测量轧件温度，在精轧入口和出口处都设有温度测量装置，为测量带钢宽度和厚度，精轧后设有测宽仪和 X 射线测厚仪。测厚仪和精轧机架上的测压仪、活套支持器、速度调节器及厚度计式厚度自动调节装置组成厚度自动控制系统以控制带钢的厚度精度。

(4) 轧后冷却及卷取　精轧机以高速轧出的带钢经过输出辊道，要在数秒钟之内急速冷却到 600℃左右，然后入卷取机卷成板卷，再将板卷送去精整加工。

经过冷却后的带钢即送往 2~3 台地下卷取机卷成板卷。卷取机的数量一般是三台，交替进行工作。

如果生产成张的钢板，则要将钢带传送到精整加工线上进行定尺剪切和矫平。对于一些在机械性能方面有特殊要求的产品，要进行适当的热处理。

2) *薄板坯连铸连轧生产方式*

薄板坯连铸连轧代表了当前热轧薄板生产的最先进技术，是钢铁工业近年来最重要的技术进步之一。自 1990 年得到实际应用以来发展很快，截至 2005 年底，世界建成的薄(中厚)板坯连铸连轧生产线达到近 40 套。

薄板坯连铸连轧具有流程短、能耗低、劳动生产率高、设备简单、投资省、成本低等一系列优点，在技术和经济等方面具有非常大的优越性。传统的热轧带钢生产一般是炼钢车间负责钢水冶炼、板坯铸造，之后将热态的连铸坯或冷却后的连铸坯送往轧钢车间进行二次加热及轧制成材。炼钢工序和轧钢工序相对较独立，生产不连续，而薄板坯连铸连轧几个工序之间紧密连续，铸坯只需在轧制前进行在线少量补热，形成一条连续的生产作业线，其特点如下。

(1) 工艺流程紧凑,设备减少,生产线短。薄板坯厚度较薄,可以省去传统热轧带材粗轧,设备投资仅为常规流程的58%,从而降低了单位基建造价,吨钢投资下降19%~34%。

(2) 生产周期明显缩短。传统热连轧带钢生产需要5 h左右,连铸连轧省去了大量的中间倒运及停滞时间,从钢水冶炼到热轧成品输出,仅需0.5~1.5 h,从而减少了流动资金的占用。

(3) 节约能源,提高成材率。由于取消了坯料轧前的二次加热,吨钢能耗下降50%,成材率提高2%~3%,而成本只相当于传统热轧带钢的70%左右。

(4) 产品的尺寸精度高,性能稳定、均匀。

(5) 适合生产薄及超薄规格的热轧板卷,产品的附加值高,从而实现高的经济效益。

在典型的薄板坯连铸连轧生产线上,工艺流程的主要环节如图5-36所示。

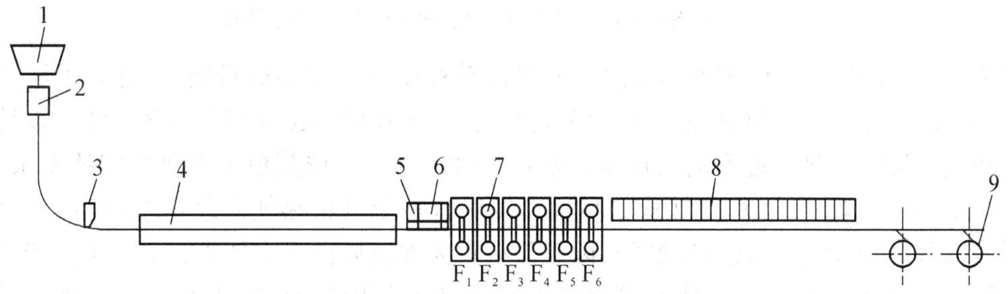

图5-36 典型薄板坯连铸连轧工艺流程

1—中间包;2—结晶器;3—切断剪;4—辊底式隧道加热炉;5—事故剪;6—高压水除鳞机;7—精轧机;8—输出辊道和层流冷却装置;9—常规地下卷曲机

根据不同的薄板坯连铸连轧工艺技术思路,连铸连轧生产线的设备配置也有所不同。铸轧设备配置主要有以下几种。

(1) 只有精轧机的薄板坯连铸连轧生产线。在这种轧制线上,多数由4~6架工作机座构成热带钢连轧机组,这种生产线可以称为薄板坯连铸连轧生产线的基本形式。其布置简图如图5-37所示。

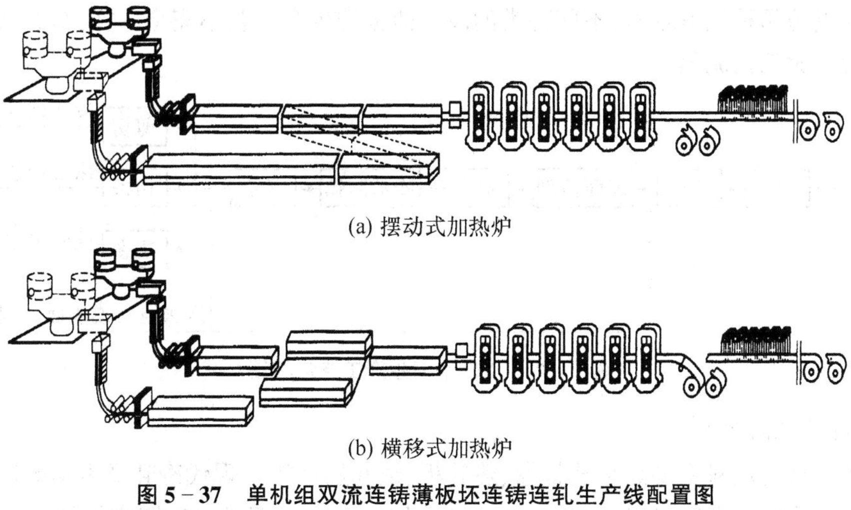

(a) 摆动式加热炉

(b) 横移式加热炉

图5-37 单机组双流连铸薄板坯连铸连轧生产线配置图

(2) 连铸机与粗轧、精轧机组的薄板坯连铸连轧生产线配置(图 5-38)。

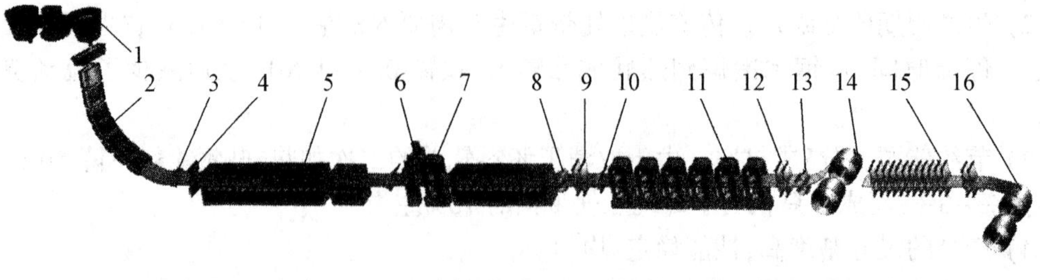

图 5-38 单流连铸机配置的薄板坯连铸连轧机组图

1—钢水包;2—弧形连铸机;3—旋转除鳞机;4—摆式飞剪机;5—辊底式炉;6—立辊轧机;7—粗轧机;8—切头尾飞剪机;9—强制冷却装置;10—精轧除鳞装置;11—精轧机;12—强制水冷段;13—滚筒式飞剪;14—卷取机;15—层流冷却;16—地下卷取机

因为薄板坯连铸连轧的板坯薄,厚度小,经简单补温即可直接进行精轧,省去了加热和粗轧工序,具有流程短、设备质量轻、投资小的特点,是经济型的热连轧宽带钢生产线。该种布置的生产线成品带钢的厚度范围是 1.0 mm 或(0.8~12.7) mm,按其板形板厚控制技术水平,较适合生产 1.5 mm 以下薄规格热轧板。目前市场对这种薄规格热轧产品需求每年都以 6%的速度增长,而且部分产品可代替冷轧板,因此具有较大的发展潜力。如果企业将生产产品的钢种定位于一般品种,主要希望增大薄规格带钢产量和追求较低的投资和生产成本,那么采用薄板坯连铸连轧工艺应该是首选。事实证明,薄板坯太薄,虽然减小了轧机的压力,但整条生产线的产量和产品质量都受到不利影响。因为压缩比问题及薄规格连铸坯内部质量问题,薄板坯连铸连轧生产线只能生产中低档及薄规格产品,对于轿车板等高级钢板的生产还在试验阶段。

5.4.2.3 冷轧板带材生产

以热轧薄板为坯料,用冷轧机在常温下轧制成的薄板称冷轧薄板。与热轧薄板相比,冷轧薄板厚度均匀,尺寸精度高,表面光洁美观。经过适当的热处理后,其机械性能和加工性能较好,所以使用十分广泛。

冷轧薄板的品种规格较多,不同种类的冷轧薄板的生产工艺不完全一样,图 5-39 所示为冷轧薄板的一般工艺流程。

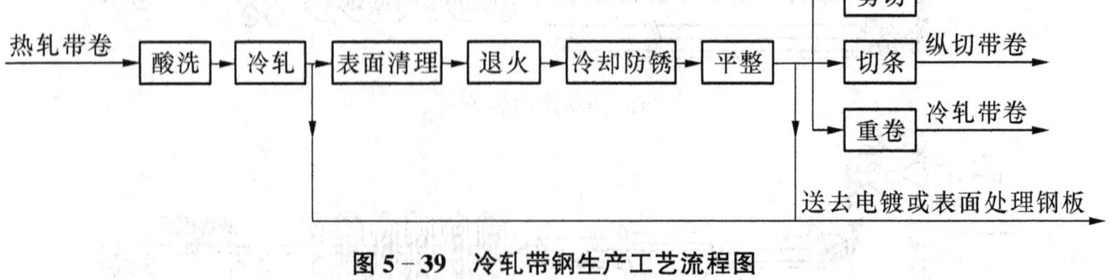

图 5-39 冷轧带钢生产工艺流程图

1) 原料带卷的酸洗

冷轧板带材的坯料主要是热轧带卷、热轧板、热轧扁条等。现代冷轧宽带钢的坯料均采用热轧宽带钢。冷轧窄带钢(宽度小于 600 mm)采用热轧窄带钢或热轧宽带钢纵剪成的窄带卷

(亦称纵剪带)。目前世界各国正在研制开发连铸薄带坯,直接供冷轧使用。

除坯料种类外,冷轧坯料选择的一个极其重要的内容是厚度选择。必须保证冷轧成品良好的组织性能、表面质量和较高的生产率,并应考虑原料供应的可能及综合经济效益。

用做坯料的热轧带卷是在900℃以上轧制的,其表面总会产生氧化铁皮。为了保证冷轧薄板的表面质量,通常在冷轧前对原料进行酸洗以除去氧化铁皮。

带钢的酸洗是在连续酸洗作业线上进行的。酸洗就是清除坯料表面的氧化铁皮、保证板带材的表面质量。酸洗的方法通常有机械法(无酸酸洗法)、化学法和机械-化学酸洗法(亦称酸洗)。通常都采用机械-化学酸洗法,即先用机械的方法将坯料表面的氧化铁皮破碎,然后在硫酸或盐酸溶液中将坯料表面的氧化铁皮用化学方法清除,经酸洗后的带坯还要用水清洗、中和、烘干并涂上防锈油。酸洗作业线主要包括酸洗槽、清洗槽、拆卷机、卷筒和一系列传送装置等。

2) 薄板冷轧

经酸洗后的带卷,即可送到薄板冷轧机上去轧制。目前较通用的轧制方法是“常规冷轧法”,该法是将3~6架四辊薄板冷轧机串联成连续冷轧机组,热轧带卷经开卷、切头、直头等处理后,依次喂入各架轧辊之间,然后在快速轧制中,坯料次第变形,并由卷取机卷成带卷。在这种轧法中,轧件除受轧辊的压力外,还能通过调节卷取机、开卷机和各架轧机之间的转速差,使轧件受适当的张力。这种张力不仅起着减小轧辊的轧制载荷和板材厚度的有效作用,还能防止轧件跑偏,使板型平整。

由于薄板冷轧的轧制速度快、产量高、产品质量要求高,靠人工进行操作控制已不适应生产发展的要求,近年来轧制过程中的自动控制技术有了很大发展,已形成专门控制系统。

3) 脱脂与退火

冷轧后,通过清洗除去板面轧制油污的工序称为“脱脂”。现代化的冷轧带钢厂所采用的脱脂方法主要是电解清洗。这种方法是采用专门的清洗设备,让带钢连续地依次通过碱槽、洗刷机、电解槽、热清洗槽、干燥机等来进行脱脂。

如前所述,轧后的轧件,存在着加工硬化,即形成硬而脆的金属组织,这不但影响轧件的机械性能,且妨碍对轧件的进一步加工。为此,须对冷轧薄板进行退火处理,即根据钢种将轧件在炉内加热到一定温度(650~750℃),进行保温,然后缓慢冷却。经退火后的轧件即可消除加工硬化。目前,冷轧带钢多用罩式退火炉进行退火,带卷成垛地置于炉底座上,以耐热的内罩罩上,再罩上外罩,外罩实际上是个加热炉,其上装有烧嘴或加热元件。退火时内罩中通有保护性气体或化学处理气体。

4) 精整

精整是冷轧板带生产中最后一道加工工序,目的是保证出厂的产品符合国家规定的质量标准,主要包括平整、剪切、检查分类、涂油包装、标记、入库。

平整实质上是一种小压下率(0.5%~4%)的二次冷轧,其目的是消除屈服平台,改善板形和表面质量。剪切是切除不规则的头尾、分卷、切边并纵剪成规定尺寸的板带材。

5.4.3 管材生产

5.4.3.1 无缝钢管生产

钢管按制作方法分为无缝钢管和焊接钢管。前者是以实心管坯(或钢锭)做坯料,采用专门的方法沿轴线穿一个孔,然后在管中插入坚硬的芯头进行轧制而成;后者是以带钢或钢板做坯料,做成圆筒,并将缝隙焊接,即成焊接钢管。最常用无缝钢管生产方法有热加工和冷加工两种。

1) 热加工无缝钢管的生产

(1) 生产方法概述

无缝钢管一般是经热加工生产的。其生产过程可分为穿孔、轧制、成型三个阶段,即先将加热后的坯料,采用专门的方法沿轴线穿孔,制成厚壁毛管;然后用不同的轧制方法将厚壁毛管的管壁减薄、延伸,制成薄壁毛管;最后通过均整、定径或减径等精轧工序,制成壁厚均匀、形状规整、尺寸准确且表面光洁的钢管。

根据穿孔方法的不同,可将无缝钢管的生产方法分为多种,应用最广泛的是斜轧穿孔法。图5－40所示为用斜轧穿孔法生产无缝钢管的工艺流程。图5－41为自动轧管机组工艺流程图。

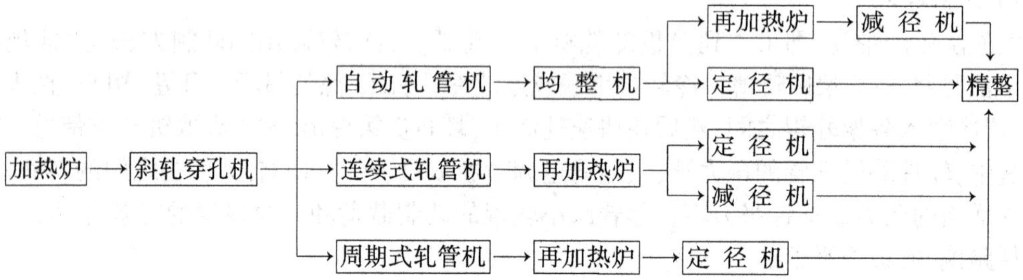

图5－40 斜轧穿孔法生产无缝钢管的工艺流程图

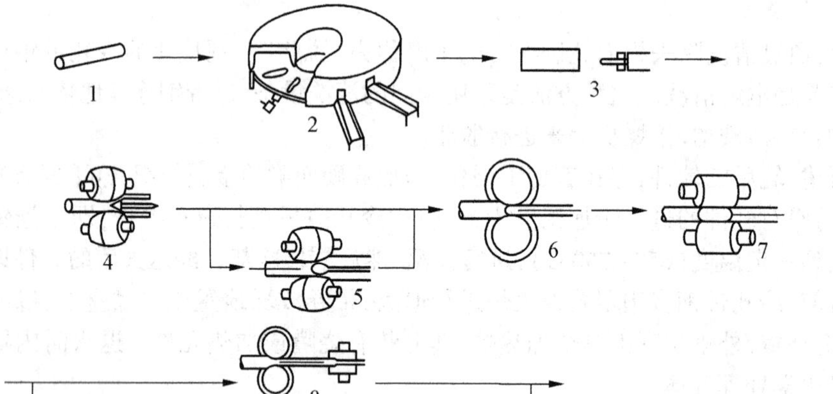

图5－41 自动轧管机组的工艺流程图

1—管坯;2—环形加热炉;3—定心机;4—穿孔机;5—二次穿孔机;6—自动轧管机;7—均整机;8—定径机;9—再加热炉;10—减径机;11—冷床;12—斜辊式矫直机

(2) 坯料的准备和加热

轧制无缝钢管所用的坯料有圆形、方形和多角形的初轧坯、锻造坯、钢锭或连铸坯,有时也采用离心铸造的空心管坯,根据产品的品种规格和生产方法来选取。

无缝钢管轧制中的受力和变形情况较复杂,所以要求坯料具有更高的质量。坯料入炉前,除了要对其表面缺陷进行认真检查、清理外,还须对其内部可能存在的缩孔、偏析、夹杂物等进行细致的检查清除,因为这些内部缺陷可能成为成品的内表面缺陷。为了防止穿孔时偏心导致壁厚不均,坯料入炉前应在其端面打定心孔。

管坯加热广泛采用环形加热炉和步进式加热炉。前者多用于将坯料从常温加热到轧制温度,后者多用于加工过程的再加热。环形加热炉的基本构造如图5-42所示,它具有能缓慢转动的炉底,坯料从入口按径向置于炉底,当炉底回转一周后,坯料被加热到规定温度(1 200℃左右),即可以从出口取出。这种炉子可用电力、煤气或液体燃料作热源。

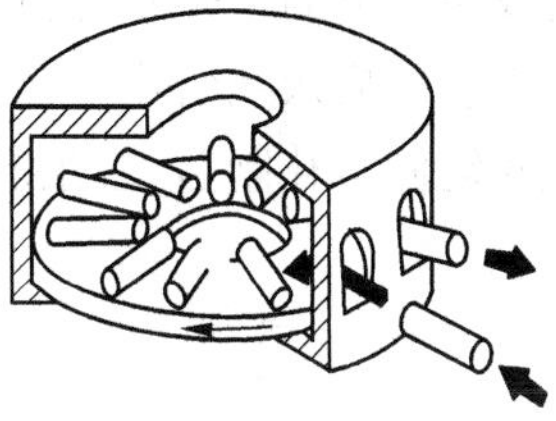

图5-42 环形加热炉

(3) 斜轧穿孔

斜轧穿孔所用的斜轧穿孔机有多种型式,它们的工作原理相同,现以常用的二辊式斜轧穿孔机为例介绍穿孔过程。

如图5-43所示,这种穿孔机有两个以相同方向和相同速度旋转的轧辊,它们的轴线交叉,且各与坯料前进方向成6°~12°的角度。当加热后的坯料被两个轧辊咬入后,就螺旋似地边旋转边前进。在坯料未接触顶头时,是在轧辊之间进行压缩变形;当坯料碰到坚硬的顶头时,由于顶头被固定在变形区的轴线位置,就对沿轴向前进的坯料的中心部位产生顶压,以致穿出孔来。

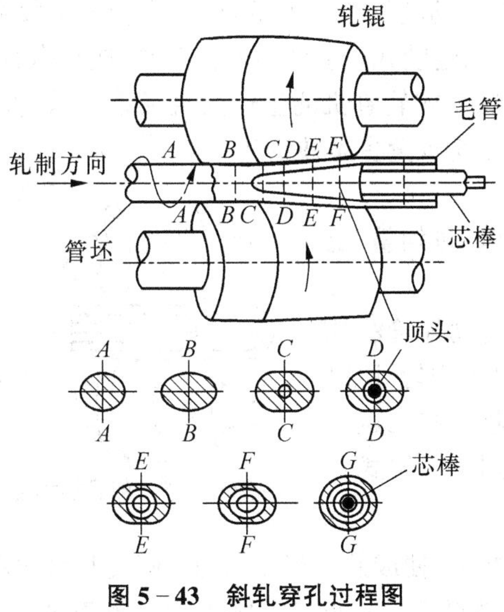

图5-43 斜轧穿孔过程图

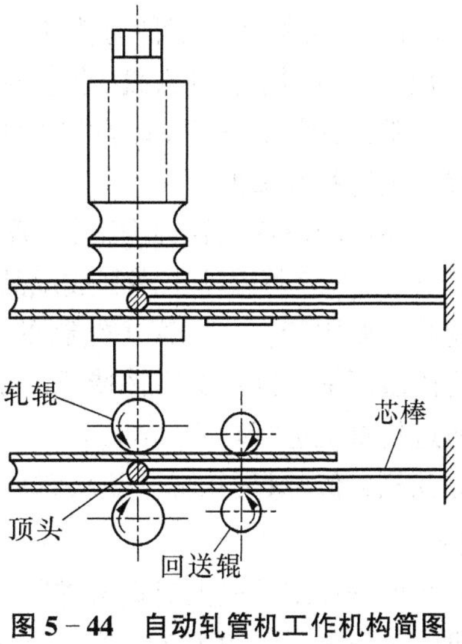

图5-44 自动轧管机工作机构简图

(4) 毛管轧制

斜轧穿孔后的厚壁毛管,还须通过轧制进行减壁延伸,制成形状和尺寸接近成品的薄壁毛管。毛管的轧制方法主要有自动轧管法、连续式轧管法和周期式轧管法。

① 自动轧管法 自动轧管机的工作部分如图 5－44 所示，由两个带半圆形轧槽的轧辊、顶头、回送辊等组成。两个轧槽合成圆形孔型，毛管通过孔型时，就在孔型和顶头之间的环形空隙中进行压缩变形，使管壁变薄。为使整个管子变形均匀，常要反复轧制两三道。每轧一道，将管子回转 90°，且更换顶头，提升上辊时由回送辊逆轧制方向送回轧件，以便进行下一道次的轧制。

② 连续式轧管法 连续式轧管机的轧制过程如图 5－45 所示，这种轧管机一般由 8～9 架孔型为圆形的二辊式轧机组成，相邻轧机的轧辊轴线互成 90°。轧制前，先将涂有润滑剂的光滑长芯棒插入毛管中。轧制中，轧件在各对轧辊与芯棒之间进行压缩变形，毛管的壁厚减薄，长度延伸。轧制后，拔出芯捧，将毛管再加热后，送往定径机或减径机轧成成品。

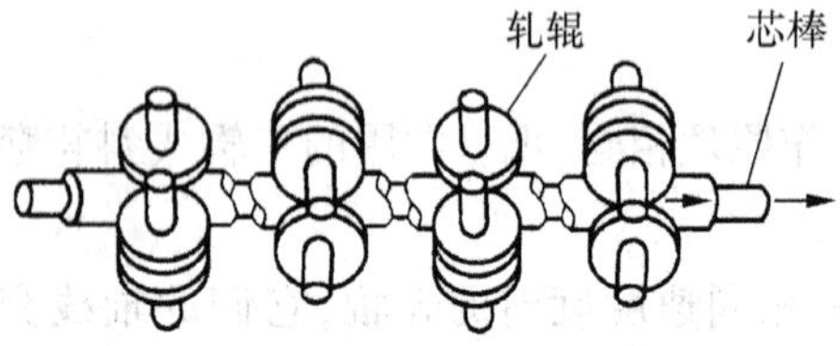

图 5－45 连续式轧管机工作示意图

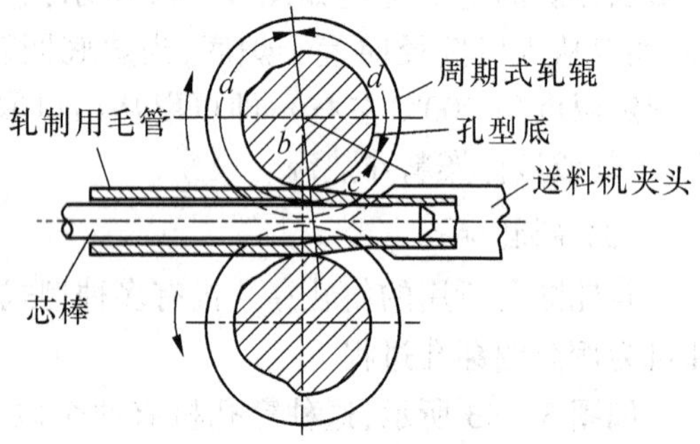

图 5－46 周期式轧管机图

③ 周期式轧管法 周期式轧管法是使用穿孔后的毛管，在周期式轧管机上轧制钢管的方法。周期式轧管机如图 5－46 所示，是上下两个轧辊上均车有变断面轧槽的不可逆二辊轧机，在轧机的前台设有夹持并能转动芯棒的送料机。

上述三种毛管的轧制法各有特点和适用范围：自动轧管法生产的钢管，直径范围较宽，生产效率较高，能轧制所有钢种的轧件，因而应用最广；连续式轧管法生产效率高，成品内表面质量好，偏心小，适用于轧制大批、小直径的长钢管；周期式轧管机能生产大直径管材，轧机的延伸系数非常大，因此可以减少穿孔时的变形量，适于小批量多品种生产。

（5）钢管精轧成型

轧制而成的薄壁毛管称为荒管，荒管还须分别经过均整、定径、减径（或扩径）等精轧工序制成成品。

均整主要用于自动轧管法轧制的荒管，因为自动轧管法轧出荒管内表面常有因顶头摩擦造成的划痕，壁厚也不均匀，所以必须通过均整机进行均整。如图 5－47 所示，均整机和二辊式斜轧穿孔机类似，只是轧辊和顶头都是圆柱状有别于二辊式斜轧穿孔机。

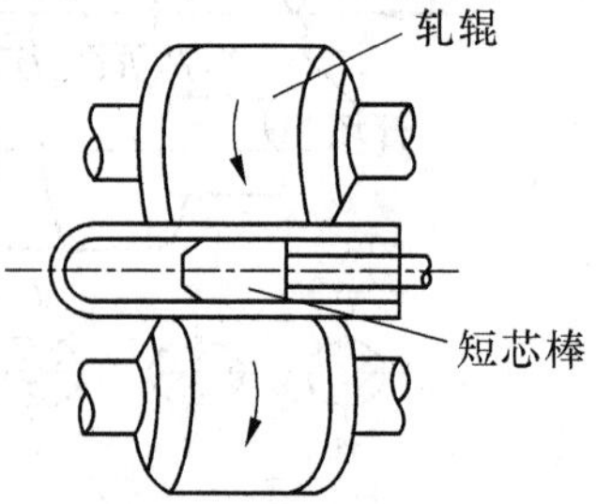

图 5－47 荒管的均整

定径就是在定径机上对钢管进行小量的减径精轧，使成品具有要求的真圆度和尺寸精度。定径机的工作机架一般为 3～12 架，各有一对孔型为圆形的轧辊，各对轧辊的轴线互成 90°，如图 5－48 所示。定径前通常要将管子再加热到 900℃ 以上。

如果要将大直径的管子缩减成小直径时，则须将钢管再加热到 900℃ 以上，然后通过减径机进行减径轧制。减径机的工作机架为 9～24 架，利用轧辊压力和机架之间的张力，使管子的外径和壁厚逐步缩减，其工作过程如图5－49所示。

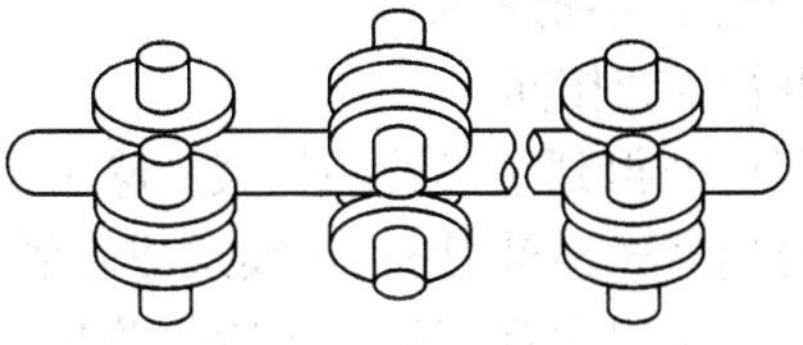

图5－48 定径机工作示意图

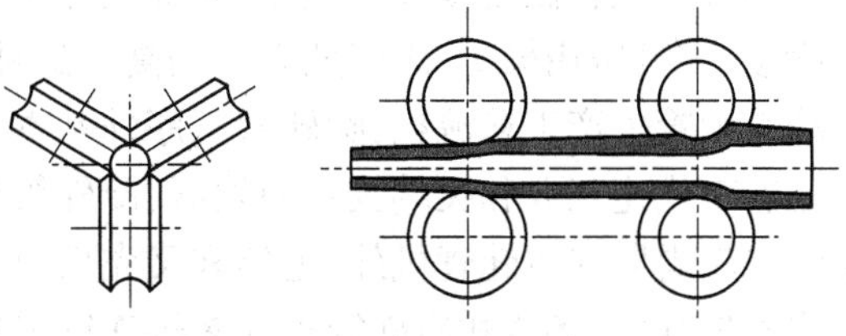

图5－49 减径机工作示意图

2) 冷加工无缝钢管生产

钢管的冷加工方法主要有冷拔和冷轧法。近年来随着科学技术的发展，又发展起来一种冷旋压法，用这种方法可以生产大直径、高精度的冷轧管和变断面冷轧管。冷加工钢管的原料可以是热轧无缝钢管也可以是焊管。钢管冷加工法的共同特点是尺寸精度高、表面粗糙度小，可生产0.05～0.01 mm的极薄壁管和直径达0.3～0.1 mm的极细毛细管。

(1) 冷轧钢管

冷轧钢管的主要优点是断面减缩率大，特别是减壁能力强。对碳钢来说，一次轧制的断面减缩率可达80%～83%，合金钢可达72%～75%。其主要缺点是工具更换困难。冷轧法除了直接用于生产一部分精度较高的冷轧管以外，往往与冷拔法联合使用，为冷拔开坯。这样既能充分发挥冷轧的减壁能力，又能巧妙地利用冷拔工具易于更换的优点，有利于提高生产率、扩大产品生产范围和提高钢管表面质量。

目前冷轧管生产多用周期式冷轧管机。周期式冷轧管机的工作特点是钢管芯棒不动，由机架往复运动带动轧碾往复碾轧钢管，采用变断面孔型压缩轧件，以达到减径和减壁的目的。如图5－50所示，当轧机和轧辊处于原始位置a时，孔型尺寸最大(比坯料外径稍大)；在达到行程极限位置b时，孔型比成品外径稍大；在达到b位置前5°时，孔型尺寸最小，即等于成品外径。在原始位置a时，送进管料，随轧机的大小不同，每次送进3～30 mm；于位置b时，翻转管料，每次翻转60°～90°，以便轧辊回程时碾轧平整管壁。当恢复到原始位置a后，再送进管料开始下一个周期轧制。如此反复碾压管料，最后轧出所要求尺寸的冷轧钢管。

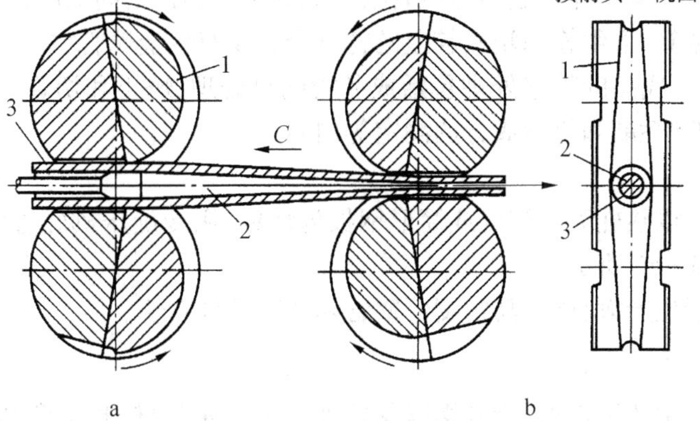

图5－50 周期式冷轧管机工作原理图

1—轧辊；2—芯棒；3—毛管

冷轧钢管的产品规格范围为:外径 0~450 mm;壁厚 0.04~60 mm。

周期式冷轧管法与冷拔法相比,其优点是道次面缩率大,无需锤头,成品率高。缺点是生产速度慢,工具费用昂贵,中间处理费用高。这种方法用于生产不锈钢管。

冷轧钢管生产工艺流程,除轧管工序外基本与冷拔钢管生产相同。

随着现代化工业和尖端技术的发展,冷轧管生产在国内外得到了迅速的发展。除了上述常用的二辊周期式冷轧管机外,近年来又先后出现了多辊周期式冷轧管机、连续式冷轧管机、行星式冷轧管机、多线式冷轧管机和多辊连续式冷轧管机。不仅大幅度提高了冷轧管机的生产率,而且扩大了产品品种,提高了产品尺寸精度和表面质量。

(2) 冷拔钢管的生产

如图 5-51 所示,钢管冷拔是将热轧无缝钢管在常温下穿过拔管模孔进行拉伸,制品获得规定的直径和壁厚。冷拔是生产薄壁、极薄壁和大直径薄壁管材及毛细管的主要方法,其优点是制品的尺寸精度高、表面粗糙度小,品种规格较齐全,而且加工过程中可以采用热处理方法提高制品的机械性能。

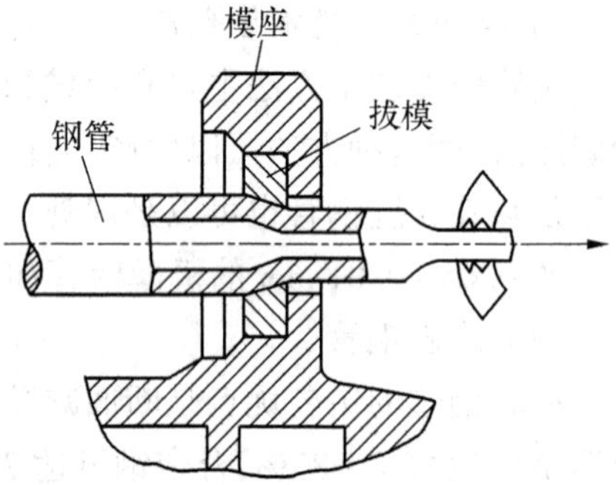

图 5-51 钢管冷拔

总的来说,钢管冷拔包括如下工艺。

① 钢管冷拔前的准备 管料冷拔前的准备包括管料打头、热处理、酸洗和润滑等。打头是指将管料的头部加热并锻打变细,以便头部先穿过拔管模。热处理主要是通过加热、保温、冷却等一系列操作,使管料软化,以免使管料在拉拔时断裂和减少模具的磨损,但低碳钢管料可不进行热处理。酸洗的目的是清除管料热加工时表面产生的氧化铁皮,以减少拔管模的磨损,并保证冷拔管的内外表面光洁。润滑也是为了减少模具的磨损。

② 冷拔 冷拔的方法主要有无芯棒拔制法、短芯棒拔制法和长芯棒拔制法。无芯棒拔制法是在拔制过程中,管孔内不装芯棒,如图 5-51 所示。这种方法可对钢管进行减径,但基本上不能减壁,一般只用于生产小直径的钢管。短芯棒拔制法是在管孔内安置一个短芯棒,它由芯杆固定位置,拔制时,管子是在拔管模与芯棒之间的环形间隙中变形。这种方法的道次变形量大,管子内部表面质量好,所以多用于成品前的各道次加工。长芯棒拔制法是在管孔内插一根长芯棒,拔制时,管子和芯棒一起通过拔管模。故管子与芯棒之间的摩擦力很小。该法多用于生产小直径的薄壁管、毛细管和塑性较差的特殊合金及有色金属管材。

③ 成品的精整 成品的精整处理包括成品管的热处理、矫正和切管、表面质量和尺寸精度检查、无损探伤物理性能和化学成分的测定等内容。

(3) 冷旋压法

冷旋压轧管法是以热轧无缝钢管或筒形钢板为坯料,用冷旋压机轧管的一种方法。冷旋压机工作原理如图 5-52 所示。

冷旋压法多用于生产大直径、高精度薄壁管和变断面冷轧管。

5.4.3.2 焊管的生产

焊管法可以用于生产碳素钢、合金钢以及各种有色金属管材,其生产品种极为广泛,外径为 5~4 000 mm,壁厚为 0.3~25 mm,特厚壁焊管最大壁厚可达 50 mm。

焊管生产方法种类繁多,按焊接方式分,有压力焊接法和熔融焊接法。压力焊接法包括电阻焊接法(高频电阻焊和高频感应焊)和炉焊法。熔融焊接法包括闪光电弧焊接法、埋弧电弧焊接法和气体保护电弧焊接法。按焊缝接合形式不同,有对接、搭接、直缝和螺旋焊缝等焊接方法。焊管一般是以带钢卷或钢板为坯料,采用不同方法焊接而成的。

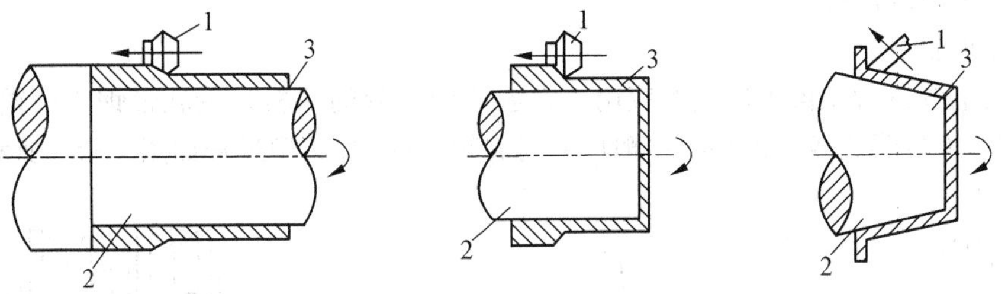

(a) 推进式旋压法　(b) 拉进式旋压法　(c) 变断面管旋压法

图 5-52　冷旋压机工作原理图

1—旋压辊;2—芯棒;3—旋压件

一般来说,焊管的生产要经过如下几个工序。

(1) 坯料的准备工序:包括坯料矫正和切边等。

(2) 坯料的成型工序:将坯料弯成一定的断面形状。

(3) 管坯焊接工序:将接缝焊牢。

(4) 钢管的定径工序:使钢管平直和形状准确。

(5) 钢管的切断工序:按成品规定的尺寸切断。

目前在我国广泛采用的焊管方法是对接炉焊法和电阻焊接法。

1) *对接炉焊钢管*

对接炉焊法(图 5-53)是将扁平的窄带状焊管坯一端的两角切除并翻卷起来后,送至加热炉加热。加热到 1 300~1 350℃,用专门的焊钳夹住管坯翻卷的一端拉过漏斗模,管坯在模中被弯卷成管并对焊起来。为了保证焊接质量,在焊接前要用风嘴吹去管坯两侧边缘的炉渣和氧化铁皮。这种炉焊法叫做漏斗模成型炉焊法。用这种方法焊制直径小的钢管时,不使用夹钳,而用在加热前就焊在管坯上的拉杆把加热好的管坯拉过漏斗模来生产焊管。用对接炉焊法可生产直径小于 60 mm 的焊管,焊接后,送至定径机定径并用矫直机矫直。

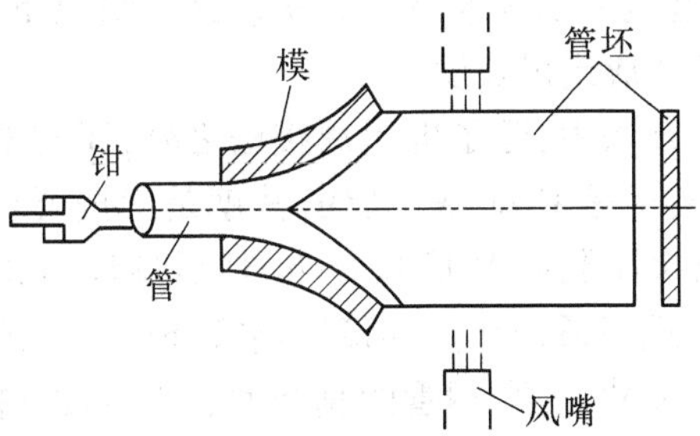

图 5-53　对接炉焊漏斗模成型示意图

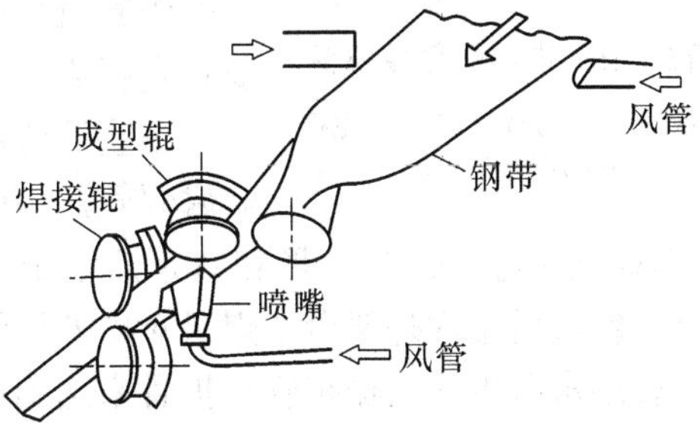

图 5-54　连续炉焊管成型与焊接

除了这种炉焊法之外,还有连续辊式成型炉焊法(简称连续炉焊法)。

连续炉焊法(图 5-54)是使带钢通过窄而长的加热炉把带钢边部加热到焊接温度。带钢出炉后,经风嘴吹边并用一组具有圆形孔型的成型机成型,最后在焊接辊的挤压作用下焊接起来。这种成型机一般由六对轧辊组成。在第一对辊上成型,在第二对辊上焊接,而在其余的几对辊上连续轧出具有精确尺寸的钢管。带钢卷用开卷机开卷供料。为保证能够连续焊管,在加热炉前设有活套坑,钢管轧机轧出后,用飞锯切成定尺长度。这种焊管方法生产率高,适于大批量生产小直径焊管。

2) 电焊钢管

近年来,电焊钢管获得了广泛的应用。制造这种钢管的原料是冷轧带钢或扁钢。带钢或扁钢在成型机上弯卷成管。成型机一般由六对轧辊组成,其成型过程如图 5－55 所示。

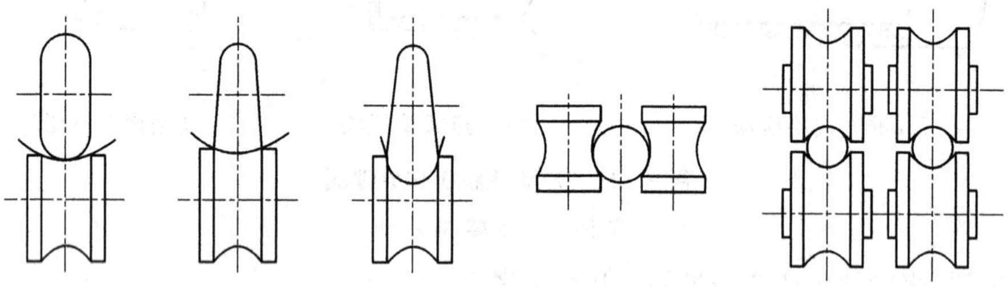

图 5－55 带钢在成型机上成型

轧件对焊过程是当轧件从最后一架成型机架轧出后,在专用电焊机上进行的。电焊制管法种类很多,但除了焊接工序本身不同以外,其他工序基本相同,现以接触电阻焊管为例加以介绍。

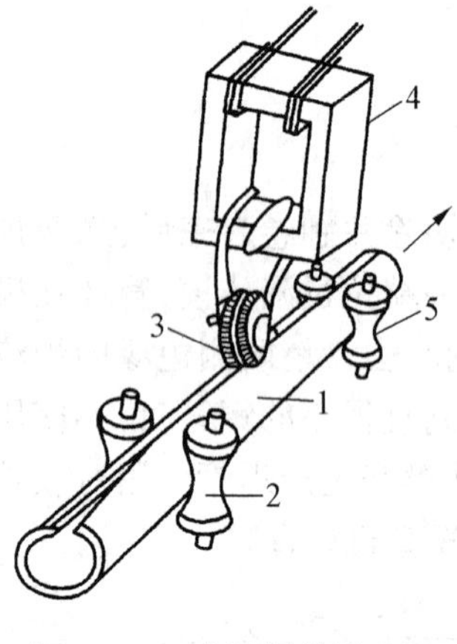

图 5－56 电阻焊管原理图

1—钢管;2—压力辊;3—圆盘电极;4—变压器;5—导辊

电阻焊接机工作原理如图 5－56 所示。电阻焊管法就是将成型管的对接缝用电阻焊接机焊合起来的一种方法。它是利用高强度电流通过大电阻的焊缝时所产生的热量把焊缝两侧的金属加热到焊接温度(1 300～1 400℃),进而在压力辊的作用下焊合成管。

连续电阻焊管法的工艺流程如图 5－57 所示。用这种方法可以生产外径为 6～660 mm、壁厚为 0.15～20 mm 的焊管。因为是靠压力焊合的,所以焊缝强度较低。

电焊管在焊接过程中会形成堆积物,这种堆积物可在钢管向前运动时用固定的刨刀刨除。焊好的钢管用飞锯切成所需长度。一些焊管机组中,在成型机后面还装有定径机。这种情况下,则要在定径之后再把钢管切成定尺长度。

在直缝电焊管生产方法中,除了电阻焊接法之外,还有电弧熔融焊管法,其典型的例子是 UOE 法。UOE 法就是把按要求切断的钢板预先弯边并在 U 形和 O 形成型压力机上依次压制成 U 形和 O 形,然后预焊 O 形管筒的焊缝,最后用内外两台电焊机对内外焊缝进行正式埋弧焊接。焊接后钢管外径小于成品外径,要用水压机或机械扩管机扩管来达到成品外径尺寸,提高钢管的真圆度和平直度,并且借以消除焊缝处的残余应力。UOE 法的优点是:适于生产大直径直缝焊管;成型方法简单、合理;焊缝质量好,生产率高。缺点是成型机的能力大,设备投资费用高。

螺旋焊管法也是一种广泛采用的电焊管生产方法。它是用螺旋成型机把带钢卷曲成螺旋状管筒,然后用埋弧电弧焊接法制造大直径钢管的一种方法。焊缝的方式也采用内、外双面焊接的方法。螺旋焊管机组的生产工艺过程如图 5－58 所示。

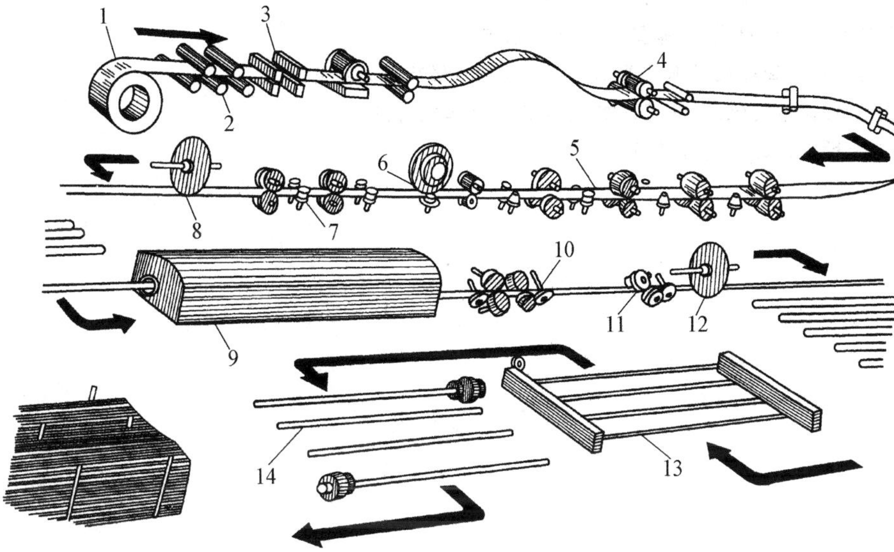

图5-57 连续电阻焊管生产工艺过程示意图

1—开卷;2—矫直;3—接头对焊;4—切边;5—成型;6—电阻焊;7,11—定径;
8,12—锯断;9—加热;10—减径;13—切断;14—水压试验

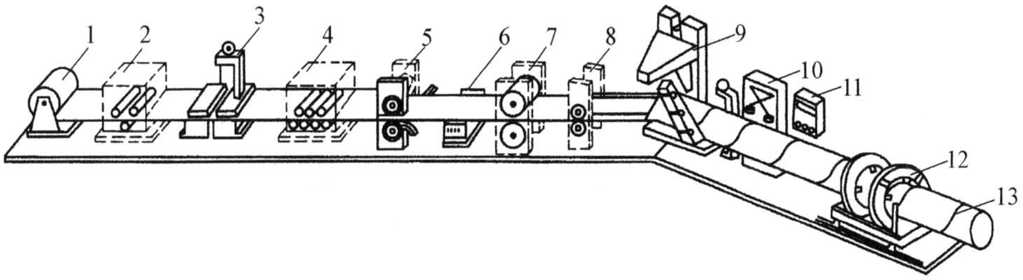

图5-58 螺旋焊管机组的生产工艺过程图

1—板卷;2—三辊直头机;3—焊接机;4—矫直机;5—剪边机;6—修边机;7—主动递送辊;
8—弯边机;9—成型机;10—内、外自动焊接机;11—超声波探伤;12—剪切机;13—焊管

螺旋焊管法的优点是:用同一尺寸的带钢能制造多种外径尺寸的钢管;在一套成型机上能成型多种外径尺寸的钢管,设备共用性强、投资少;操作简便,有利于生产大直径的钢管;焊缝残余应力小,焊接质量高。其缺点是:与UOE法相比,焊缝长、生产率低。

思考题

1. 简述基本概念:纵轧、斜轧、横轧、轧机、连轧、全连轧、半连轧、3/4连轧、热轧、冷轧。
2. 轧制过程中变形区的金属质点如何流动?
3. 简述轧机的分类及型、板、管轧机的命名。
4. 画图说明轧机主机列的组成及三大组成部分的作用。
5. 简述轧材的种类和轧材生产的工艺流程。
6. 简述型材生产工艺流程及轧制方式。

7. 简述线材生产工艺流程及其生产特点。
8. 简述中厚板轧机的型式、布置和生产工艺流程。
9. 简述热连轧板带轧机的布置形式、生产工艺流程及其新技术。
10. 简述冷轧板带的优点、生产工艺流程及轧制工艺特点。
11. 简述管材生产的主要方式及特点。

第 6 章　金属材料成型的其他方法

6.1　锻造成型

锻造成型(图 6－1)是金属或合金在锻锤或压力机的压力作用下变形并获得一定形状、尺寸和性能的塑性加工过程。

锻造生产是一种古老的压力加工方法。在金属材料生产领域,锻造用于低塑性、难变形金属的开坯生产;在汽车、造船、机械制造及航空、航天工业中,负荷大、工作条件严格的关键零件如汽轮发电机组的转子、主轴,汽车、拖拉机和飞机的曲轴、连杆、齿轮,水压机的立柱、高压缸等,都是锻造成型的。

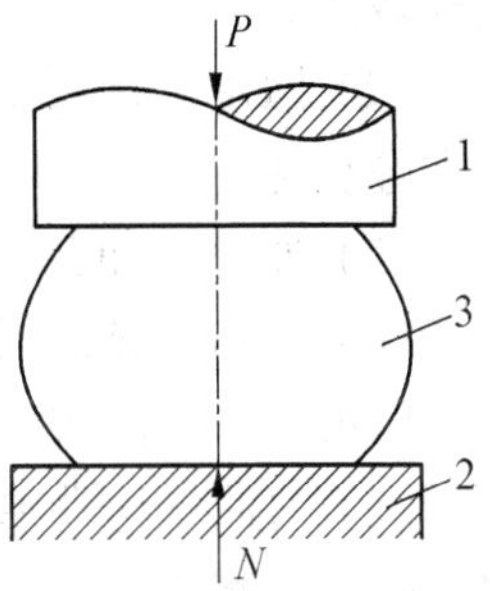

图 6－1　锻造简图

1—锤头;2—砧座;3—金属

6.1.1　锻造成型的特点

与其他塑性成型方法相比,锻造成型有如下特点。

(1) 锻件性能高　能承受大的冲击力,塑性、韧性和其他机械性能都比铸件甚至轧件高。

(2) 节约原材料　例如汽车上净重 17 kg 的曲轴,采用轧制坯加工时,切屑要占轴重的 89%,而采用锻坯切削加工时,切屑仅占轴重的 30%,还缩短 1/6 的加工工时。

(3) 生产效率高　例如采用两部热模锻压力机模锻径向止推轴承,可以代替 30 台自动切削机床;顶锻机生产 M24 螺帽的生产率是六轴自动车床的 17. 5 倍;

(4) 灵活性大　自由锻适合于单件小批量生产,在一般机修厂中都少不了自由锻造。但是锻造是一种原始的生产方法,生产率与轧制相比较低,机械化和自动化水平还有待进一步改善。

6.1.2　锻造成型的基本方法

锻造成型的基本方法有自由锻造和模型锻造,如图 6－2 所示。

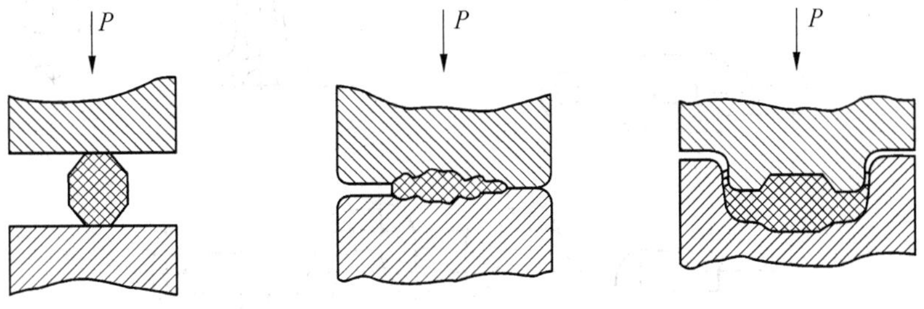

(a) 自由锻造　　(b) 开式模锻　　(c) 闭式模锻

图 6－2　锻造方法

1）自由锻

自由锻是利用冲击力或压力使金属在上下砧座间产生塑性变形而获得所需形状、尺寸和性能锻件的锻造。其变形特点是金属流动不受变形工具的严格限制。锻件形状和尺寸由操作工的操作技术来保证，常用于开坯和单件小批量生产。

自由锻分手工锻和机器锻，前者只能生产小型锻件，后者是自由锻的主要生产方法。自由锻的操作方法主要有六种。

（1）镦粗 它是使毛坯断面增大而高度减小的锻造工序。常用这种工序制造齿轮、法兰盘等锻件。

（2）镦延 镦延是指被锻工件断面减小、长度增加的一种工序，亦称拔长工序。用于制造轴类等长件。

（3）冲孔 冲孔是把坯料冲出透孔或不透孔的工序，用于扩孔的准备工作。

（4）截断 截断乃在热状态下用凿子进行，先从一面截，然后翻转工件再断，端部形成的飞刺用尖头凿子除去。

（5）弯曲 弯曲通常在弯曲机上进行，坯料弯曲处的加热温度应比其他部位高，以避免弯曲处的截面减小。

（6）扭转 扭转工序用于锻造实心零件，零件先在一个平面内锻打，然后旋转一定的角度再锻打，例如锻造曲轴。

2）模型锻造

模锻是模型锻造的简称。它是将金属坯料放入具有一定形状的锻模模膛内，使坯料受压力作用产生塑性变形而获得模膛形状、尺寸的锻造。其变形依据是金属的流动受模膛形状的限制。与自由锻相比，模锻具有如下优点。

（1）生产率高，但操作技术要求不高。

（2）锻件形状、尺寸精度高，加工余量小。

（3）能锻造形状较复杂的锻件（图 6－3）。

（4）易实现机械化、自动化，适用于批量生产。

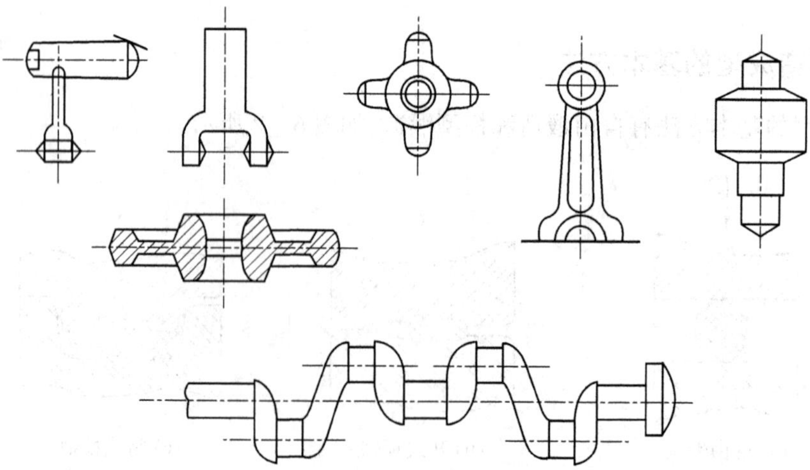

图 6－3 典型模锻件

但其模具制造成本高、互换性小,锻件质量受模锻设备吨位影响,锻件质量不能太大,一般在 150 kg 以下,且能耗大。故不宜单件和小批量生产。

模型锻造通常分开式模锻和闭式模锻。另外,目前还采用一些新的模锻工艺,包括精密模锻、多向模锻、液态模锻和粉末模锻等。

(1) 开式模锻　它是有飞边的方法,即在模膛周围的分模面处有多余的金属形成飞边,也正由于飞边作用,才促使金属充满整个模膛。开式模锻应用很广,一般用于锻造较复杂的锻件。

(2) 闭式模锻　它是无飞边的方法,即在整个锻造过程中模膛是封闭的,其分模面间隙在锻造过程中保持不变。只要坯料选取得当,所获锻件就很少有飞边或根本无飞边,因而大大节约金属、减少设备能耗。因制取坯料相当复杂,故闭式模锻一般多用在形状简单的锻件上,如旋转体等。

(3) 液态模锻　液态模锻是利用液态金属直接进行模锻的方法,它是在研究压铸的基础上逐渐发展起来的。液态模锻的实质是把液态金属直接注入金属模内,然后在一定时间内以一定的压力作用于液态或半液态金属上使之成形,并在该压力下结晶。

(4) 粉末模锻　粉末模锻是将金属粉末先制成坯料,在保护性气氛中加热到热锻温度,在成形模内一次锻成成品,取出后再经热处理或在保护性气氛中冷却,以得到锻件的方法。

6.2　冲压成型

冲压成型亦称板料成型,是利用压力机通过模具对板料施加压力,使其产生分离或塑性变形而获得一定形状、尺寸和性能制件的成型方法。

冲压一般是冷态加工,应用范围很广,它不仅可以冲压金属板材,而且也可以冲压非金属材料;不仅能制造很小的仪器仪表零件,而且也能制造如汽车大梁等大型部件;不仅能制造一般精度和形状的零件,而且还能制造高级精度和形状复杂的零件。冲压成型是一种生产效率高、易于实现机械化和自动化的加工工艺,在航空、汽车、拖拉机、电器、仪表、日用品及国防等领域占有十分重要的地位。据概略统计,冲压件占汽车零件的 60%~75%、飞机零件的 70%~84%、电子产品的 80%以上。

冲压用的原料须有足够的塑性和良好的表面质量,形状为板、带、条、箱,常用的金属材料有低碳钢、高塑性合金钢、铜、铝、镁及其合金。

6.2.1　冲压成型的特点

与其他成型方法相比,冲压成型有如下主要特点。

(1) 生产率高,操作简便,易于实现机械化、自动化,适于大批量生产。

(2) 制件精度高、尺寸稳定、互换性好。

(3) 能耗低,材料利用率高,属少、无切削加工方法。

(4) 能用简单机械设备获得其他成型工艺难以生产的形状复杂、重量轻、强度高、刚性好、表面光洁的薄壁零件。

但由于模具成本高,并且需要专门的模具设计技术,不适于单件和小批量零件的生产。

6.2.2 冲压成型的基本方法

冲压成型分为分离工序(表 6-1)和成型工序(表 6-2)两大类。

1) 分离工序

板料受力后应力超过材料的强度极限而产生剪裂或局部剪裂,使板料的一部分沿封闭或非封闭轮廓线与另一部分相脱离的工序称为分离,亦称冲裁。沿封闭轮廓线实现分离的工序主要有落料和冲孔,不沿封闭轮廓线实现分离的有剪切和整修等。

2) 成型工序

板料受力后应力超过材料的屈服极限而产生塑性变形的工序称为成型,亦称变形,主要包括拉深(拉延)、弯曲、胀形、翻边和体积冲压。

(1) 弯曲　弯曲是将坯料弯成具有一定角度、曲率和形状零件的冲压成型方法,可制造汽车纵梁、自行车车把、支架、电器仪表外壳和门窗铰链等零件,包括单角弯曲、双角弯曲和卷边。

(2) 拉深　拉深是将冲裁后的板料冲压成各种开口空心件的成型方法,可制造车灯壳、汽车油箱、电容器外壳和汽车覆盖件等尺寸范围相当广泛的旋转体零件、盒形及其他复杂形状的零件,包括变薄拉深和不变薄拉深。

(3) 胀形　胀形是利用模具迫使板料厚度减薄、表面积增加而获得所需几何形状零件的

表 6-1　分离工序的分类

工序名称	简　图	特点及常用范围
切断	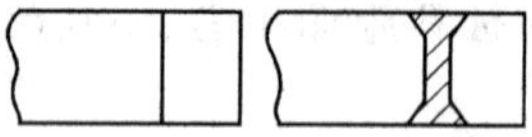	用剪刀或冲模切断板材,切断线不封闭
落料	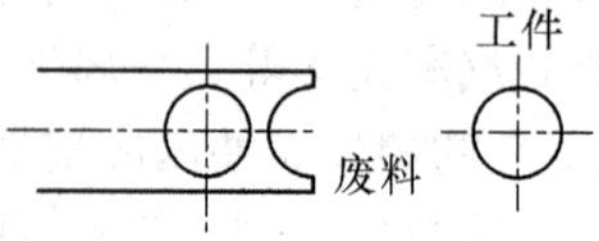	用冲模沿封闭线冲切板料,冲下来的部分为制件
冲孔	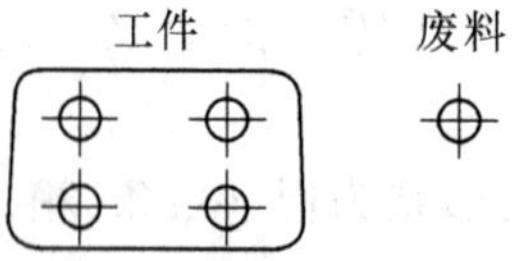	用冲模沿封闭线冲切板料,冲下来的部分为废料
切口	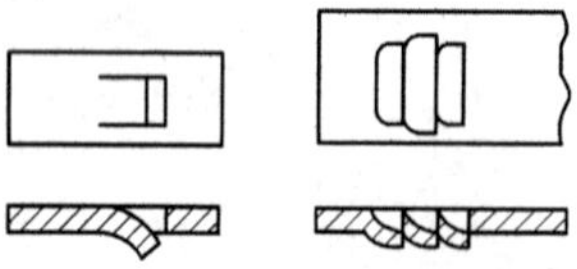	在坯料上沿不封闭线冲出切口,切口部分发生弯曲,如通风板
切边	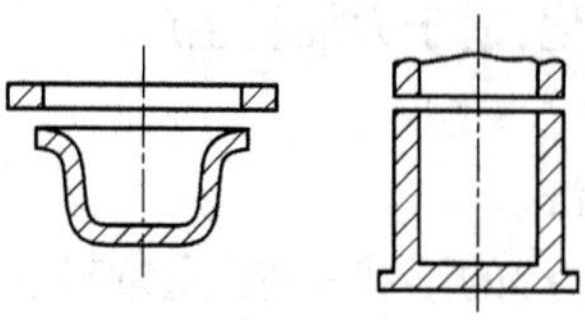	将制件的边缘部分切掉
剖切	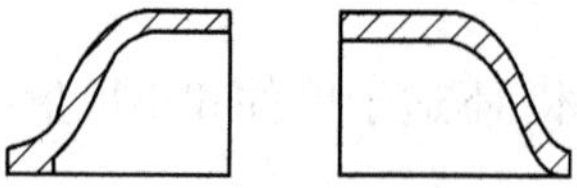	把半成品切开成两个或几个制件

冲压成型方法，亦称鼓凸成形和起伏成形，可制造波纹管、百叶窗、行军壶、大型复板零件的加强筋等凸包、凸肋和鼓凸空心零件。可利用刚性模、橡胶模及液体或气体的压力实现胀形。

表 6-2　成型工序的分类

工序名称		简图	特点及常用范围	工序名称		简图	特点及常用范围
弯曲	弯曲		把板料弯成一定形状	成型	滚弯	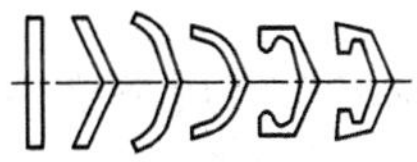	通过一系列轧辊把平板卷料滚弯成复杂型材
	卷圆	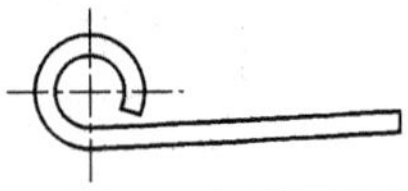	把板料端部卷圆如合页		起伏	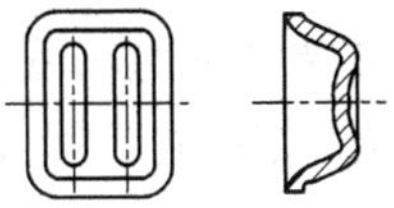	在制件上压出筋条、花纹，在起伏处的整个厚度上都有变形
	扭曲	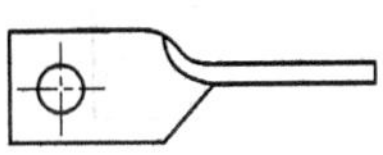	把制件扭转成一定角度		卷边	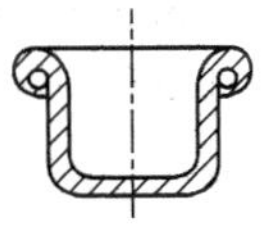	把空心件的边缘卷成一定形状
拉延	拉延	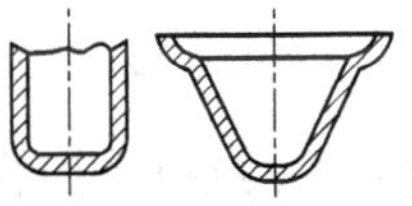	把平板坯料制成空心制件，壁厚不变		胀形	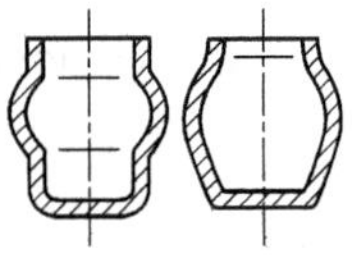	使制件的一部分凸起，呈凸肚形
	变薄拉延	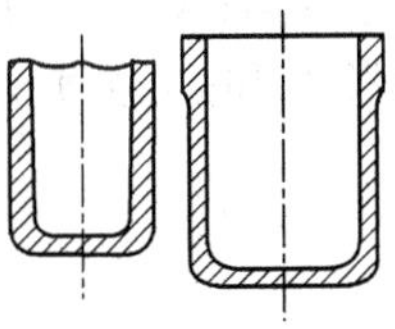	把空心制件拉延成侧壁比底部薄的制品		旋压	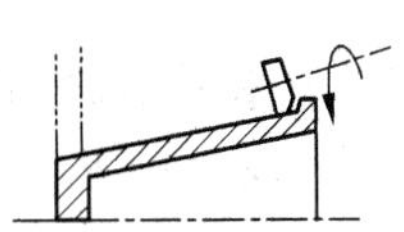	把平板形坯料用小滚轮旋压出一定形状（分变薄与不变薄两部分）
成型	翻孔		把制件上有孔的边缘翻成竖立边缘		整形	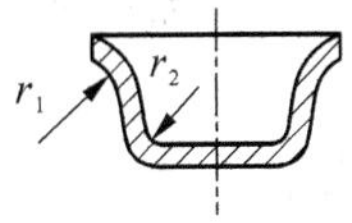	把形状不太准确的制件校正成形，如获得小的 r 等
	翻边	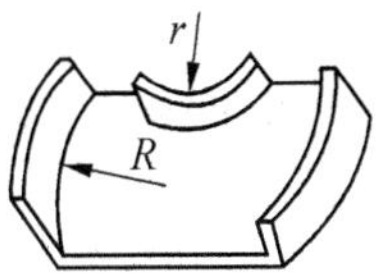	把制件的外缘翻成竖立边缘		校平		校正制件的平直度
	扩口	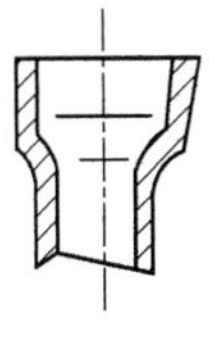	把空心制件的口部扩大，常用于管子		压印	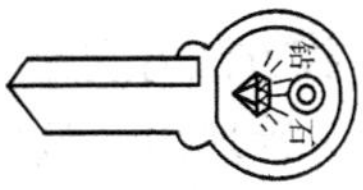	在制件上压出文字或花纹，只在制件厚度的一个平面上变形
	缩口	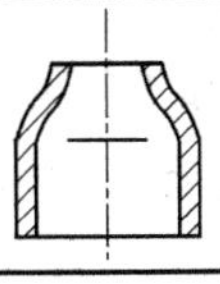	把空心制件的口部缩小				

(4) 翻边　翻边是用扩孔的方法使带孔件在孔口周围冲制出竖直边缘的冲压成型方法，可制造铆钉孔、探纹底孔和滑动轴承等零件。按制件边缘的性质和应力状态，可分为内孔翻边和外缘翻边，按竖边壁厚的变化可分为变薄和不变薄翻边。

(5) 体积冲压　体积冲压亦称立体冲压，包括校形、冷镦、冷挤压和压印。校形是将已拉深或弯曲的零件压成正确的形状，冷镦是将金属体积作重新分布及转移，使其局部变粗形成所要求的形状,如铆钉、螺钉等。冷挤压是将金属冲挤到凸模及凹模之间发生塑性变形,使厚坯料转变为空心薄壁零件的冲压方法。压印是将冲模局部挤进,在零件表面形成线的凹进、花纹、字样及符号等的冲压方法。

6.3　拉拔成型

拉拔是材料在拉拔力作用下产生塑性变形并获得模孔断面形状、尺寸和一定性能的压力加工过程。即以拉力使坯料通过各种形状的锥形模孔改变其断面形状而获得尺寸精确、表面光洁制品的塑性成型方法(如图6-4)。通常以轧材、挤压材或锻材为坯料,生产管、棒、丝材和异型材。

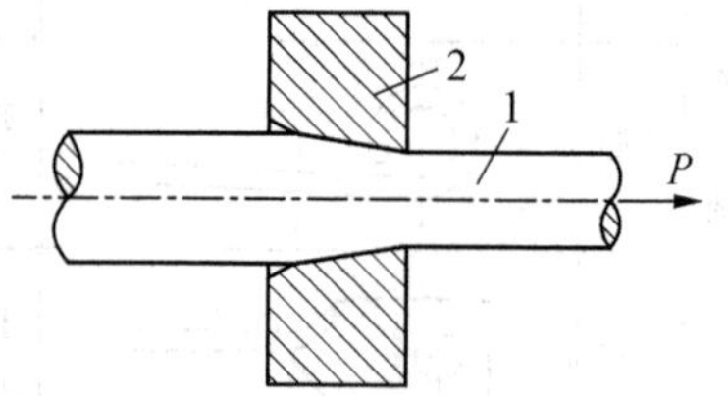

图6-4　拉拔成型示意图

1—金属;2—模子

拉拔丝的直径为6~0.001 mm,拉拔管材外径为200~0.1 mm,壁厚最薄到0.01 mm,径壁比可达2 000∶1,拉拔棒材的直径为3~80 mm,用拉拔法还能生产各种复合材及异型管材。为了提高拉拔效率,多年来积极发展高速多线大吨位自动化冷拔机。拉管最高速度达135 m/min,同时可拉三根,最大拉拔力达7MN,并出现了多模、连续、辊式、超声和热拔等新方法;拉丝的最高速度可达200 m/min,还出现了水冷、等温、反张力和熔融直接拉丝等新方法。

6.3.1　拉拔成型的特点

与其他塑性成型方法相比,拉拔成型具有如下特点。

(1) 制品尺寸精确、表面光洁。例如拉制波导管时,尺寸精度为正负百分之几毫米,内表面粗糙度的表面特性达到极光表面的镜面,即 $Ra \leqslant 0.01\ \mu m$。

(2) 投资小,生产工具和设备简单,维护方便,在一台设备上可生产多品种、多规格的产品。

(3) 制品机械强度高。

(4) 道次加工率小,加工道次多,酸洗、退火工序多,成材率低。

(5) 最适于连续、高速生产断面非常小的长制品。

6.3.2　拉拔成型的基本方法

棒、型、丝材成型方法相同,即坯料直接通过模孔拉拔(亦称拉伸)成材。由于管材具有中空断面的特点,其基本拉拔方法有空拉、长芯杆、固定芯头、游动芯头、顶管和扩径等(图6-5)。

(1) 空拉　拉伸时管坯内不放置芯头,通过模子后外径减缩,管壁略有增减。适用于小直径、异型、盘管和热处理或热加工后的管材生产。

(2) 长芯杆拉伸　管坯中套入长芯杆,拉伸时芯杆随管坯通过模子,实现减径和减壁。由于管内壁与芯杆间摩擦力方向与拉伸方向相同,道次加工率大。但每次拉伸后为更换小直径芯杆或进行退火,必须有专用的脱杆设备,增加了辅助工序,除薄壁小直径管材及塑性较差的钨、钼管材外,一般生产已很少采用。

(3) 固定芯头拉伸　将管坯中带有芯头的芯杆固定,拉伸时管坯通过模孔和固定芯头实现减径、减壁。其在管材拉拔生产中应用最广。

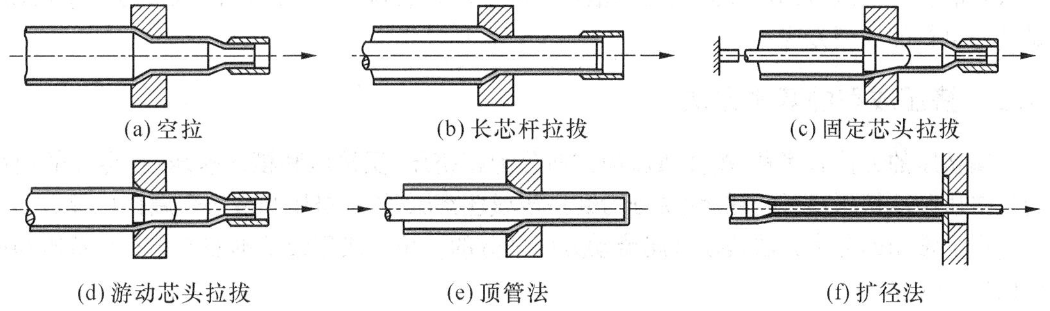

图6-5　管材拉伸的基本方法

（4）游动芯头拉伸　拉伸时借助于芯头所特有的外形建立起来的力平衡使之稳定在变形区实现减径、减壁。其适用于长管和盘管（达数千米）的生产，对提高拉拔生产效率、成材率和管材内表面质量极为有利，是管材拉伸中较为先进的方法，得到了日益广泛的应用。

（5）顶管法（艾尔哈特法）　将芯杆套入带底的管坯中，拉伸时连同管坯一起顶出模孔而对管坯内外径尺寸进行加工。在液压拉床上常用长芯杆生产大直径管材。

（6）扩径法　将管坯的一端固定，套入带有一端大于管坯内径芯头的芯杆，拉拔力加在芯杆上，拉伸时管坯直径增大、壁厚和长度减小，其用于因管坯设备能力限制，不能生产所需大直径管坯的场合。

6.4　挤压成型

挤压成型（图6-6）是对置于挤压筒内的金属或合金在挤压杆的压力作用下产生塑性变形并获得模孔断面形状、尺寸和一定性能的压力加工过程。

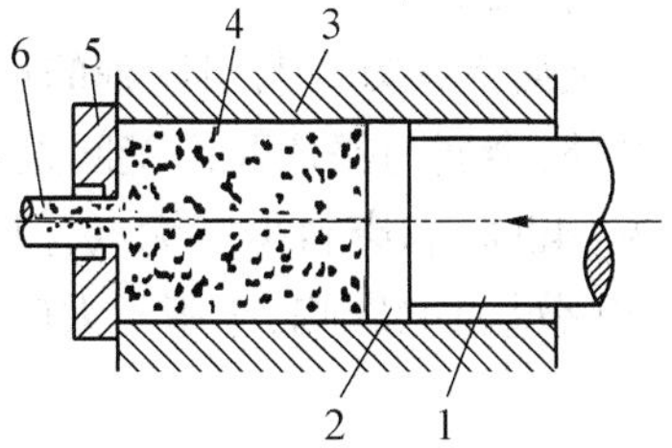

图6-6　金属挤压的基本原理

1—挤压轴；2—挤压垫片；3—挤压筒；4—锭坯；5—挤压模；6—挤压制品

6.4.1　挤压成型的特点

与轧制、锻造等成型方法相比，挤压成型的主要特点有：

（1）具有比轧制、锻造更为强烈的三向压应力状态，使金属可以发挥其最大的塑性，因此可用于其他成型方法难以加工的金属材料。

（2）生产灵活，在同一台挤压设备上不仅能生产形状简单或复杂的管、棒型材，而且品种规格多样，更换方便，特别适用于少批量、多品种的生产。

（3）产品尺寸精确，表面质量较高。精度、粗糙度介于冷、热轧产品之间。

（4）金属废料损失大，成材率较低，主要是压余和挤压缩尾所致，因此生产成本大。

（5）金属与工具间的摩擦大，金属在变形区内流动不均匀。因此，金属流出模孔的速度受限制，且挤压周期中辅助时间长，生产率较轧制成型低。

（6）制品的组织性能在长度和断面上不够均匀。

（7）工具消耗大，工具耗费约占挤压制品成本的35%。

综上所述,挤压成型非常适用于品种规格繁多、形状复杂和尺寸精确的有色金属管、棒、型材及线坯的生产,特别是对于薄壁、超厚壁复杂断面的管、型材及脆性材料产品的生产,挤压成型是唯一可行的成型方法。

6.4.2 挤压成型的基本方法

金属挤压的方法有多种:按金属流动方向分为正挤压、反挤压和横向挤压;按金属的温度分为热挤压和冷挤压;按坯料的性质分为锭挤压或坯挤压、粉末挤压和液态金属挤压等。

生产上常用的分类方法是按金属流动方向来分的。挤压成型最基本的方法有正挤压和反挤压(图 6-7)。

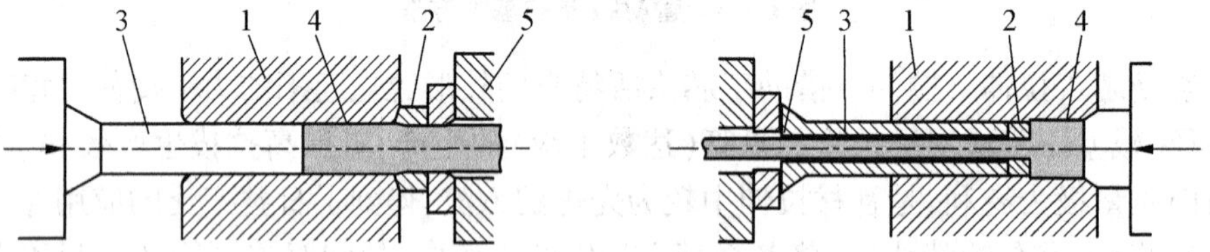

(a) 正挤压法　　(b) 反挤压法

图 6-7　挤压的基本方法

1—挤压筒;2—模子;3—挤压杆;4—锭坯;5—制品

1) 正挤压

金属流动方向与挤压轴运动方向相同的挤压方法称正挤压,其最主要的特征是金属与挤压筒内壁间有相对滑动,存在着很大的外摩擦,摩擦力方向与金属运动方向相反。正挤压是最常用的挤压方法。

2) 反挤压

金属流动方向与挤压轴的运动方向相反的挤压方法称反挤压。其特点是除靠近模孔附近处之外,金属与挤压筒内壁间无相对滑动,故无摩擦。反挤压与正挤压相比具有挤压力小(小30%~40%)和废料少等优点,但由于受空心挤压杆强度限制和挤压周期较长及制品表面质量欠佳(分层)的影响,应用不太广泛。

思考题

1. 名词解释:锻造、冲压、拉拔、挤压。
2. 简述锻造成型、冲压成型、拉拔成型、挤压成型的特点。

参考文献

[1] 吴德海.近代材料加工原理.北京:清华大学出版社,1997.
[2] 赵志业.金属塑性变形与轧制理论.北京:冶金工业出版社,1994.
[3] 王廷溥,齐克敏.金属塑性加工学——轧制理论与工艺.北京:冶金工业出版社,2001.
[4] 陈连生,朱红一,任吉堂.热轧薄板生产技术. 北京:冶金工业出版社,2006.
[5] 马怀宪.金属塑性加工学——挤压、拉拔与管材冷轧.北京:冶金工业出版社,1991.
[6] 李生智.金属压力加工概论.北京:冶金工业出版社,2005.

[7] 王廷溥.板带生产原理与工艺.北京:冶金工业出版社,1995.
[8] 王有铭.型钢生产理论与工艺.北京:冶金工业出版社,1996.
[9] 傅作宝.冷轧板带生产.北京:冶金工业出版社,2005.
[10] 王同海.管材塑性加工技术.北京:冶金工业出版社,1998.
[11] 于九明,庞维成.材料成型机械设备.沈阳.东北大学出版社,2002.
[12] 王允禧.锻造与冲压工艺学.北京:冶金工业出版社,1994.
[13] 陈光,崔崇.新材料概论.北京:科学出版社,2003.
[14] 简光沂,译.钢材加工.上海:上海科学技术出版社,1982.
[15] 姚泽坤.锻造工艺学.西安:西北工业大学出版社,1998.
[16] 彭建声.冷冲压技术问答(上).2 版.北京:机械工业出版社,1995.
[17] 周美玲.材料工程基础.北京:北京工业大学出版社,2001.
[18] 李新城.材料成形学.北京:机械工业出版社,2000.
[19] 陈德全.材料成形工程.西安:西安交通大学出版社,2000.
[20] 何红媛.材料成形技术基础.南京:东南大学出版社,2000.
[21] 黄培云.粉末冶金原理.北京:冶金工业出版社,1982.
[22] 全国经济管理院校,工业技术学研究会.钢铁生产概论.上海:上海科学技术出版社,1985.
[23] 张训鹏.冶金工程概论.长沙:中南大学出版社,1998.
[24] 谢建新.材料加工新技术与新工艺.北京:冶金工业出版社,2006.

第三篇　机械工业概论

第 7 章　机械工程基本概念

7.1　机械工程基本概念

1) 机器

人类为了满足生活和生产的需要,创造了各种各样的机器,其主要目的是减轻劳动和提高生产率。机器的种类很多,用途各不相同,但它们却有共同的特征。以图 7-1 所示的单缸内燃机为例,燃气推动活塞作往复运动,经连杆转变为曲轴的连续转动。凸轮和顶杆是用来启闭进气阀和排气阀的。为了保证曲轴每转两周进、排气阀各启闭一次,利用固定在曲轴上的齿轮 5 带动固定在凸轮轴上的齿轮 6 转动。这样,当燃气推动活塞运动时,进、排气阀有规律地启闭就把燃气的热能转变为曲轴转动的机械能。

机器的特征可以概括为:它们是人类制造的实体组合;组件之间有确定的相对运动和力的传递,是执行机械运动的装置;它们能进行机械能之间及与非机械能之间的转换或机械能的利用,代替或减轻人的劳动,以完成有效的机械功(如机床、起重机、洗衣机等),传递能量、物料与信息,或者作能量的变换(如内燃机、洗衣机等)。

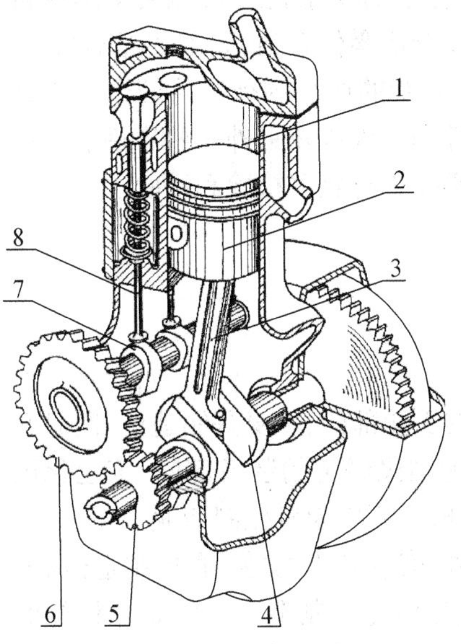

图 7-1　单缸内燃机

1—汽缸体;2—活塞;3—连杆;4—曲轴;
5,6—齿轮;7—凸轮;8—顶杆

图 7-2　骑自行车

机器有四个基本组成部分:执行机构、传动部分、驱动部分和操纵与控制部分。执行部分完成机器的基本功能;驱动部分又称机器的原动机部分,将其他形式的能量转化为机械能,为机器提供动力，它是动力源，如电动机、内燃机等；传动部分传递运动与动力，如将原动机的高速转变为低速、小转矩转变为大转矩或改变运动的方向等；操纵与控制部分的构成比较复杂，它的作用是使机器各部件协调运动。例如自行车（如图7-2），它的执行机构是车轮，传动机构是链轮机构，驱动部分为人，而操纵机构为车把手。

2）机构

机构也是人为的实物组合，用来传递运动和力。如图7-1所示的内燃机中，活塞（作为滑块）、连杆、曲轴（即曲柄）和汽缸体组成曲柄滑块机构（一种连杆机构），可将活塞的往复移动变为曲轴的连续转动。凸轮、顶杆和汽缸体组成凸轮机构，将凸轮的连续转动变为顶杆有规律的往复移动。曲轴、凸轮轴上的齿轮和汽缸体组成齿轮机构。由此可见，机器是由机构组成的。在一般情况下，一部机器可以包含几个机构，而电动机则只有一个简单的二杆机构。

3）构件与零件

组成机构的各个相对运动部分称为构件。构件可以是单一的整体，也可以是几个元件的刚性组合。如图7-1的齿轮一般是用平键与轴刚性地连接在一起的。这样平键、轴和齿轮之间便无相对运动，而成为一个运动的整体，也就是一个构件；组成这个构件的三个元件则称为零件。由此可知，构件是运动的单元，而零件是制造的单元。

4）机械

从结构和运动的观点来看，机器与机构之间并没有区别，但是习惯上用机械作为机构与机器的总称。机械是现代社会进行生产和服务的五大要素之一。

5）装配

按机械设计时的要求，将零件和部件连接成机械产品的过程称为装配。机械装配是在机械制造过程中最后决定机械产品质量的重要工艺过程。即使全部零件合格，如果装配不当，往往也不能形成合格产品。简单产品可由零件直接装配而成，复杂的产品则须先将若干零件装配成组件或部件，称为组件装配或部件装配，然后将若干组件和部件以及另外一些零件装配成完整的产品，称为总装配。装配过程中，特别是装配完成后必须进行相关检验和试验。

7.2 机械工业

1）机械工业与制造业

机械工业是制造业的基础。机械工业是制造机械产品的工业部门，本身是制造业，同时又为其他制造业提供先进的手段和设备。人们把机械工业称为国民经济的装备部门，工业化国家中1/4人口从事机械工业，近半数人与其有关。通常把机械工业称为机械制造业。

制造业是将制造资源（物料、能源、设备工具、资产、技术、信息和人力等）通过制造过程，转化为可供人们使用或利用的工业品或生活消费品的行业，是所有与制造有关的企业机构的总称，包括一般机械（动力机械、农业机械、矿山机械等）、电工电子机械（输配电子设备、电器、家电等）、运输机械（汽车、飞机、索道等）、精密机械（科学仪器、钟表等）、金属制品（冲压件、紧固件等）以及其他（如兵器工业）等类。

2）机械工业与国民经济

机械工业是国民经济的装备产业，在国民经济中居于主导地位，是工业体系的核心部门，也是建成社会物质技术基础的强大支柱。它的发展水平直接影响到国民经济各部门技术水平和经济效益的提高。没有现代化的机械工业就不可能有现代化的工业、农业、国防和科学技术。从世界各国工业化历程看,机械工业的优先发展是经济腾飞的必要条件。这是因为:

(1) 机械化是发展国民经济的主要途径;

(2) 机械工业是出口创汇的重要来源;

(3) 机械工业正在改善人民的生活质量;

(4) 与机械工业相交叉的边缘学科促进了机械工业的新发展;

(5) 机械工业的发展促进了高科技领域的发展。

3) 我国机械工业发展现状

建国以来,我国的机械工业发展很快,特别是改革开放后,进入了发展最旺盛、水平提高最快的新时期:

(1) 制造业总体生产规模已居全世界第四位,众多制品产量已居世界前列;

(2) 提供重大装备的能力不断提高;

(3) 具特色的制造业聚集地逐渐形成。

但是,必须清醒地看到,我国机械工业与世界机械工业还存在很大差距。主要表现在:

(1) 名牌产品少,质量信得过的明星企业少,巨人企业少;

(2) 产品开发、技术更新能力差,社会化服务、售后服务跟不上;

(3) 技术含量低。

7.3 机械工程

机械工程是一门应用学科,以有关自然科学和技术为理论基础,结合在生产实践中积累的技术经验,研究和解决在开发、设计、制造、安装、运用和修理各类机械过程中出现的全部理论和实际问题。它主要涉及以下内容:

(1) 建立和发展工程理论基础;

(2) 开发新产品;

(3) 机械产品的生产;

(4) 经营与管理;

(5) 产品应用;

(6) 解决制造过程中环保及过度能耗问题。

第 8 章 机 械 制 图

机械图纸是工程界的通用语言，用以表达机械零部件的形状尺寸、使用材料，以及机器中各个零部件的相互连接、安装与尺寸配合关系、产品技术要求与性能等。

8.1 几何体表达方法及投影图

1）轴测投影图

这是一种用平行投影法绘制的单面投影（立体图），其空间概念与相互位置关系十分直观，形象逼真，广泛用于工业产品外观设计及结构说明，如图 8－1。但是，当机器零部件较复杂时，这种投影图很难详细描述其结构。

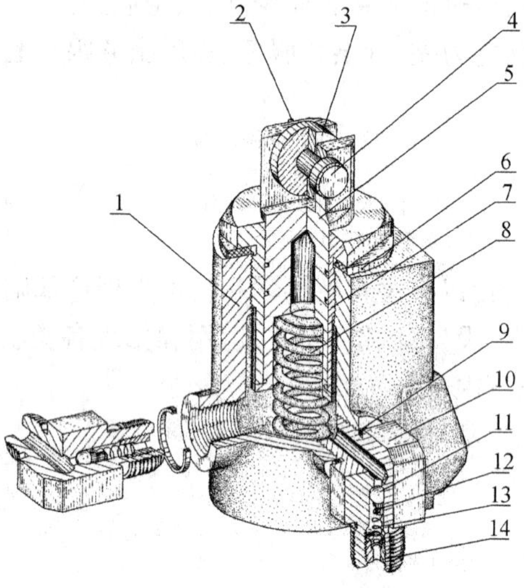

图 8－1 柱塞泵轴测图

1—泵体；2—开口销；3—小轮；4—小轴；5—柱塞；6—垫片；7—柱塞套；8—弹簧；9—衬垫；10—单向阀体；11—珠子；12—球托；13—弹簧；14—螺塞

2）正投影图（三视图）

三视图是根据直角投影法绘制，从几个不同的方向将物体投影到几个互相垂直的投影面上，然后将各投影面摊开成一个平面所得的图形。物体的 V 投影称为主视图，H 投影称为俯视图，W 投影称为左视图，如图 8－2 所示。具体作图时，投影轴和视图间的连线不画出。

物体三投影间的规律：V 投影反映物体的长度和高度，H 投影反映物体的长度和宽度，W 投影反映物体的高度和宽度，即长对正，高平齐，宽相等，如图 8－3 所示。

3）机械零件的投影表达方法

（1）简单形体　一般少于三个视图就可以将其表达清楚。如图 8－4 所示，主视图和俯视图两个视图就可以表达物体。当物体外形结构比较复杂时，还可以采用向视图、局部视图、斜视图、断面图、局部放大图等给予表达。

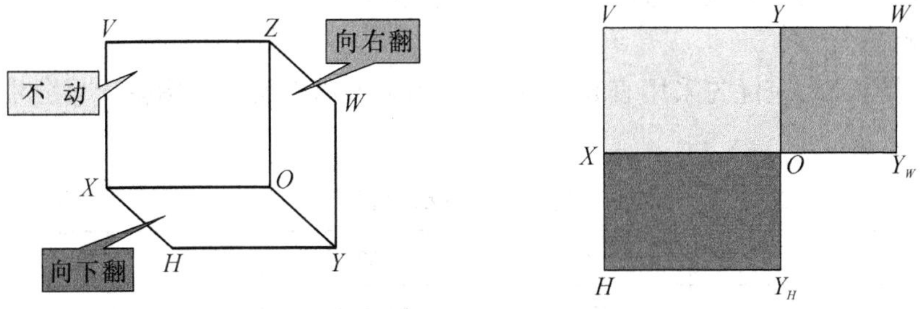

图8-2 投影面的展开

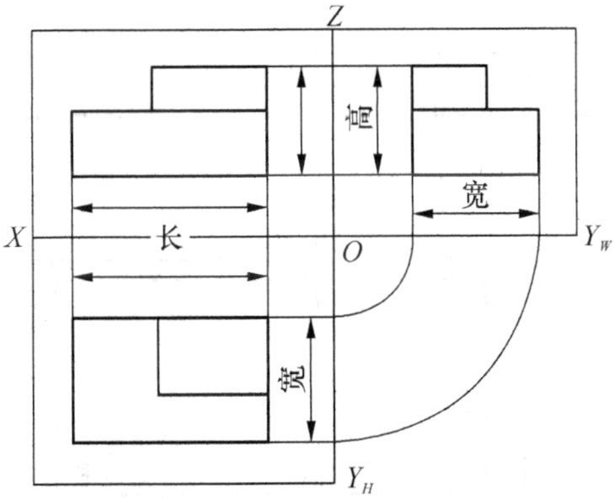

图8-3 物体三投影间的关系

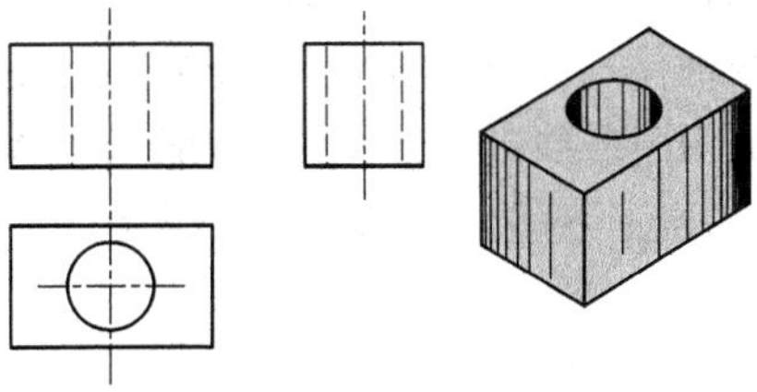

图8-4 简单物体的三视图

(2) 形体内部结构的表达与剖视图 增加剖视图的制图方法表示内部结构,物体还是完整无缺的,如图8-5。

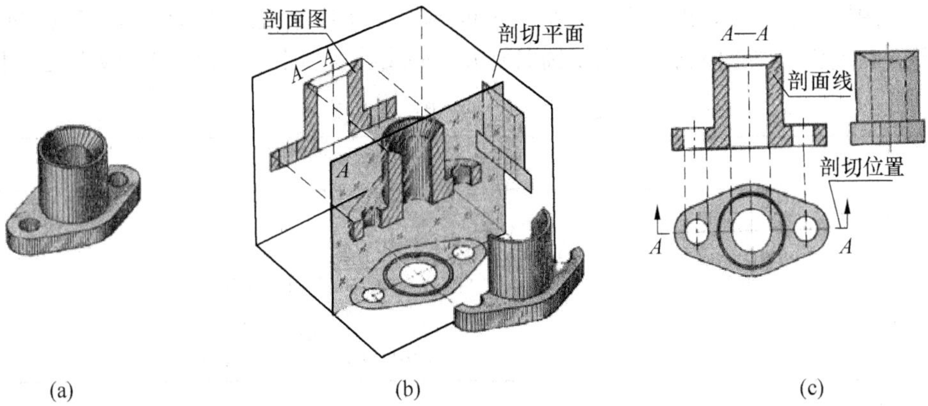

(a) (b) (c)

图8-5 物体的剖视图

8.2 国家标准关于制图的基本规定

为适应现代生产、管理的需要和便于技术交流,国家标准机构根据国际标准化组织制定的国际标准,制定并颁发了《技术制图》和《机械制图》国家标准。国家标准简称“国标”,代号

“GB”。下面简单介绍一下在机械绘图中常用的基本规定。

1）图纸幅面

绘制机械图样时，应优先采用表 8－1 中规定的图纸幅面尺寸。图幅代号分别为 A0、A1、A2、A3、A4。

表 8－1　图纸幅面

幅面代号	A0	A1	A2	A3	A4
$B\times L$	841×1 189	594×841	420×594	297×420	210×297
e	20		10		
c	10			5	
a	25				

2）图框格式

每张图纸在绘图前都必须先画图框线。图框线有两种格式：一种是用于不需要装订的图纸；另一种则用于需要装订的图纸，一般采用 A4 幅面竖装或 A3 幅面横装（图 8－6）。图框线用粗实线绘制。

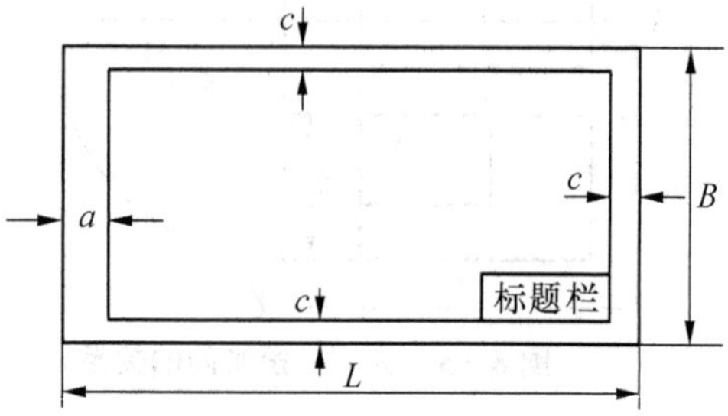

图 8－6　A3 幅面横装

3）标题栏

每张图纸上都必须有标题栏，用以说明零部件的名称、所用材料、数量、绘图比例和绘图者姓名等内容，一般在图纸的右下角，如图 8－6 所示。

4）比例

为了从图样上直接反映出实物的大小，绘图时应尽量采用原值比例，但是各种实物的大小与结构千差万别，绘图时，应根据实际需要选取放大比例或是缩小比例，表 8－2 为优先选用比例。

表 8－2　优先选用比例系列

种　类	比　例
原值比例	1∶1
放大比例	5∶1　2∶1 5×10^n∶1　2×10^n∶1　1×10^n∶1
缩小比例	1∶2　1∶5　1∶10 1∶2×10^n　1∶5×10^n　1∶1×10^n

5）字体

在图样中书写的汉字、数字和字母，都必须做到“字体工整、笔画清楚、间隔均匀、排列整齐”。字体高度（用 h 表示）的公称尺寸系列为：1. 8 mm、2. 5 mm、3. 5 mm、5 mm、7 mm、10 mm、14 mm、20 mm。如需要书写更大的字，其字体高度应按 1∶$\sqrt{2}$的比率递增。字体高度代表字体的号数。

汉字应写成长仿宋体，并应采用国家正式公布的简化字。汉字的高度 h 不应小于 3. 5 mm，其字宽一般为 $h/\sqrt{2}$。字母和数字分 A 型和 B 型。A 型字体的笔画宽度 d 为字高 h

的 1/14，B 型字体的笔画宽度 d 为字高 h 的 1/10。在同一图样上，只允许选用一种型式的字体。字母和数字可写成斜体或直体。斜体字字头向右倾斜，与水平基准线成 75°。

6）图线

国家标准《技术制图》中，规定了十五种基本线型，表 8－3 为机械制图中常用基本线型。

表 8－3 线型

	代 号	线型名称和表示	应 用
01(实线)	01.1	细实线	尺寸线、尺寸界线、指引线、剖面线、相贯线等
	0.12	粗实线	可见轮廓线、螺纹牙顶线、螺纹终止线
02(虚线)	02.1	细虚线	不可见轮廓线
04(点画线)	04.1	细点画线	中心线、对称线、齿轮的节圆线
基本线型的变形		波浪线	断裂边界线

7）剖面符号

在剖视图和剖面图中，应根据零件的不同材料，采用不同的剖面符号。但是，所使用具体材料应另行标注。机械制图中一般采用斜 45°的细实线填充来表示剖面，相邻零件剖面线的倾斜方向尽量避免一致，如图 8－7 所示。

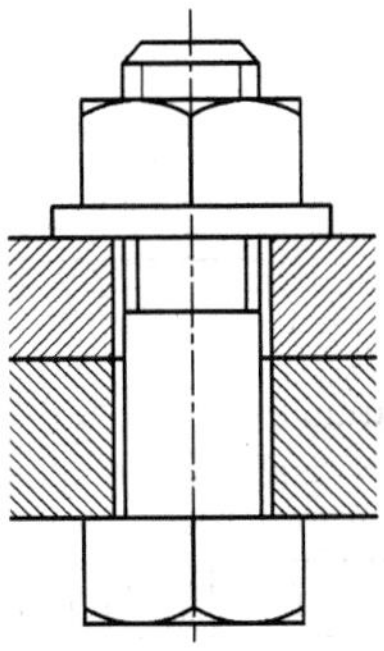

图 8－7 板件的螺栓连接

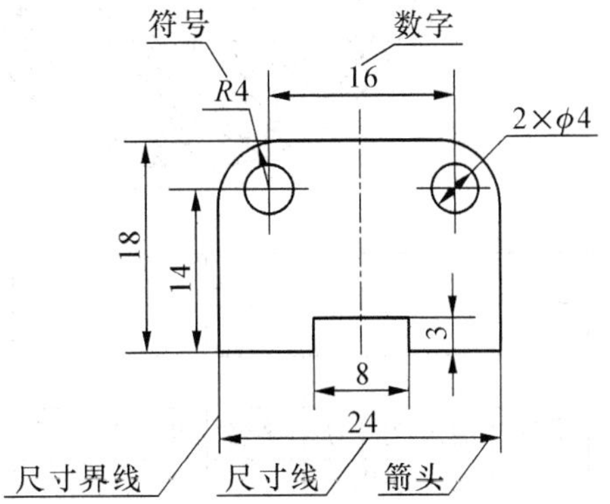

图 8－8 尺寸标注

8）尺寸标注

在图样中，不仅需要清楚地表达零部件的结构尺寸，还需要确定零部件的大小和安装位置关系，这就需要尺寸标注。尺寸包括尺寸界线、尺寸线和尺寸数字，如图 8－8。尺寸界线表示所注尺寸的起止范围，用细实线绘制，并由图形的轮廓线、轴线或对称中心线引出，也可以直接利用轮廓线、轴线或对称中心线作为尺寸界线；尺寸线也是用细实线绘制，终端有箭头和斜线两种形式，线形尺寸线应和所标注线段平行；尺寸数字一般在尺寸线上方，未标注计量单位名称或符号的以毫米为单位。

8.3 典型的机械零件表达方法

任何机器都是由各种零件装配而成的,制造机器必须首先加工零件。在生产过程中直接用于指导制造和检验零件的图样称为零件图。一张完整的零件图应包括图形、尺寸和公差、技术要求和标题栏四项内容,如图 8－9 所示。

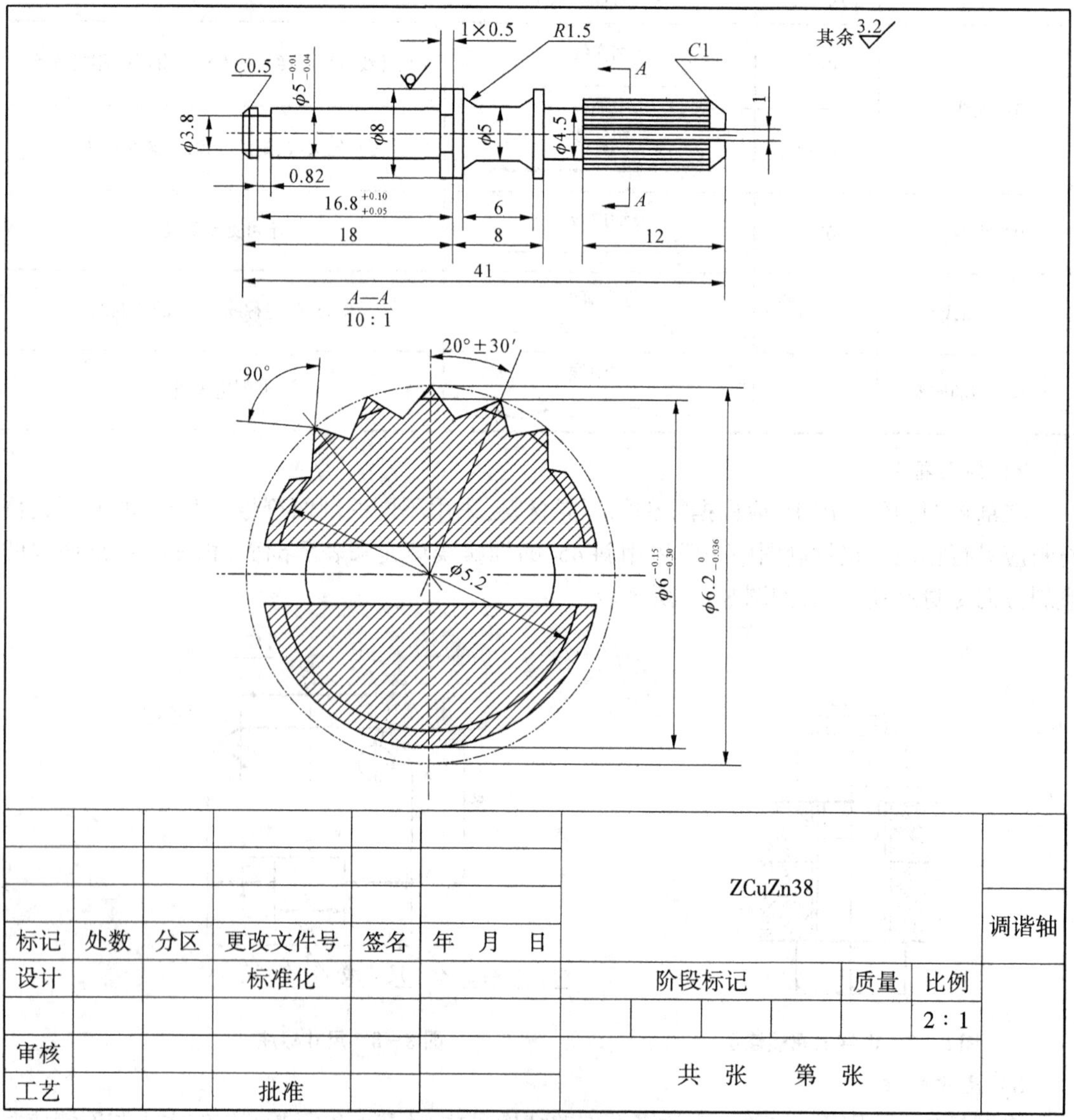

图 8－9 调谐轴的零件图

下面简单介绍一下典型机械零件图。

1) 轴

轴(图 8－10)是组成机器的重要零件,它用来支承旋转的机械零件(如带轮、齿轮等),传递运动和动力,多为阶梯轴。

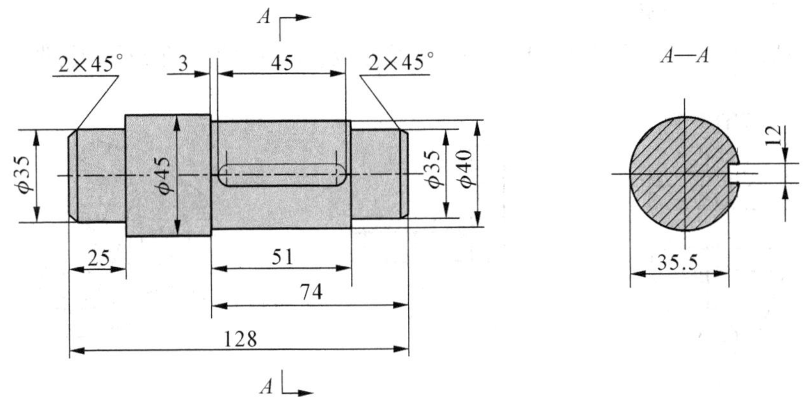

图 8-10 轴

2）螺纹连接与螺栓

螺纹连接是利用带有螺纹的零件构成的可拆连接，标准连接件，应用极为广泛。图 8-11 所示的普通螺纹用 M10 标识。

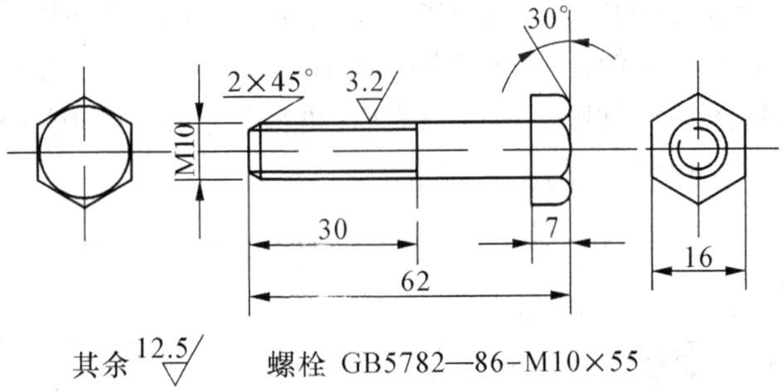

图 8-11 螺纹

3）齿轮

齿轮（图 8-12）广泛用于传动和变速，其中直齿圆柱渐开线齿轮最常见，渐开线是指它的齿形曲线。齿的大小的主要参数是模数 m 与齿数 z，模数越大则齿的尺寸越大，齿数越多的齿轮直径越大。表示齿轮可画出其齿顶圆、齿根圆及两者之间用点画线表示齿轮的分度圆。

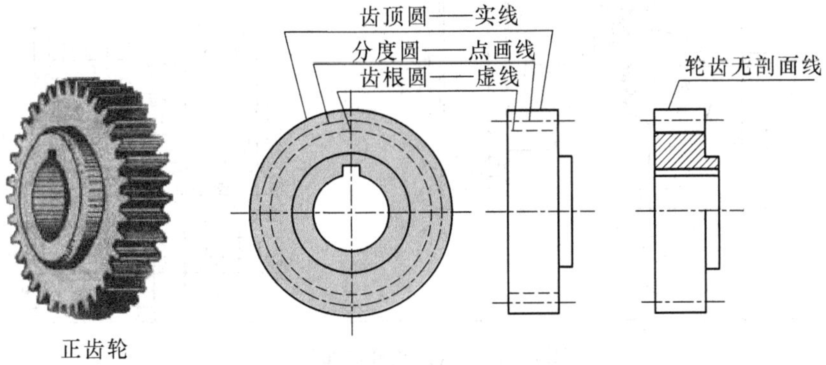

图 8-12 齿轮

4）支架与机体（组合体）

图 8－13 所示支架，由三部分组成：Ⅰ—矩形孔板，Ⅱ—圆角三角形孔板，Ⅲ—三角形板。

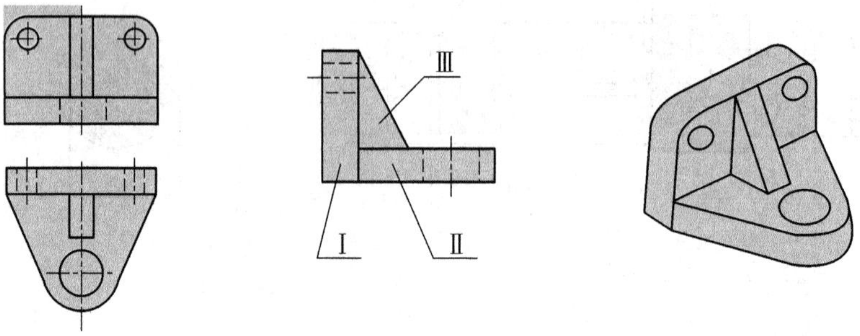

图 8－13　支架

8.4　机械装配图

装配图是表达机器或部件的图样。装配图反映了机器、部件的整体结构、工作原理以及各零件间的装配连接关系、安装和使用中应遵守的技术要求等。在设计新产品时，一般应先画出装配图，然后根据装配图绘制零件图。零件制成后，再根据装配图装配成机器或部件。

从图 8－14 中不难看出装配图的主要内容。

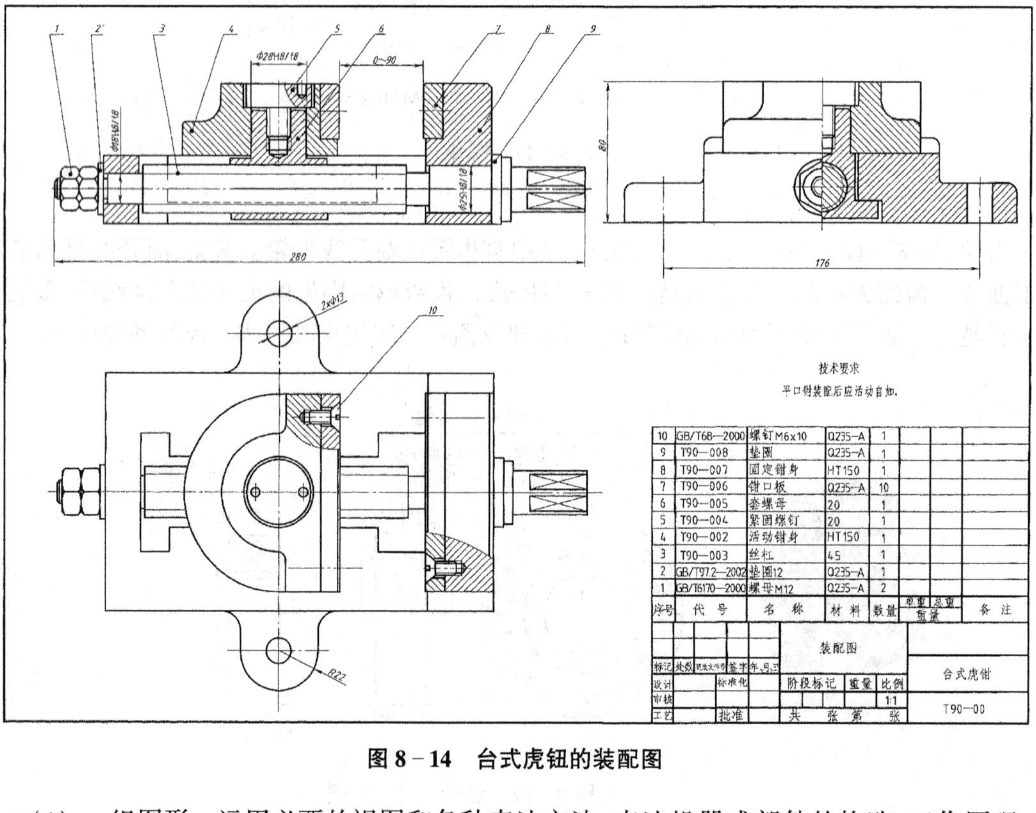

图 8－14　台式虎钳的装配图

（1）一组图形　运用必要的视图和各种表达方法，表达机器或部件的构造、工作原理、零件之间的相互位置和装配连接关系、主要零件的基本结构形状。装配图上图形的表达目的不同于零件图,对装配图来说,应从整体出发,将机器或部件的整体结构、工作原理、装配关系放在首位,兼顾主要零件的基本结构形状,至于每个零件的具体形状结构则由零件图详细表达。

(2) 必要的尺寸　装配图的尺寸主要是用来表达机器或部件的规格、总体大小以及安装要求等。

(3) 技术要求　用文字说明或标注符号指明机器或部件在装配时的技术条件和要求。

(4) 零件序号、明细栏和标题栏　为了便于看图、管理图样和组织生产,装配图必须对每种零件编写零件序号,并编制相应的明细栏,以说明零件的名称、材料、数量等。装配图的标题栏与零件图的基本相同,主要用来表明机器或部件的名称、绘图比例、质量和编号等。

第9章 机械设计

9.1 概述

1）机械设计

机械产品的生产分机械设计和机械制造两阶段。其中，机械设计是创造性地实现预期功能的新设备和机器或改进现有机器和设备，使其具有新的功能。

机械设计是机械产品生产的重要步骤，机械产品的功能、成本，在很大程度上取决于设计工作的质量。许多国家都在努力提高机械设计人员的水平，研究并改进机械设计理论和方法，把有关学科的最新成果引进到机械设计中去。

2）机械设计的基本要求

机械设计应满足的基本要求是：在满足预期功能的前提下，性能好、效率高、成本低、造型美观；在预定的使用期限内安全可靠、操纵方便、维修简单等。

3）机械设计的一般过程

（1）明确设计任务　设计任务通常是为实现某种功能（如满足生产要求）而提出的。提出任务时，首先分析利用机械实现功能要求的可能性，然后根据所设计机械的工作要求确定功能范围及各项技术性能指标等，以明确设计任务。

（2）总体方案设计　根据设计任务，进行同类产品的研究、市场调查、征求用户意见和要求等。在此基础上，确定实现预定功能机器的工作原理，拟定出总体设计方案，必要时可拿出几套设计方案进行比较，择优选用。

（3）技术设计　根据所设计的总体方案，进行运动学、动力学分析和强度计算，以确定机构和零件的主要参数和尺寸。然后，考虑生产批量、材料供应情况、毛坯类型、加工和装配工艺、精度要求、有关标准和规范等因素，绘制总装配图、部件装配图、零件图并编写技术文件。

（4）样机的试制和鉴定　设计的机器是否能满足预定功能要求，还需要进行样机试制和鉴定。在试制和鉴定过程中，发现不合理之处应及时修改，使设计达到比较合理的状态。

（5）评价　对设计的机器要从技术、经济和可靠性等方面进行综合评价。

（6）提供设计方案　经济和技术评价均达优后，即可向承制单位提供设计方案，包括图纸和各种技术文件。实际操作时，各阶段常常交叉进行。

9.2 平面连杆机构

机械设计中常用到的机构有平面机构（连杆机构、凸轮机构）、传动机构（齿轮传动、带传动、链传动机构等）、螺旋传动机构以及离合机构等，设计人员常采用连杆机构或凸轮机构来满足较复杂的运动规律或运动轨迹。其中，平面连杆机构是连杆机构中最简单而应用最多的一种，它是由四个刚性构件用低副连接而成的机构。

1）运动副

一个自由构件作平面运动时有三个独立运动的可能性。如图9-1所示，在 Oxy 坐标系中，构件 S 可随其上任意一点 A 沿 x 轴、y 轴方向移动和绕 A 点转动。这种可能出现的独立运动称为构件的自由度。

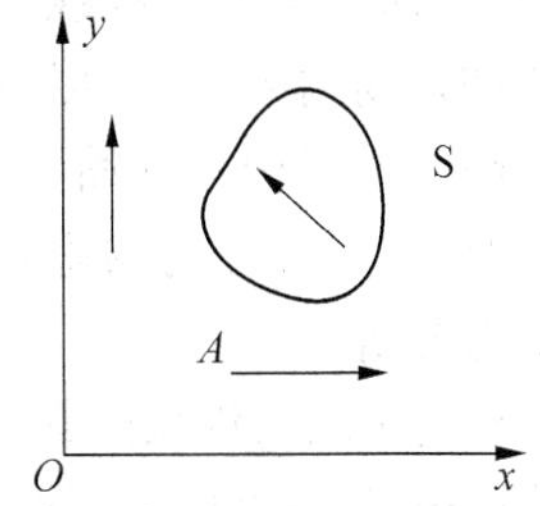

图9-1　自由构件的自由度

若干个构件以某种方式相互连接组成机构，这种连接显然不能是固定的连接，而是彼此之间能产生一定相对运动的连接，这种使两构件直接接触并能产生一定相对运动的连接称为运动副。如图7-1中曲轴与轴承的连接、活塞与汽缸的连接、齿轮传动中两个轮齿间的连接以及凸轮与气门的连接都构成运动副。

两构件通过面接触组成的运动副称为低副。平面机构中的低副有转动副和移动副两种。若组成运动副的两构件之间只能绕同一轴线作相对转动，这种运动副称为转动副或铰链；若组成运动副的两构件只能沿某一轴线相对移动，这种运动副称为移动副；两构件通过点或线接触组成的运动副称为高副，如图9-2所示。另外，在机械中常采用的球面副和螺旋副属于空间运动副。

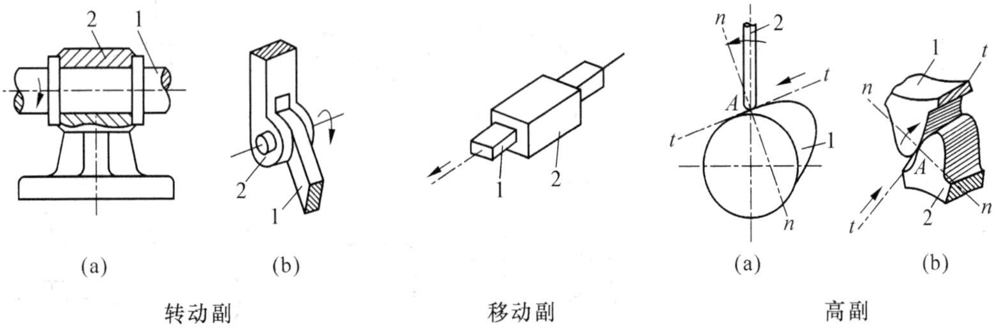

图9-2　运动副

2）自由度

机构的自由度也就是机构所具有的独立运动的个数。为了使机构具有确定的相对运动，这些独立运动必须是给定的。由于只有原动件才能作给定的独立运动，因此机构的原动件数（运动输入构件）必须与其自由度相同。此外，机构的自由度显然必须大于零，这样机构才能运动。

在平面结构中，每个低副使构件失去两个自由度，每个高副使构件失去一个自由度。设平面机构共有 k 个构件，除去自由度等于零的固定构件，则机构中活动构件数 $n = k - 1$，其自由度总数应为 $3n$。当用运动副将构件连接起来组成机构后，构件受到约束，自由度要减少。若机构中低副的数目为 p_L 个，高副的数目为 p_H 个，根据上面的分析，可以得到计算机构自由度 F 的公式：

$$F = 3n - 2p_L - p_H \tag{9-1}$$

3）平面机构的运动简图

在研究机构运动时，为使问题简化，可以不考虑与运动无关的构件、运动副的外形和具体构造,而只用简单的线条和符号代表构件和运动副,并按比例确定出构件与运动有关的尺寸和运动副的位置,以说明机构中各构件间的相对运动关系,这种简单图形称为机构的运动简图。机构运动简图应与原机构具有完全相同的运动特性,它不仅可以表示机构的运动情况,用于设计时构思新机械,而且还可以根据该图以图解的方式进行机构的运动分析和受力分析。

机构中的构件按照其运动性质可分为固定件(机架,支撑活动构件)、原动件(输入构件,运动规律已知的活动构件,且运动有外界输入)和从动件,其简图符号如表 9-1 所示。

表 9-1 机构运动简图符号

名称		符号
低副	转动副	
	移动副	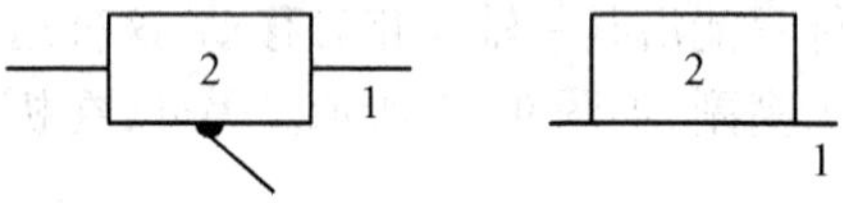
高副	凸轮副	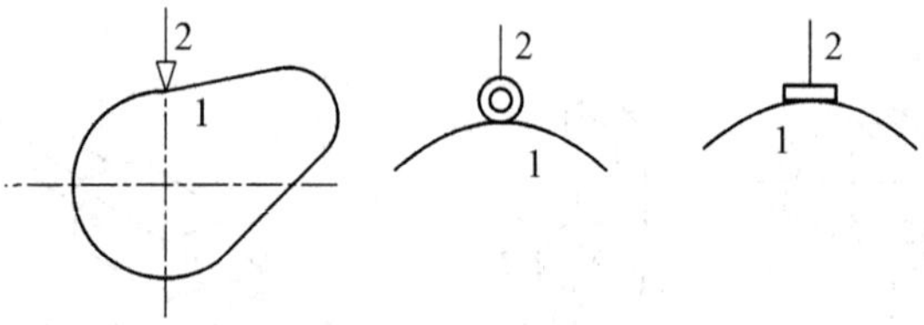
	齿轮副	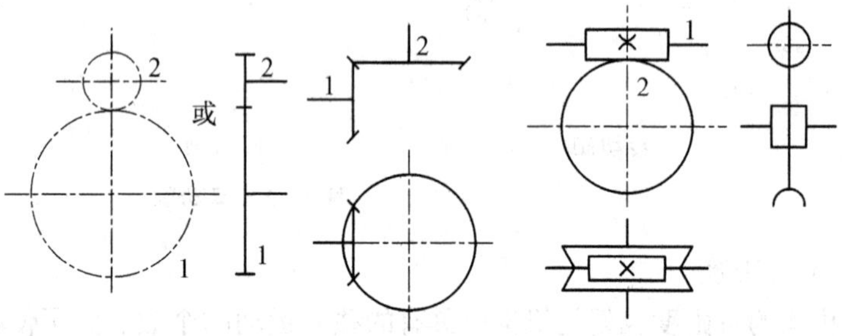
构件	带有运动副元素的活动构件	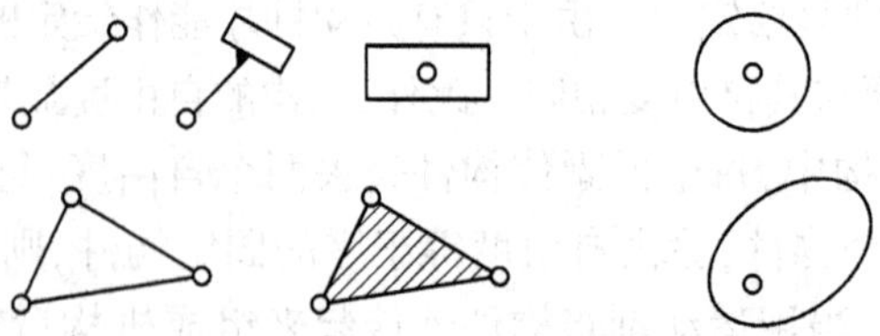
	机架	

任何一个机构中,总有一个构件被相对地看作固定件,在机构的活动构件中,必须有一个或几个原动构件,其余都是从动件。如图 9-3 所示,曲柄轴 1(又称为偏心轴)绕 A 点回转,动颚板 2 相对固定颚板 4 摆动,4 为机架,固定件;1 为原动件,2、3 为从动件。

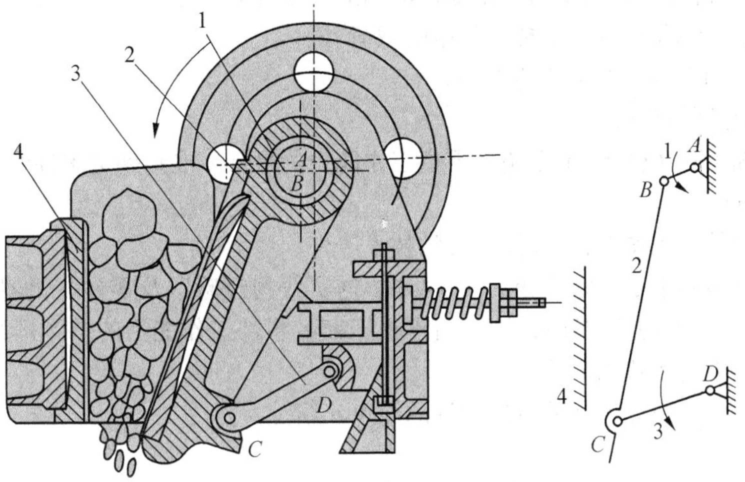

图9-3　颚式破碎机的结构示意图与机构简图

1—曲柄轴;2—动颚板;3—摇杆;4—固定颚板

4) 平面四杆机构的基本类型

图9-3的机械简图为铰链四杆机构,是四杆机构中最基本的形式,其他类型的四杆机构都可以看成是由它演化而来的,如偏心轮机构、曲柄滑块机构、导杆机构等。我们生活中常见的汽车发动机中的机构就属于曲柄滑块机构,如图9-4所示,图9-3中的摇杆3变成图9-4中的活塞3,转动副变移动副,这样就将活塞(构件3)的往复直线运动变成曲柄(构件1)的回转运动了。

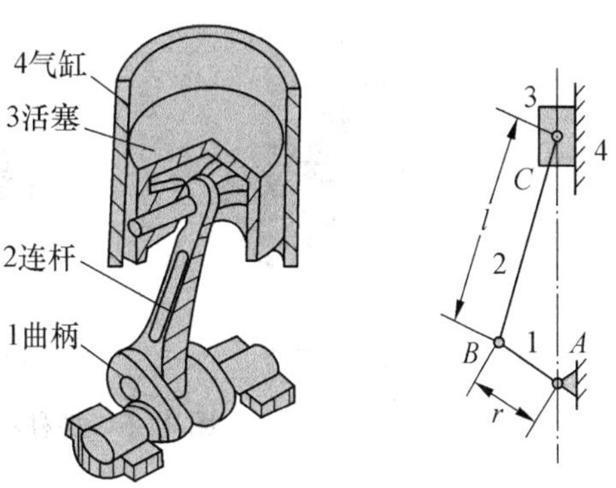

图9-4　汽车发动机

9.3　机械零件的设计

零件是组成机器的最基本单元,如果零件的某些要求不能满足,机器就不能正常工作,机械产品就是不合格产品。对于机械零件的主要要求是:要有足够的强度和刚度,有一定的耐磨性,无强烈的振动,具有耐热性等。这些要求被视为衡量机械零件工作能力的准则。在设计机械零件时,必须进行相应的计算,如强度计算、刚度计算、耐磨性计算等。

在机械零件的设计要求中,强度是机械零件工作能力的最基本准则。如果零件的强度不足,就会产生断裂或过大的残余变形,这将影响机器的正常工作。为了保证有足够的强度,零件必须具有合理的结构和尺寸;但要避免不必要地加大零件尺寸,徒然增加机器的重量和外廓尺寸。刚度系指在一定工作条件下,零件抵抗弹性变形的能力。有些零件除了具有足够的强度以外,还要有一定的刚度,即变形不能超过容许的限度。所以有些零件的最终尺寸往往是由刚度条件确定的。相反地,也有些零件(如弹簧等)是不容许有过大的刚度的,即要求零件具有一定的柔度。

机械零件的设计常按以下步骤进行:

(1) 拟定计算简图,在图中通常把零件的构造与零件间的连接情况简化,并将作用在零件上的载荷视为集中载荷或按一定规律分布的载荷。

(2) 确定作用在零件上载荷的大小。

(3) 选择合适的材料。

(4) 在已知工作条件下,根据衡量零件工作能力的最重要准则确定零件的尺寸,并使这些计算尺寸与标准值相符。

(5) 绘制零件的工作图,并标注必要的技术条件。

上述的设计步骤不是固定不变的,有时先根据实践的经验以及零件与机器结构协调一致的原则,初步定出零件的形状和尺寸,然后再根据衡量零件工作能力的基本准则进行验算,最后修改并确定零件的形状和尺寸。

以下是机械设计中比较常见零件设计的简单介绍。

1) 齿轮

齿轮传动是近代机械制造中用得最多的传动形式之一,采用一对齿轮相互啮合,传递两根轴之间的动力与运动。齿轮传动具有传动速比恒定、工作可靠、高效、可应用于大功率高转速的工况等优点。直齿渐开线圆柱齿轮传动是最常见的一种形式,如图 9-5 所示。

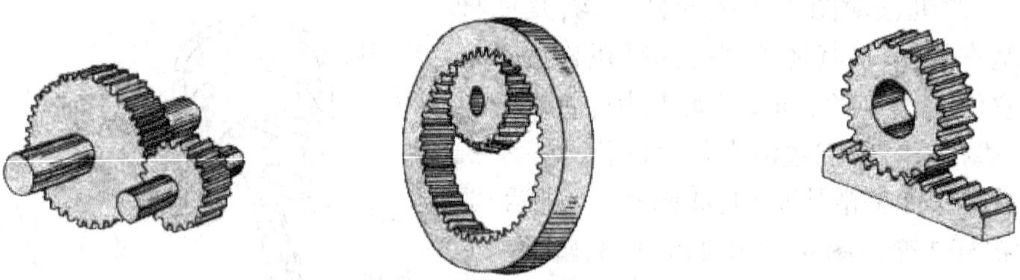

(a) 直齿轮外啮合　　(b) 直齿轮内啮合　　(c) 齿轮-齿条啮合

图 9-5　各种不同类型的直齿齿轮传动简图

标准直齿轮传动主要参数,以图 9-6 为例。

齿数: $z_1 = 20$, $z_2 = 30$

速比(主、从动齿轮转速之比): $i = z_2/z_1 = 1.5$

模数: $m = 7\ \text{mm}$

压力角: $\alpha = 20°$

分度圆直径: $d = m \times z$

$$d_1 = 7\ \text{mm} \times 20 = 140\ \text{mm}$$

$$d_2 = 7\ \text{mm} \times 30 = 210\ \text{mm}$$

中心距: $a = \dfrac{d_1 + d_2}{2} = \dfrac{m}{2}(z_1 + z_2) = 175\ \text{mm}$

齿轮轮齿的失效形式为齿轮折断、齿面磨粒磨损、齿面点蚀和齿面胶合。在工程实践中,对于一般用途的齿轮传动,通常只作齿根弯曲疲劳强度及齿面接触疲劳强度的计算。各种机器的减速机构是其典型应用,用来降低转速以及传递扭矩,成为一个独立的标准部件,如图 9-7所示。

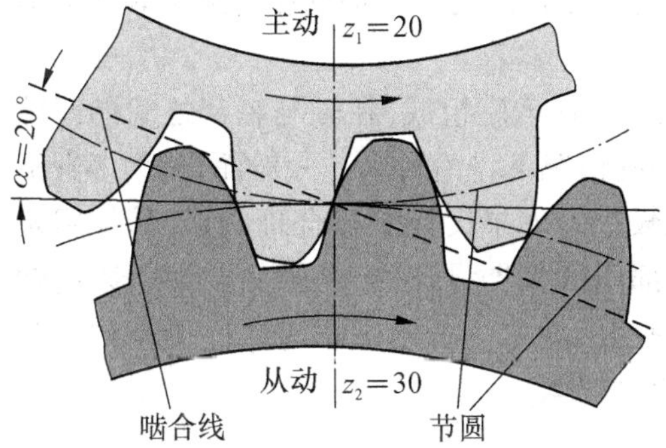

图9-6 渐开线齿轮啮合

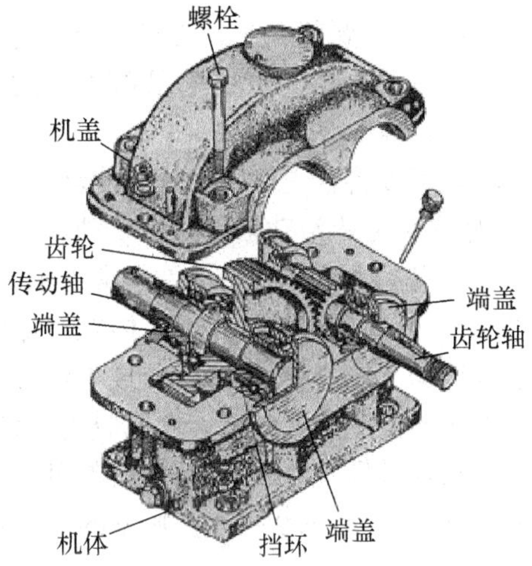

图9-7 减速机

2）轴

轴是组成机器的主要零件之一，用来支撑旋转的机械零件和传递运动及扭矩。一切作回转运动的传动零件，都必须安装在轴上才能传递运动和动力。大多数轴都是直的；也有部分轴设计为曲轴（可以通过连杆及活塞将活塞的往复运动变为曲轴的旋转运动）。以自行车为例，除前轴（如图9-8）之外，还有后轮轴以及中轴，后轴和中轴之间采用链传动。

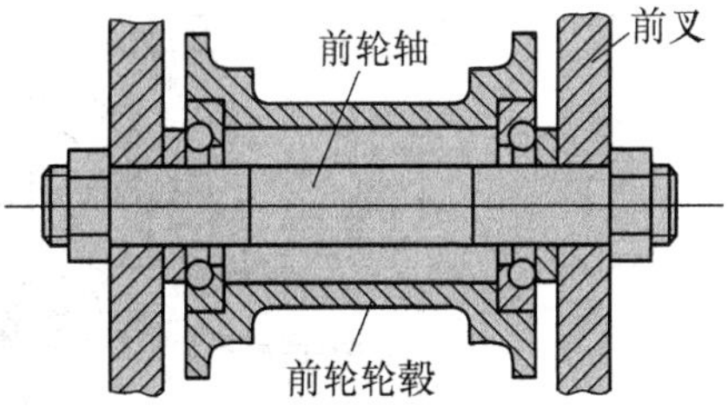

图9-8 自行车固定前轮的前轴总装图

轴必须具有足够的强度与刚度。以图9-9为例，其传动轴由七段直径及长度相异的实心圆柱组成，上面装有多种零件，其设计步骤为：

（1）结构及尺寸设计。

（2）受力分析，作出轴的受力图。

（3）计算轴在实际工作时最危险的位置内部的应力。

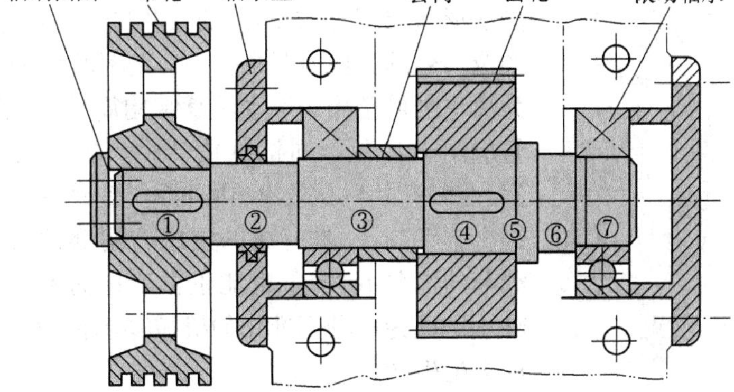

图9-9 减速机的输入轴（高速轴）

(4) 强度校核(所用材料——优质碳素钢或合金钢材料的许用应力一定要比实际所受的最大内应力大,要留有充分的安全余量)。

(5) 对重要的传动轴,还要核算它的刚度条件,即变形量。

3) 轴承

轴承可以将轴支撑起来从而使轴可以绕其回转中心自由旋转。根据相对运动表面的摩擦性质,轴承可分为滑动轴承和滚动轴承。

(1) 滑动轴承　滑动轴承通常由轴(轴颈)、轴瓦、轴承座组成,在轴与轴瓦之间的间隙内充以润滑油,这样轴可以在轴瓦内在摩擦阻力很小的情况下自由转动。一般而言,大多数滑动轴承的结构比较简单,制造生产成本低,而且体积较小。如果设计制造合理的话,其使用寿命也可以相当长。目前它已大量地应用于各个工业部门的机器设计中,从最简单的电扇用轴承到用于汽轮机的全液体摩擦轴承,都可以见到它使用的踪迹。滑动轴承有向心滑动轴承和推力滑动轴承两种,图 9-10 是典型的剖分式向心滑动轴承。

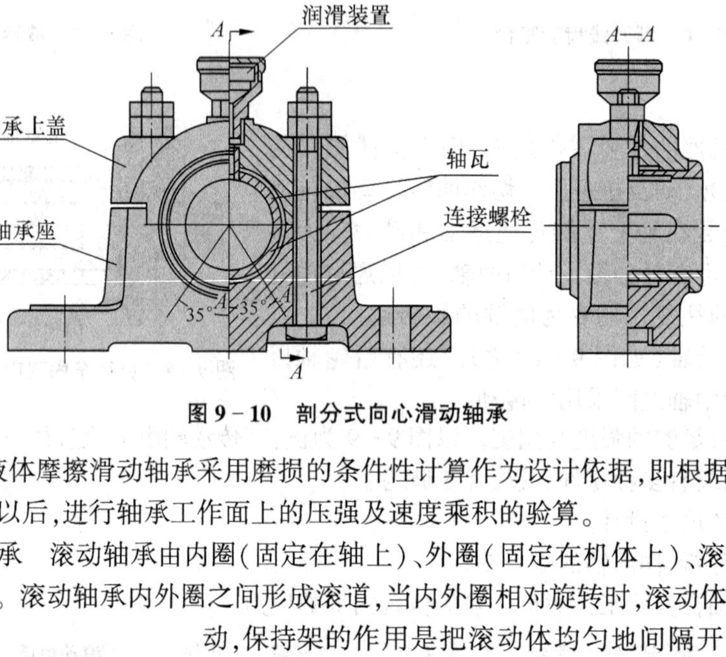

图 9-10　剖分式向心滑动轴承

目前,非全液体摩擦滑动轴承采用磨损的条件性计算作为设计依据,即根据强度及结构要求定出主要尺寸以后,进行轴承工作面上的压强及速度乘积的验算。

(2) 滚动轴承　滚动轴承由内圈(固定在轴上)、外圈(固定在机体上)、滚动体和保持架组成(图 9-11)。滚动轴承内外圈之间形成滚道,当内外圈相对旋转时,滚动体将沿着滚道滚动,保持架的作用是把滚动体均匀地间隔开。滚动体有不同的形状与配置,有球形的、圆柱形的、圆锥形的等,有单列的及多列的,其中以图 9-11 左图所示的单列球形配置最为简单也最常用。滚动轴承结构简单,安装及使用方便,大量应用于各种不同机械传动中。各运动零件之间滚动摩擦,有较高的机械效率;内外圈与滚动体都采用高强度的含铬合金钢制造,具有高的硬度与耐磨性,这样,在承受大的载荷的情况下,轴承也能正常工作而不会产生破坏。滚动轴承已成为一种标准化的机械零部件,有固定型号,由轴承厂大批生产。

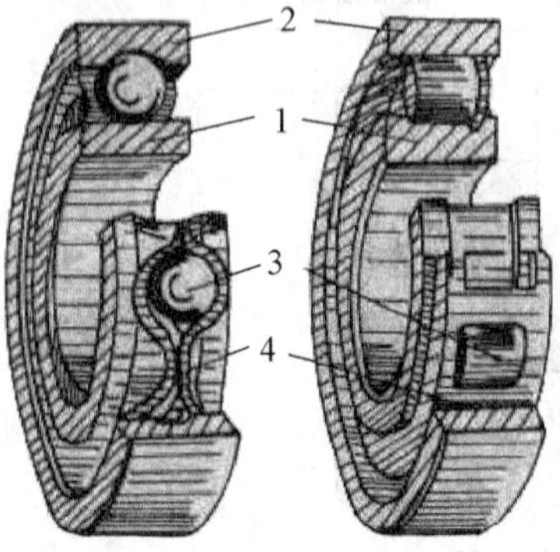

图 9-11　滚动轴承

1—内圈;2—外圈;3—滚动体;4—保持架

滚动轴承主要类型有调心球轴承、调心滚子轴承、圆锥滚子轴承、推力球轴承、深沟球轴承、角接触球轴承、圆柱滚子轴承和滚针轴承。滚动轴承的尺寸,主要根据所承受的载荷大小、方向、性质及使用期限而定。一般情况下,可根据轴径以及机器对轴承的要求进行选择,然后针对其主要失效形式进行必要的计算。对于转动的滚动轴承,通常用额定动载荷表示抗疲劳点蚀的承载能力,计算它的寿命;对于不转动、摆动或转速很低的轴承,用额定静载荷控制过大的接触应力,防止滚动体与内外圈滚道接触处产生过大的塑性变形,避免出现凹坑。

4) 螺纹连接件

机器是由许多零部件按工作要求用各种不同的连接方法组合而成,以便于机器的制造、安装、维修和运输等。根据连接能否拆卸,可把机械连接分成两大类:当拆开时必须至少要损坏连接中一个零件的连接称为不可拆连接,常见的有焊接、铆接和过盈配合连接等;需要时可以多次装拆而无须损坏任何零件的连接称为可拆连接。常见的有螺纹连接、键连接、销连接、楔连接等。其中,螺纹连接是利用带有螺纹的零件构成的可拆连接,应用极为广泛。

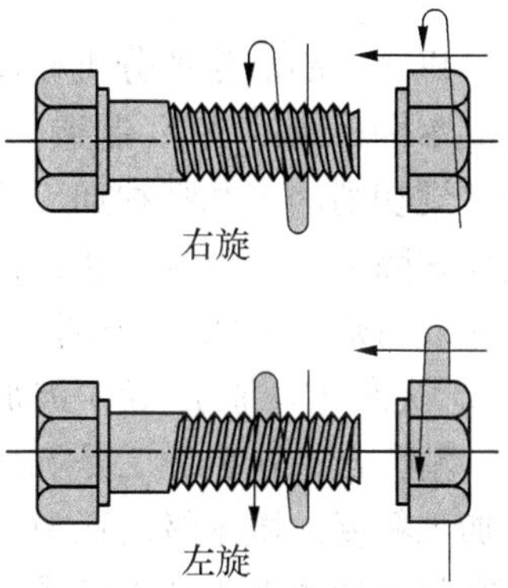

图 9 - 12 螺纹的旋向

螺纹牙型有三角形、锯齿形与梯形等多种,其中以三角形的螺纹最为常见。螺纹旋向有左旋与右旋两种(图 9 - 12),除特殊情况外,一般采用右旋。

螺纹连接有多种类型,主要有螺栓连接与螺钉连接两大类,如图 9 - 13 所示,相对应的连接件有螺栓、螺钉、螺母等。螺纹连接连接强度高、自锁性好。螺纹已是一种标准化的机械结构形式(如 M10×30),根据制图规则,轴类零件、螺钉、螺母是不剖切的,螺纹以细实线表达。螺纹除了用于连接以外,还常常用于传动,常见的如机床上的进给传动丝杆以及起重用的螺旋千斤顶等。

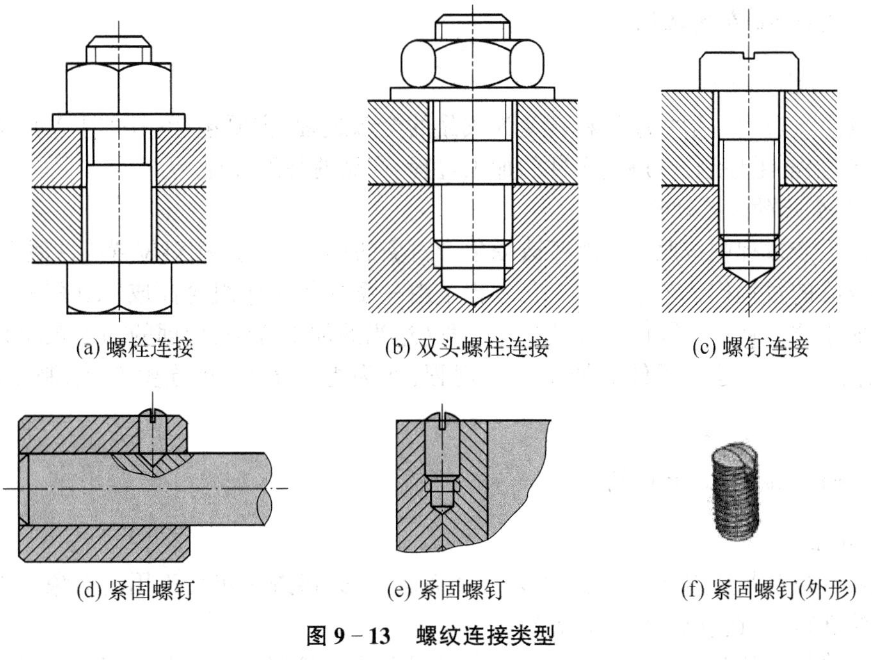

图 9 - 13 螺纹连接类型

第10章　机械制造

10.1　概述

机械产品的生产分机械设计和机械制造两阶段,其中机械制造技术是以最少的消耗、最低的成本和最高的效率,制造一定质量的产品的综合性技术。机械加工技术是其主要组成部分,分常规切削加工和特种加工两类。常规切削加工是指工人操纵机床用切削刀具在被加工工件表面去除多余材料的方法,有车削、铣削、刨削、磨削等类型。特种加工是指利用电能、光能、化学能或特殊形式的机械能作用,在被加工工件表面去除多余材料的方法,如电火花加工、电化学加工、激光束加工、超声波加工等。

精密与超精密加工是机械制造技术发展的主要方向:一方面,对产品质量要求的提高,促使加工精度由微米级向亚微米和纳米级发展;另一方面,超精密加工技术是高利润加工技术,精密与超精密加工技术已成为一个国家制造技术水平的重要标志之一。柔性化和自动化是机械制造技术发展的又一个方向,计算机数控(CNC)机床、加工中心、柔性制造系统(FMS)等的应用比例迅猛增加。

10.2　机械制造过程

10.2.1　机器制造基本过程

1) 机器的生产过程

机器的生产过程是指将原材料转变为成品的全部过程,主要包括:各种生产服务过程、生产技术准备过程、毛坯制造过程、零件的加工过程、产品的装配过程。

2) 机器生产的工艺过程

在产品生产过程中按照一定顺序改变生产对象的形状、尺寸、相对位置或性质等使其成为成品或半成品的过程称工艺过程。工艺过程是由一系列的工序组合而成,工序是工艺过程最基本的组成单位。将一个零件合理的加工过程(适当的加工方法、合理的加工顺序)进行加工编制成工艺文件,就是该零件的加工工艺规程,作为组织生产、指导生产、编制生产计划的依据。

10.2.2　机械制造工艺过程

1) 毛坯生产

根据零件或产品所需要的形状、工艺尺寸而制成的,供进一步加工用的对象叫毛坯,一般由三种方法获得:铸造、压力加工和焊接。

铸造是将熔化的金属液体浇铸到具有和机械零件形状相同的铸型型腔中,经过凝固冷却之后,获得毛坯的加工方法。用于铸造的金属统称为铸造合金,有铸铁、铸钢和铸造有色金属。

铸造最常用的方法是砂型铸造,直接形成铸型的原材料称为砂型,液态金属完全靠重力充满整个铸型型腔,齿轮毛坯的砂型铸造过程如图10-1所示。特种铸造有金属型铸造、压力铸造、低压铸造、离心铸造以及消失模铸造和熔模铸造等。

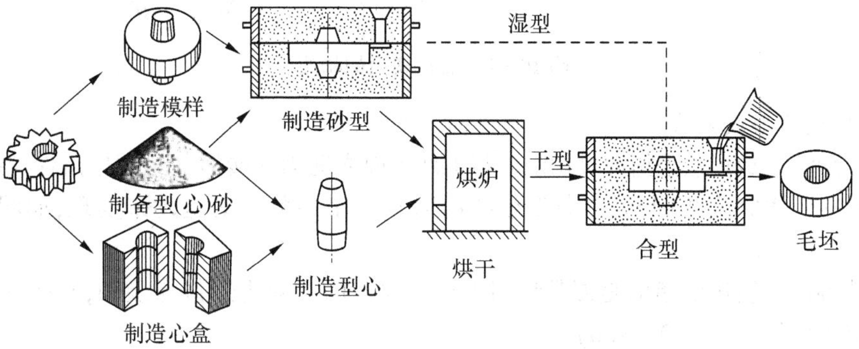

图10-1 齿轮毛坯的砂型铸造过程图

压力加工是利用外力使金属材料产生永久变形,以制成所需形状和尺寸的毛坯或零件的加工方法,有锻造和冲压两种主要形式。

焊接是通过加热或加压(或两者并用)使两个分离的物体之间借助于内部原子之间的扩散与结合作用,连接成一个整体的加工方法。按其焊接过程不同,焊接可分为三大类:熔焊、压焊和钎焊。

2) 金属切削加工

金属切削加工主要包括钳工、机工和特种加工。钳工一般是有工人手持工具对工件进行加工,主要内容有划线、锯削、锉削、錾削、钻孔、铰孔、攻丝、套扣等。机工是由工人操纵机床对工件进行加工,常见的加工方法有车削、钻削、刨削、铣削、镗削、磨削及齿轮的齿形加工等。

3) 装配

装配包括安装、调整、检验、试验、油漆及包装等。装配工作的好坏,对产品的质量起着决定性的作用。装配包括组件装配、部件装配和总装配。机器装配后要进行调整、精度检验和试车。试车是机器装配后,按设计要求进行的运转试验,包括运转灵活性、工作时温升、密封性、转速、功率、振动和噪声等,最后进行油漆、涂油和装箱。

10.3 机械加工表面成形

10.3.1 机械加工表面的成形

机械加工过程是工件表面的形成过程,根据具体的设计要求选用相应的切削加工方法。

1) 工件表面的构成

机械零件的表面大都是由几种常见平面、圆柱面、圆锥面、球面、螺旋面、圆环面以及成形曲面等组成的,如图10-2所示。

2) 工件表面的成形

零件上的各种常见表面都可以由一条线(称为母线)沿另一条线(称为导线)运动而形成。这些形成工件上各种表面的母线和导线统称为发生线。

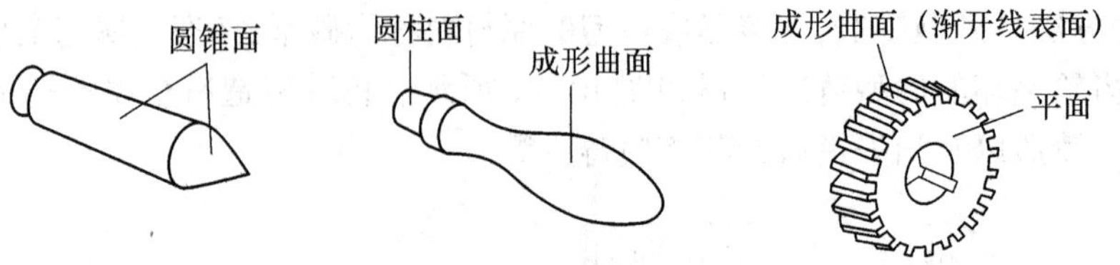

图 10－2　工件表面的构成

3）发生线的形成方法

(1) 成形法　成形法是指刀具切削刃与工件表面之间为线接触,切削刃的形状与形成工件表面的一条发生线完全相同,另一条发生线由刀具与工件的相对运动来实现,如图10－3(a)所示。

(2) 轨迹法　轨迹法指的是刀具切削刃与工件表面之间为近似点接触,它按一定的轨迹运动而形成发生线,如图 10－3(b)所示。

(3) 展成法　展成法是指对各种齿形表面进行加工时,刀具的切削刃与工件表面之间为线接触,刀具与工件之间作展成运动(或称啮合运动),齿形表面的母线是切削刃各瞬时位置的包络线,如图 10－3(c)所示。

(4) 相切法　刀具边旋转边做轨迹运动,刀具切削点运动轨迹的包络线形成一条发生线,如图 10－3(d)所示。

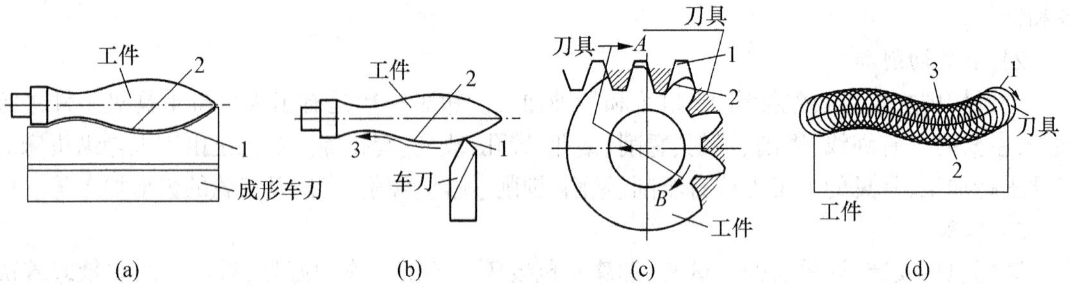

图 10－3　发生线的形成方法图

1—刀刃;2—发生线;3—刀具(或其旋转中心)运动轨迹

10.3.2　机械加工所需运动和切削用量

1）主运动和进给运动

主运动是刀具与工件之间的相对运动。一般来说主运动速度最高,消耗功率最大。通常只有一个主运动,例如,车削加工时,工件的回转运动是主运动。进给运动是配合主运动实现依次连续不断地切除多余金属层的刀具与工件之间的附加相对运动。进给运动可以是多个,也可以是一个;可以是连续的,也可以是步进的,如图 10－4 所示。

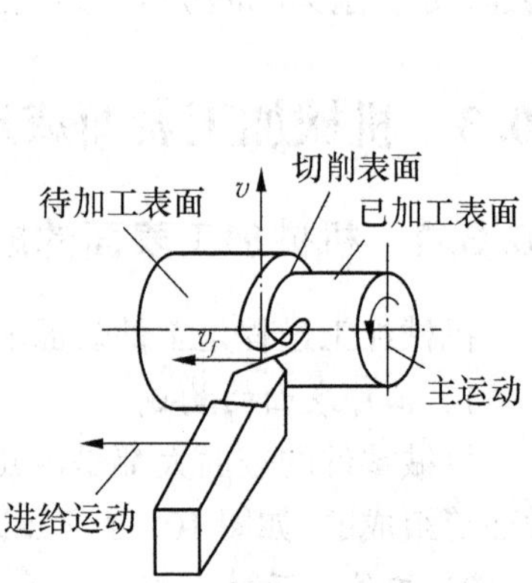

图 10－4　刀具加工时的运动关系和工件表面组成

2）辅助运动

辅助运动是除主运动和进给运动之外,为完成工件的加工全过程所需的其他运动。它包括以下几类:空行程运动、切入运动、分度运动、操纵及控制运动。

3) 切削用量

(1) 工件表面　正在加工的工件表面包括待加工表面、已加工表面和切削表面。待加工表面是工件上有待切除的表面;已加工表面是工件上经刀具切削后产生的表面;切削表面是工件上由切削刃形成的那部分表面,如图10-4所示。

(2) 切削用量　切削速度、进给量和切削深度称为切削用量三要素,统称切削用量。切削速度v是刀具切削刃上选定点相对于工件的主运动瞬时线速度,当主运动为回转运动时

$$v=\frac{\pi dn}{1\ 000} \tag{10-1}$$

式中,d为切削刃上选定的回转直径,单位为mm;n为主运动的转速,单位为r/s或r/min。

进给速度v_f是切削刃上选定点相对于工件的进给运动瞬时速度,单位为mm/s或mm/min。

$$v_f=nf \tag{10-2}$$

式中,进给量f是刀具在进给运动方向上相对于工件的位移量,用刀具或工件每转或每行程的位移量来表述,单位为mm/r或mm/行程。

切削深度a_p是在与主运动和进给运动方向相垂直的方向上度量的已加工表面与待加工表面之间的距离,单位为mm。

$$a_p=\frac{d_{\mathrm{w}}-d_{\mathrm{m}}}{2} \tag{10-3}$$

式中,d_{w}为工件待加工表面直径,单位为mm;d_{m}为工件已加工表面直径,单位为mm。

10.4 机械零部件的互换性与零件加工质量

1) 互换性与公差的概念

互换性是指在制成的同一规格的零部件中,不需作任何选择、辅助加工或调整就可装上机器,而且达到规定的使用性能要求。在设计、制造、使用和维修方面,互换性在提高产品质量和可靠性、提高经济效益等方面均具有重大的意义。

要求零件几何量(尺寸、形状、位置等)制造得绝对准确是不可能的,只能要求零件几何量在某一规定范围内变动,保证同一规格零件彼此充分近似。零件几何量允许变动范围称为公差。零件的互换性是建立在公差的基础上的。

2) 零件加工质量

一台机器的质量主要取决于组成机器各个零件的加工质量和产品的装配质量,零件加工质量的主要指标包括加工精度和表面粗糙度两个方面。加工精度指零件加工后实际几何参数(尺寸、形状和位置)与理想几何参数相符的程度,符合程度愈高,加工精度愈高。常用加工误差(实际值与理想值之差称为加工误差)的大小来评价加工精度的高低,加工误差越小,加工精度越高。加工零件的加工精度又包括尺寸精度、形状精度和位置精度三个方面,如图10-5所示。

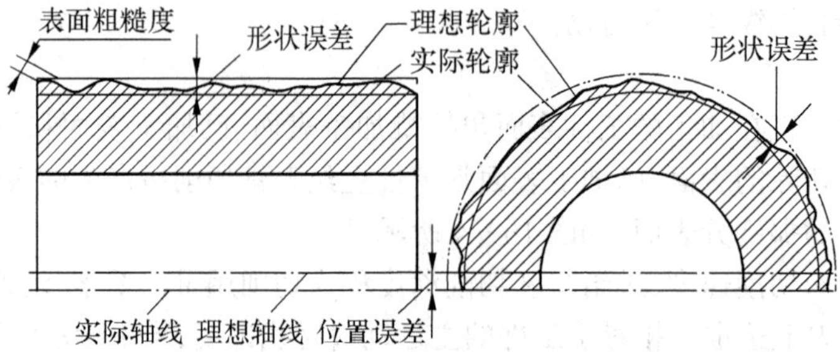

图 10－5　圆柱表面加工精度

(1) 尺寸精度　尺寸精度是指零件表面本身的尺寸(如圆柱面的直径)和表面间相互的距离尺寸(如各孔之间的距离)与其理想尺寸差异的程度。标准公差有二十个等级,即:IT01,IT0,IT1,……,IT18。数字越大,精度越低,加工误差越大,加工越容易,制造成本越低。例如:IT6~IT5 主要用于一些精密零件、精密机器和精密仪器中的零件;IT7~IT6 在机床和一般较精密的机器制造中用得最普遍,如车床的主轴与轴承、动力机中的活塞与气缸等;IT14 用于非配合尺寸的公差。

(2) 形状精度　零件的形状精度是指加工后零件表面实际测得的形状和理想形状的符合程度。形状公差等级共十二级,六个项目,见表 10－1。

表 10－1　形状公差项目

项目	直线度	平面度	圆 度	圆柱度	线轮廓度	面轮廓度
符号	⏤	▱	○	⌭	⌒	⌓

(3) 位置精度　零件的位置精度是指加工后零件的表面、轴线成对称平面之间的相互位置和其理想位置的差异(或偏离)程度,如同轴度、位置度等。位置公差等级共分十二级、八个项目,见表 10－2。零件表面的尺寸、形状、位置精度间是有联系的。

表 10－2　位置公差项目

项目	平行度	垂直度	倾斜度	位置度	同轴度	对称度	圆跳动	全跳动
符号	//	⊥	∠	⌖	◎	⌯	↗	⌰

(4) 表面粗糙度　零件的表面上总会留下微细的凹凸不平的刀痕,出现交错起伏的峰谷现象,这种凹凸不平的程度就是零件加工后的表面粗糙度。表面粗糙度对机器零件的配合性质、耐磨性、工作精度、抗腐蚀性均有较大的影响。评定表面粗糙度的标准有六种,目前我国主要用轮廓算术平均偏差 R_a 来评价,零件表面的 R_a 数值越小则表面越光洁,零件质量越高。

10.5　机械加工工艺系统及设备

1) 刀具

机械加工工艺系统由机床、刀具、夹具和工件组成。在机械加工过程中,刀具直接参与切削过程，从工件上切除多余金属层。以车刀为例，刀柄是车刀在车床上定位和夹持的部分，切削部分的构成要素是三面两刃一刀尖，如图 10－6 所示。

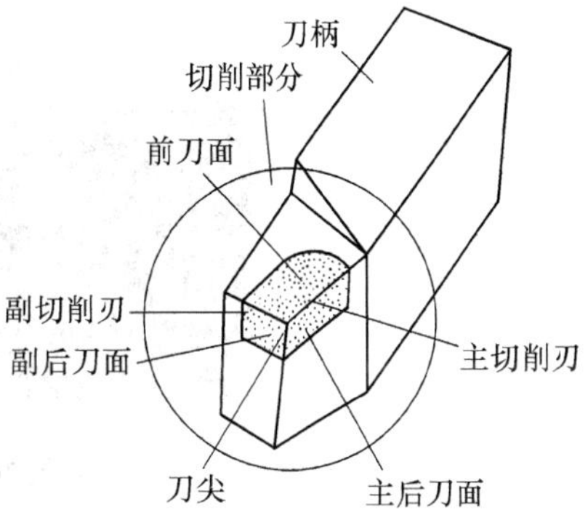

图 10－6　车刀示意图

2）夹具

工件是机械加工过程中被加工对象的总称，是机械加工工艺系统的核心，它可以是单个零件，也可能是固定在一起的几个零件的组合。夹具就是保证工件相对于机床和刀具正确的相对位置，并保证加工过程中不因外力作用而改变已有正确位置的工艺装备的总称。

3）金属切削机床

为加工过程提供相对运动和动力是机床应具备的基本功能。其基本构成有四部分：定位部分、运动部分、动力部分和控制部分。定位部分包括夹具等；运动部分包括主运动传动系统和进给运动传动系统；动力部分包括为机床提供动力源的电动机、液压泵、气源等；控制部分包括机床的各种操纵机构、电气电路、调整机构、检测装置、数控系统等。按加工方式可分为车床、铣床、刨床、钻床、镗床、磨床、拉床等。下面对常见的车床、铣床、刨床和磨床作简单介绍。

（1）车削加工和车床　车削加工就是在车床上使工件的旋转运动和刀具的直线运动相配合来切去工件上多余的材料，以达到图样要求的一种加工方法。车削加工时，工件的回转运动为主运动，车刀相对工件的移动为进给运动。车削加工之所以在机械行业中占有重要的地位和作用，主要是因为车削加工的范围很广，主要加工回转表面，如图 10－7 所示。

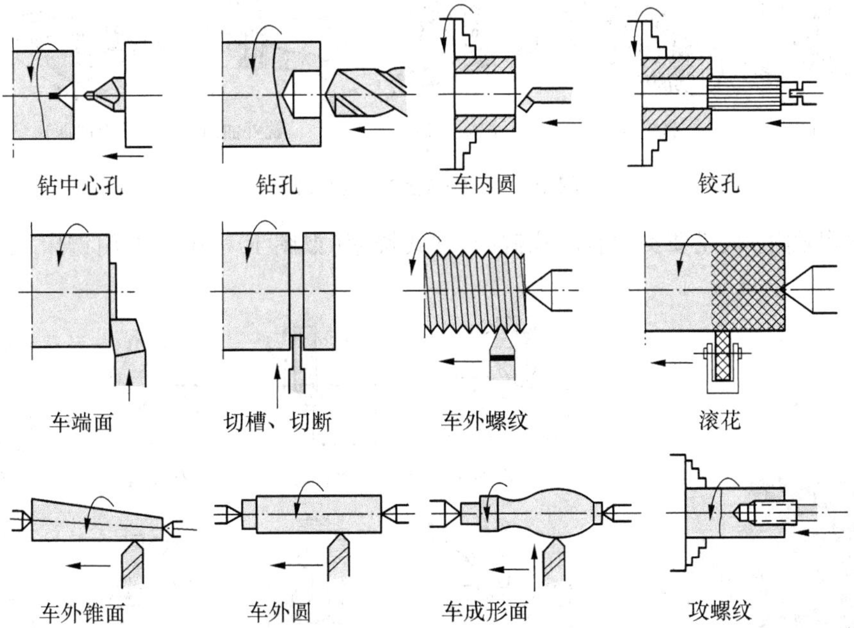

图 10－7　车床的典型工作

车床的种类繁多，主要有普通车床（如图 10－8）、立式车床、仪表车床、单轴自动车床、多轴自动和半自动车床、六角车床等。一般车床的加工精度可达 IT10～IT8，表面粗糙度 R_a 值可达 1.6 μm。

图 10-8 CDS6140A 普通车床

(2) 铣削加工与铣床 铣刀旋转为主运动,工件或铣刀的移动为进给运动。铣床的加工范围很广,可以加工水平面、垂直面、斜面、各种沟槽或成形面,如果再配备一些附件(如分度头)还可以加工螺旋槽、凸轮、成形面等,如图 10-9 所示。铣床加工精度一般为 IT9~IT7,表面粗糙度 R_a 为 6.3~1.6 μm。

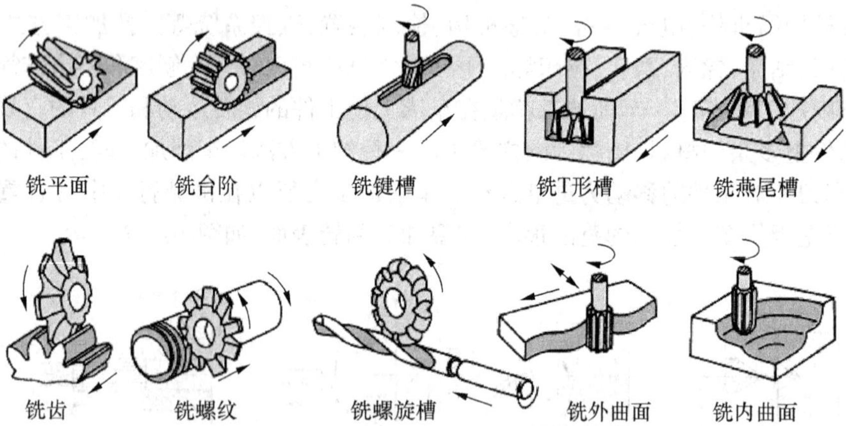

图 10-9 铣床上的典型工作

铣床的种类很多,主要类型有卧式铣床、立式铣床(如图 10-10)、龙门铣床、双柱铣床及工具铣床等。

图 10-10 X5025 立式升降台铣床

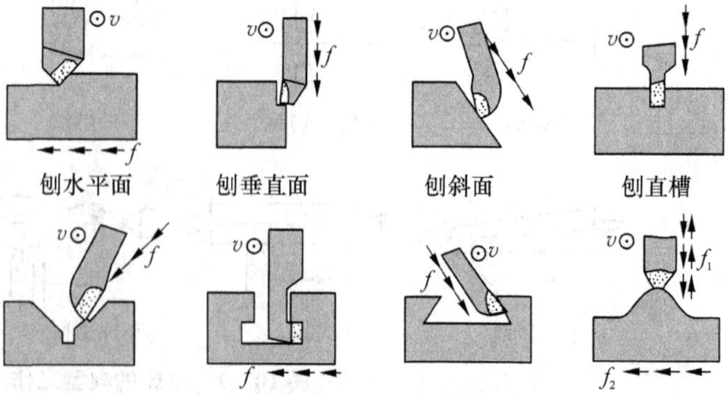

图 10-11 刨床上的典型工作

(3) 刨削加工与刨床　刨床、插床和拉床的共同特点是主运动都是直线运动(刀具),在刨床上则主要加工非旋转体,如板类、箱体类及机座等平面、斜面、沟槽等,如图 10－11 所示。

常用的刨床有牛头刨床、龙门刨床、单臂刨床。牛头刨床应用较广,主要由床身、滑枕、刀架、工作台、滑板、底座等部分组成,见图 10－12。刨削精度一般为 IT9～IT7,表面粗糙度 R_a 为 6.3～3.2 μm。

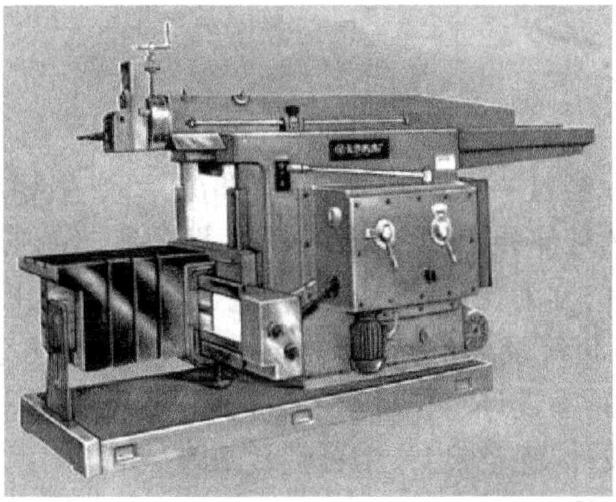

图 10－12　BC6050D 型牛头刨床

(4) 磨削与磨床　磨床是精密加工机床的一种,用非金属的磨具或磨料加工工件各种表面,如图 10－13 所示。

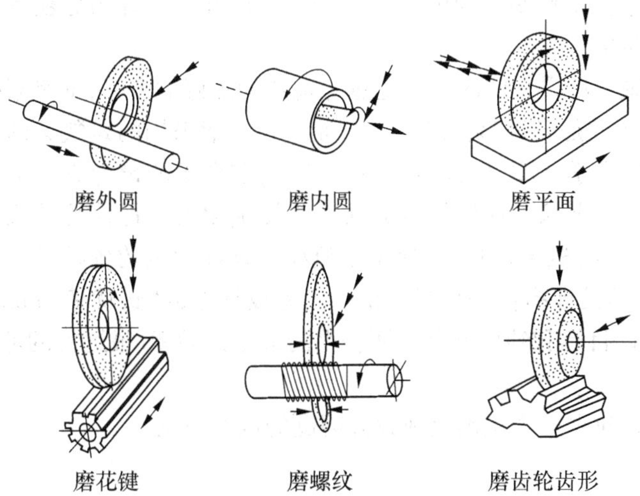

图 10－13　磨床上的典型工作

图 10－14　M1420E 普通外圆磨床

通常磨具旋转为主运动,工件的旋转与移动或磨具的移动为进给运动。常用的磨具有砂轮、砂带、油石、研磨料等,磨料有氧化铝、碳化硅等磨粒。通常把使用砂轮加工的机床称为磨床,如外圆磨床(图 10－14)、平面磨床;把用油石、研磨料作为切削工具的机床称为"精磨机床"(超精加工机床、抛光机等)。

第 11 章　机械工程中的新技术

11.1　现代设计方法

设计就是把预定的目标经过一系列规划、分析和决策，产生相应的文字、数据、图形等信息。现代设计是传统设计的延伸和发展，随着科学技术的进步特别是计算机技术的高速发展，人们进行综合集成计算设计，称为现代设计方法。它具有系统性、社会性、创造性、最优化、动态化、宜人性、智能化、CAD 化等显著特点，其主要分类有：设计方法学、人机工程、相似性设计、优化设计、并行工程、磨蹭学设计、可靠性设计、模块化设计、反求工程设计、有限元法、三次设计、工业艺术造型、动态设计、绿色设计、工程遗传算法、智能工程、模糊设计、计算机辅助设计、价值工程、人工神经元计算等。

11.1.1　优化设计

优化设计是使某项设计在规定的各种设计限制条件下（等式或不等式约束），采用数值迭代逼近法优选构成方案的设计参数（求多变量函数的极小值），使某项或几项设计指标获得最优值，并可大大提高设计效率和设计质量。

从广义上说，任何一位设计师在做一项设计的时候总是选择他认为最好的方案，都有某种程度上的“优化”，因此他可以说他的产品是经过“优化”的。但是现在一般采用的是狭义的优化概念，就是利用现代的数学成果建立数学模型，用计算机进行计算，在众多的设计方案中寻到尽可能完善的或者最适宜的设计方案，即求出最优解的方法。机械优化设计把传统的机械设计方法和现代设计方法（最优化方法）有机结合起来，使某项机械设计在规定的各种设计限制条件下，优选设计参数，使某项或几项设计指标获得最优值。工程设计上的“最优值”（optimum）或“最佳值”是指在满足多种设计目标和约束条件下所获得的最令人满意、最适宜的值。

1）优化设计的数学模型

把工程问题用数学方法描述出来，建立一个正确反映设计问题的数学模型。

Min：设计目标 $F(x)$，$x \in \mathbf{R}^n$

s.t：设计约束函数 $G_u(x) \leqslant 0 \quad u = 1, 2, \cdots, m$　　(11－1)

$$H_v(x) = 0 \quad v = 1, 2, \cdots, p \quad p < n \tag{11-2}$$

式中，x 为设计变量；$F(x)$ 为目标函数；$G_u(x) \leqslant 0$，为 m 个不等式约束；$H_v(x) = 0$ 为 p 个等式约束。

2）优化设计方法

（1）解法分类　数值计算优化方法可分为确定型（连续变量和离散变量）和非确定型（随机变量和模糊变量）；根据约束情况可分为无约束优化设计问题和约束优化设计问题。无约束优化设计问题的方法有 Powell 法、DFP 变尺度法等；对于约束优化设计问题，方法有直接解法(如复合形法)、间接解法(如惩罚函数法)等。对于多目标优化问题常用的方法是用统一目标函数法转化为单目标优化问题求解。

(2) 解法原理 无约束优化设计方法(以 Powell 法为典型)、约束优化设计的直接解法原理

$$x^{k+1} = x^k + \alpha^k S^k \quad k = 0,\ 1,\ 2,\ \cdots \tag{11-3}$$

重复上述过程,直到满足收敛精度,得出最优解。约束优化设计的初始点和搜索必须在可行域 D 内。

约束优化设计的间接解法就是将有约束优化问题转化为一个或一系列无约束的问题求解。构造惩罚函数,求 Φ 的无约束极小值时,不断变换惩罚因子 r^k,使新目标函数 $\Phi(x,\ r^k)$ 极小点序列 $X^*(r^k)(k=1,\ 2,\ \cdots)$ 逐渐逼近原目标函数 $F(x)$ 的约束最优解。对于一般中小型约束(含等式或不等式约束)优化设计问题($n<50$),都可以用混合惩罚函数法 SUMT.for 软件求解。对计算机计算出的最优解要判断是否为全域最优解(用不同的优化方法或用相距较远的初始点,看计算结果是否一致),分析设计变量和目标值是否合理,工程上能否实现等,最后确定出将采纳的方案。

11.1.2 可靠性设计

可靠性、适应性、经济性三性统筹是我国机电产品设计的原则。可靠性是指在规定条件下和规定时间内完成规定功能的能力。与常规设计相比,其特点为作用在零部件上的载荷(广义)和材料性能都是随机变量,具有明显的离散性质,可靠性设计中用数学上的分布函数来描述,用概率统计的方法来求解,对所设计的产品能定量地给出在工作中存在的失效可能性或可靠程度,弥补常规设计的不足。

1) 零件的可靠性设计

(1) 零件静强度的可靠性设计 根据零部件的受载情况,确定危险截面的工作应力($\sigma,\ S_\sigma$)(广义工作应力,可以是压力、应力、温度、冲击等导致失效的任何因素);其次根据零部件材料及热处理情况,由手册查出其强度分布参数($\delta,\ S_\delta$)(与应力相对应的广义强度),最后根据应力和强度的分布类型,代入相应公式计算可靠度或确定结构参数,如应力强度分布函数均为正态分布,则可靠度系数(即可靠度指数)为

$$Z_r = (\delta - \sigma) / \sqrt{S_\delta^2 + S_\sigma^2} \tag{11-4}$$

式中,σ、δ 分别为应力和强度的子样均值;S_σ、S_δ 分别为应力和强度的子样标准差。

(2) 零件疲劳强度的可靠性设计 零部件的疲劳强度与很多因素有关,通常按静强度设计出具体尺寸、结构和加工工艺后,再验算可靠度或预计可靠寿命。

2) 系统的可靠性

系统是由若干个单元(元件、子系统等)相互结合所构成的综合体。系统的可靠性取决于各单元的可靠性 $R_i(t)$ 和组合方式。对串联系统,系统中任何一个单元失效均会导致系统失效,要提高系统的可靠度必须尽量减少零件数;对并联系统,只要系统中有一个单元不失效,整个单元就不会失效;对于贮备系统(系统中只有一个单元工作,其余单元作为贮备,当工作单元失效时,未参加工作的单元立刻参加工作)和表决系统(组成系统的几个元件中,只要 k 个

单元不失效,系统就不会失效),其可靠度计算见有关文献。各种系统有自身的特点,要根据设计要求和可行的实行条件及经济性选择确定系统,既满足系统的可靠性要求又经济易行。

11.1.3 有限元法

许多工程问题,如固体力学中的位移场和应力场分析、传热学中的温度场分析、流体力学中的流场分析等可归结为在给定边界条件下求解控制方程的问题。实用的偏微分方程的数值解法的有限差分法、有限元法、边界元法中,有限元法通用性最好,可以用于求解线性问题、非线性问题,用于各种材料、各个领域。

1) 有限元法基本思想

有限元法是将问题求解域划分为一系列单元,单元之间仅为节点联结,单元内部点的待求量可由单元节点量通过选定的函数关系插值求得。单元形状简单,由平衡关系或能量关系建立节点间的线性方程组,代入边界条件后求解。单元划分越细,计算越精确,计算量越大。

2) 有限元法基本步骤

(1) 连续体的离散　选择单元的类型、数量、大小和排列,以便有效地表示所研究的连续体——工件。

(2) 选择位移函数(或速度)　设定满足某些要求(如单元内保证连续性、在其边界上保证协调性)的联系单元节点和单元内部各点位移(或速度)的插值函数,以保证数值计算结果更逼近精确解。

(3) 建立单元刚度矩阵或能量泛函　按变分原理,对弹性和弹塑性有限元推导单元刚度矩阵,用此矩阵将单元节点位移与节点力联系起来。单元刚度矩阵$[K]$与载荷无关。

(4) 建立整体方程　将单元刚度矩阵集合成整个工件的总刚度矩阵$[K]$,由单元节点力矢量集合为载荷矢量$\{F\}$,建立工件的节点位移与总载荷之间的关系,即$\{F\}=[K]\{u\}$。

(5) 解方程求未知的节点位移(或速度)　要引入边界条件才能求出唯一解。

(6) 由节点位移(或速度)计算各单元节点的应变和应力　求出节点位移后,可由几何方程求出应变,由弹性方程求出应力。

3) 有限元软件应用

现有有限元软件包用于受拉孔板的分析计算,对不同的应用对象和条件,根据不同应用场合选择合适的软件包,详细阅读使用说明,将单元进行划分,对单元节点进行编号(可利用自动生成功能产生所需的单元划分),按程序格式输入节点坐标、载荷特性、材料特性、边界条件等有关参数,然后由计算机进行计算。得出结果后,要进行分析,确认结果合理且满意后,再将有关部门数据、图形等结果打印出来。

11.2 先进制造技术

先进制造技术是指在制造领域内采用的高新科学技术的总称,即在制造过程中强调采用信息技术、计算机技术和管理技术,将传统的制造技术与现代科学技术有机结合起来,进行多学科的交叉融合,所以称为现代制造技术,如数控技术、柔性制造系统、计算机辅助设计与制造、计算机集成制造等。

1）数控技术与数控机床

数控技术(Number Control, NC)是指用数字、文字和符号组成的数字指令来实现一台或多台机械设备动作控制的技术。它所控制的通常是位置、角度、速度等机械量和与机械能量流向有关的开关量。数控的产生依赖于数据载体和二进制形式数据运算的出现。数控技术也叫计算机数控技术,目前它是采用计算机实现数字程序控制的技术,这种技术用计算机按事先存贮的控制程序来执行对设备的控制功能。由于采用计算机替代原先用硬件逻辑电路组成的数控装置,使输入数据的存贮、处理、运算、逻辑判断等各种控制机能的实现,均可通过计算机软件来完成。

数控机床(NC Machine)是实现数控加工的一种设备。它综合利用了自动控制、电子计算机、精密测量和传动元件、结构设计等方面的技术,是一种高效、柔性加工的机电一体化的设备。它将加工过程所需的各种操作(如主轴变速、松夹工件、进刀与退刀、开车与停车、选择刀具、供给冷却液等)和步骤以及刀具与工件之间的相对位移量都用数字化的代码表示,通过控制介质将数字信息送入专用的或通用的计算机,计算机对输入的信息进行处理与运算,发出各种指令来控制机床的伺服系统或其他执行元件,使机床自动加工出所需要的工件。

数控机床主要由输入装置、数控装置、伺服系统和机床本体四部分组成,按加工方式分为金属切削类数控机床(如数控车床、加工中心、数控钻床、数控磨床、数控镗床等)、金属成型类数控机床(如数控折弯机、数控弯管机、数控回转头压力机等)、数控特种加工机床(如数控线切割机、数控电火花加工机床、数控激光切割机床等)和其他类型的数控机床(如火焰切割机、数控三坐标测量机等)。

数控加工与一般加工方法比较大致有以下特点:

(1) 具有较强的适应性和通用性。

(2) 能够获得更高的加工精度和稳定的加工质量。

(3) 具有较高的生产率。

(4) 可以改善劳动条件,减轻工人劳动强度。

(5) 便于现代化的生产管理。

2）柔性制造系统

柔性制造系统(Flexible Manufacturing Systems, FMS)是指可变的、自动化程度较高的制造系统。柔性的零件加工是指能够同时和交替地加工不同的同系族零件。柔性制造系统的适用范围很广,它主要解决了单件小批生产的自动化和中大批多品种的自动化加工。它把高柔性、高质量、高效率结合起来,具有较强的生命力。

柔性制造系统应具有以下功能:

(1) 能自动完成多品种、多工序零件的加工。

(2) 具有自动输送和储料功能。

(3) 具有自动诊断功能。

(4) 具有信息处理功能。

柔性制造系统由加工、物流和信息流三个子系统组成,每个子系统还有分系统。加工系统实施对产品零件的加工,在 FMS 上多采用可以自动换刀的加工中心或其他数控机床;物流系统由存储、输送和装卸三个子系统组成;信息流系统实施对整个 FMS 的控制与监测,主要完成数控程序的存储与分配、生产控制和管理、运输物料的控制与管理、刀具的监测和控制、系统的性能监测和报告等任务。

3）计算机辅助设计与制造

计算机辅助设计和计算机辅助制造简称为 CAD 和 CAM。作为新工具，CAD/CAM 系统提高了工作人员从事设计、制造、管理等活动的效率和质量，提高了企业的生产技术水平和管理水平，使企业获得显著的经济效益和社会效益。而将计算机辅助设计、制造和计算机辅助生产管理等都有机地结合起来，构成一个计算机集成的制造系统 CIMS，才能真正提高生产效率和产品质量，降低生产成本。

CAD/CAM 系统的主要应用如下。

（1）计算　计算程序分为两类，一类是设计计算，在结构设计之前进行；另一类是校验性设计，在结构具体尺寸确定之后验算程序。在机械制造中的计算机计算也愈来愈多，如减速机、液压传动系统、机床零部件、标准件等都有较完善的计算程序。在计算方面最有效的应用是现代设计方法（如有限元法、优化设计等）与 CAD 的连接。

（2）自动绘图　产品与工程设计工作中，绘图工作量约占总设计工作量的 50%～60%，使用 CAD 系统提供的很多绘图功能，加快和便利了绘图工作。CAD 绘图系统具有很多功能：窗口功能、变焦功能、多层功能、引辅助线功能、宏指令、编程绘图、各种图形变换功能以及其他功能，CAD 还有尺寸标注和文字说明、制定零件明细表、画阴影线及涂色等功能。

（3）工艺规程编制及数控编程　据统计，一个产品成本的 15%是由工艺规程决定的。目前，工艺规程的制定主要还是依靠工艺人员的经验，这满足不了现代化生产的需要，因此计算机的高速度、大容量就提供了寻找不同工艺路线并进行优化的可能，达到降低成本、提高质量的目的。数控编程在 CAM 方面应用最多。因为车削加工最常见，对回转体零件的描述也比较简单，所以数控编程系统应用较多，适用于多坐标数控铣床的数控编程系统的应用也日益增多。除数控编程外，利用 CNC（Computer Numerical Control）控制在屏幕上进行动、静态模拟，跟踪刀具运动轨迹，以及检验是否发生干涉现象等也有较多应用。

（4）试验与模拟　产品定型的过程为构思—设计计算—绘图—生产—出样品—试验—改型—试验……重复多次，最后定型生产，这一过程一般要持续很长时间，在计算机上边设计边模拟、边试验边修改等，可以大大缩短研制时间，降低研制费用，加快产品的更新换代。计算机在试验模拟方面的应用最多的是运动过程的模拟，如机器人空间运动轨迹的模拟、柔性生产线的配置、换刀、运送工件过程的分析等。

4）计算机集成制造系统（Computer Integrated Manufacturing Systems, CIMS）

CIM 的概念可理解为是一个全面应用信息技术的生产策略，它包括各项单元技术（如 MIS、CAD、CAPP、FMS、CNC 等）和集成技术（如网络和工程数据管理等），而 CIMS 通常是指 CIM 对一个企业的具体应用，将 CIM 的各项技术、组织和人员综合起来组成一个实现企业生产经营目标的具体生产系统。CIMS 包括工厂企业设计、生产及经营等全部活动。制造型企业的 CIMS 功能模型通常包括管理信息分系统（MIS）、技术信息分系统（TIS）、制造自动化分系统（MAS）和计算机辅助质量保证分系统（CAQ）。

由上述定义和构成可见，CIMS 是信息流、物料流的集成。通过集成技术，CIMS 打破了部门的界限，加速了物料流和信息流的畅通，使企业的生产技术、生产管理和经营管理得以协调运行。但是目前 CIMS 技术的应用受到投资巨大等因素的制约，仍处于不断的探索中。

11.3　设备故障诊断技术

设备故障诊断是在设备运行过程中或基本不拆的情况下,了解和掌握设备的运行技术状态,确定其整体或局部正常与否,尽早发现故障及其原因,判断故障的部位和程度,预测故障发展趋势和今后的技术状态变化,可以为使用者决策提供依据,提高设备的运用率,避免设备事故的突然发生,减少非生产时间,降低维修成本,提高经济效益。

设备故障诊断技术可分为简易诊断和精密诊断。简易诊断,即设备状态监测,是通过人工或仪器对设备特征参数如振动、温度等进行间断或连续的监测,掌握设备的异常征兆和劣化程度,对设备技术状况进行快速评价。精密诊断,是在对设备作出简易诊断的基础上,分析故障原因,判断故障的部位和程度,并决策采取相应措施等。对于大量的设备或关键的设备,则可以采用计算机自动监测和诊断系统。

11.3.1　设备故障振动监测与诊断技术

1) 信号的获得

选择合适的测量参数(如位移、速度、加速度等),经测试系统测出,由相应的传感器转变成模拟电信号(随时间连续变化),经放大器放大后记录下来,或经 A/D 转换为数字信号,存入计算机。这样得到的信号中含有大量的噪声,要通过各种滤波等方法对信号进行预处理,得到能反映故障特征的信号值。

2) 信号分析处理与故障诊断

将预处理的信号即征兆,根据需要进行幅值域、时域、频域等分析。幅值域分析就是研究信号的瞬时幅域最大值、最小值、均值、峰值等特征参数,看与正常运转对应值有无异常变化。时域分析研究信号的时序,即相关分析,可以分检出周期性信号,或找到故障发生的位置。信号频域分析应用最广,复杂的信号中含有各种各样频率的信号,用傅里叶变换(FFT 频谱仪)将复杂信号分为有限个频率的简谐分量,以频率为横坐标,将信号的幅值、相位、能量等与频率的关系表示出来(即频谱),而设备元件自身的运转频率是一定的,比较该频率上的幅值变化,就可判断该元件有无故障或失效,频谱图形清晰明了。频域分析中除频谱外,还有倒频谱、细化谱等谱分析。

11.3.2　油液分析技术

机械零件的磨损失效是最常见最主要的失效形式,约占设备失效的 80%。摩擦副的性质和所用润滑剂是决定其能源消耗和磨损情况的两大因素。运动副的表面磨损会产生磨屑微粒,以悬浮状态和灰尘等杂物一起进入并存在于机械的润滑系统中,这些大大小小的磨损颗粒带来了设备故障和失效的重要信息。磨粒不同的特性(形态、尺寸、表面形貌、数量及粒子的分布)反映了不同的磨损失效形式(黏着磨损、磨料磨损、表面疲劳磨损、腐蚀磨损等)。

根据磨粒的材料成分可分辨出其来源。油液分析技术对研究机械磨损的部位和过程、磨损失效的类型、磨损的机理、油品评价有着重要作用,也是在不停机、不解体情况下对设备进行诊断的重要手段。

油液分析技术可分为两类:油液本身物理化学性能分析和油液中不溶物质(磨损微粒)分

析。油液本身物理化学性能分析是检测润滑剂的性能和状态,油液中不溶物质(磨损微粒)分析主要是检测摩擦副本身的工作状态,有油液光谱分析法、油液铁谱分析法和磁塞检查法。

(1) 光谱分析法　油液中所含元素的原子发出辐射能,经棱镜或光栅分光后以光谱形式呈现。光谱的图像决定了被激发原子的结构和特征,可测量元素的含量和浓度,用于早期机械磨损状态的诊断。

(2) 油液铁谱分析法　铁谱分析仪利用高强度磁场将润滑剂中所含机械磨损碎屑按粒度大小有序地分离出来,通过对磨屑大小、形状、成分、数量以及粒度分布等方面定性定量地观测,便可判断出机械磨损状态,预报零部件的失效。该分析法对 0.1 ~ 100 μm 的颗粒均敏感,使用范围最广。

(3) 磁塞检查法　将带磁性的塞头插入润滑系统中的管道内,收集润滑油中的磨粒微渣,观察残渣大小、数量、形状以判断磨损状态,用于后期诊断颗粒大于 50 μm 的情况。

11.3.3 温度监测技术

在设备的运转过程中,机械元件或电气元器件常常会因温度发生变化而产生"热故障",摩擦、碰撞、泄漏等都与温度有关,通过对温度的变化和分布情况进行分析可以达到确定设备工作状态和诊断故障程度的目的。如机件中由于摩擦、磨损、不正确的工作位置,或过载运行、轴承磨损运行、润滑不良等均会产生异常热。

温度监测方法主要分为接触式(使测温元件与被测对象有良好的热接触,通过传导和对流达到热平衡来进行温度的测量)和非接触式(测温元件与被测对象不接触,通过接受热辐射能量实现测温)测量两大类。测温方法及所用仪器见表 11 - 1。

表 11 - 1　测温仪器、仪表分类表

测温方式	仪表名称	作用原理
接触测温	膨胀式温度计:液体式;固体式	液体或固体受热膨胀
	压力表式温度计:液体式;气体式;蒸气式	封闭在固定容器中的液体、气体或某种液体的饱和蒸气热体积膨胀或压力变化
	电阻温度计	导体或半导体受热,电阻值变化
	热电偶温度计	物体的热电性质
非接触测温	光电高温计、光学高温计、红外热像、红外热电视、红外测温仪	物体热辐射

在非接触式测温方法中,红外测温技术应用最为广泛,除可以显示物体某点的温度,还可实时显示物体的二维分布场,且温度的空间分辨率和温度分辨率达到了相当高的水平,尤其是红外成像系统带有彩色监视器,并有多功能处理器、录像机、实时记录器、软盘记录仪等,配用灵活,使用方便,在许多领域得到了广泛的应用。

11.3.4 无损检测技术

设备在制造过程中,可能产生各种各样的缺陷,如裂纹、疏松、气泡、夹渣、未焊透和脱黏等,在运行过程中,由于应力、疲劳、腐蚀等因素的影响,各类缺陷又会不断产生和发展,现代无损检测与评价技术就是在不损伤和不破坏材料或设备结构的情况下,检测出缺陷的存在,对其做出定性、定量(形状、大小、位置、取向、内含物等)评定,进而分析缺陷对设备的危害程度,以便在保证安全运行的条件下,做出带伤设备是否继续服役的选择,避免由于设备不必要的检修和更换所造成的浪费。主要无损检测方法的适用性和特点见表 11－2。

表 11－2　主要无损检测(NDT)方法的适用性和特点

序号	检测方法	缩写	适用的缺陷类型	基 本 特 点
1	超声探伤法	UT	表面与内部缺陷	速度快、平面型缺陷、灵敏度高
2	射线探伤法	RT	内部缺陷	直观、体积型缺陷、灵敏度高
3	磁粉探伤法	MT	表面缺陷	仅适用于铁磁性材料的构件
4	渗透探伤法	PT	表面开口缺陷	操作简单
5	涡流探伤法	ET	表层缺陷	适用于导体材料的构件
6	声发射检测法	AE	缺陷的萌生与扩展	动态检测与监测

对于在高温、高压、高速或高负荷条件下运行的现代设备,如锅炉、压力容器、飞机、宇航器、发动机、电站等,如果装上具有裂纹等缺陷的部件,或在运行过程中其构件产生疲劳裂纹或应力腐蚀裂纹,必然会缩短使用寿命,降低安全可靠性,甚至导致恶性事故的发生,为此必须利用无损检测与评价技术对设备进行跟踪检测和故障诊断。

参考文献

[1]　朱世范. 机械工程训练. 哈尔滨:哈尔滨工程大学出版社,2003.
[2]　蔡兰,冠子明. 机械工程概论. 武汉:武汉理工大学出版社,2004.
[3]　张春林,焦永和. 机械工程概论. 北京:北京理工大学出版社,2003.
[4]　陈东祥,谢有才,叶时勇. 机械工程制图. 天津:天津大学出版社,2001.
[5]　孙培先. 工程制图. 北京:机械工业出版社,2003.
[6]　胡敬佩. 工程制图基础. 北京:清华大学出版社,2004.
[7]　卢玉明. 机械设计基础. 北京:高等教育出版社,2004.
[8]　王明耀,张兆隆. 机械加工技术. 北京:机械工业出版社,2004.
[9]　上海市职业技术教育改革与教材建设委员会. 金属切削机床概论. 北京:机械工业出版社,2003.
[10]　沈志雄. 金属切削机床. 北京:机械工业出版社,2004.
[11]　刘克明. 公差与检测. 北京:机械工业出版社,1991.
[12]　杨师祥. 公差与配合. 长沙:湖南大学出版社,1989.
[13]　孙靖民. 现代机械设计方法. 哈尔滨:哈尔滨工业大学出版社,2003.
[14]　隋秀凛. 现代制造技术. 北京:机械工业出版社,2003.
[15]　陈新轩,许安. 工程机械状态检测与故障诊断. 北京:人民交通出版社,2004.
[16]　张来斌,王朝晖,张喜延,等.机械设备故障诊断技术及方法. 北京:石油工业出版社,2000.

第四篇　化学工业概论

第 12 章　绪　　论

12.1　化学工业的定义及其在现代社会中的重要地位

回眸过去的百年,化学工业经历了孕育、诞生、发展,直到形成了今天这样较为完善的现代化学工业体系,它每年为社会提供数以亿吨计的千百万种合成产品,为人类衣、食、住、行提供了极其丰富的物质基础,为世界的繁荣昌盛作出了巨大的贡献。那么什么是化学工业呢?化学工业即是应用化学、物理及生物等自然科学的原理和各种相关工程的科技,加上经济和劳动力大量地把一些资源转变为对人类更为有效的价廉物美产品的重要产业部门。当今国际社会公认材料、能源和信息技术是现代文明的三大支柱,而这其中每一项新科学技术的发现,都与化学工业密不可分。化学工业已成为一个国家或地区工业现代化水平的标志。日本在总结战后经济发展的经验时指出:没有第一流的化学工业,就没有经济的现代化。美国则认为:没有石油化工产品,就没有近代富足生活。表 12-1 列出了 20 世纪化学工业为人类所做的贡献。

表 12-1　20 世纪化学工业的贡献

<table>
<tr><th>领　域</th><th>年代</th><th>主要成就</th><th>作　用</th></tr>
<tr><td rowspan="2">生物医药</td><td>1928 年</td><td>发现第一个抗生素:盘尼西林(青霉素)</td><td rowspan="2">减轻疼痛,预防疾病,保健益寿</td></tr>
<tr><td>1953 年</td><td>发现 DNA 双螺旋结构</td></tr>
<tr><td rowspan="2">化工化肥农药</td><td>1913 年</td><td>合成氨化肥的生产</td><td rowspan="2">减轻人口增长对食品需求的压力</td></tr>
<tr><td>1941 年</td><td>主要杀虫剂进入市场增产粮食、蔬菜</td></tr>
<tr><td rowspan="4">石油工业</td><td>1921 年</td><td>天然气、氢烃蒸气裂解制造乙烯</td><td>奠定石油工业的发展基础</td></tr>
<tr><td>1930 年</td><td>开始生产聚氯乙烯</td><td rowspan="3">成功开发石化产品:合成纤维、橡胶、塑料、洗涤剂、涂料、黏合剂、家电部件……遍及衣食住行</td></tr>
<tr><td>1938 年</td><td>生产出化纤尼龙</td></tr>
<tr><td>1939—1945 年</td><td>开始生产顺丁橡胶</td></tr>
</table>

地球的空间和资源都是有限的,但人类的期望和追求却没有止境,为解决这一日益尖锐的矛盾,世界各国都在大力发展化学工业,可以说现代工业正在支撑着由生物、材料、医药信息技术等引起的世界经济新浪潮。

12.2　化学工业的分类

化学工业既是原材料工业,又是加工工业,既包括生产资料的生产又包含生活资料的生产。所以,化学工业是国民经济中十分重要的制造工业部门。

化学工业的分类,方法不止一种,可以按原料分为煤化工、石油化工及农副产品化工;按规模分为基本化工和精细化工;按产品的用途分为医药化工、农药化工、肥料化工、食品化工等。实际上,不同国家、不同时代对化学工业的分类方法往往是各不相同的,例如我国化学工业的分类有两种：一种不受现行管理体制的局限，将化工产品分为十九大类，这种分类方式与国外化学工业的可比性较大；另一类按照现行管理体制，将化学工业分为二十个行业，见表 12－2。

表 12－2 我国化学工业范围的划分

序号	产品名称	行业名称	序号	产品名称	行业名称
1	化学矿	化学矿	11	食品和饲料添加剂	食品化工
2	无机化工原料	无机盐	12	合成药品	化学医药
3	有机化工原料	有机化工原料	13	日用化学品	合成树脂和塑料
4	化学肥料	化学肥料	14	黏合剂	酸、碱
5	农药	化工农药	15	橡胶和橡塑制品	合成橡胶
6	高分子聚合物	合成纤维单体	16	催化剂和助剂	催化剂、试剂和助剂
7	涂料和颜料	涂料和颜料	17	化工产品	煤化工
8	染料	染料和中间体	18	其他化工产品	橡胶制品
9	信息用化学品	感光和磁性材料	19	化工机械	化工机械
10	试剂	化学试剂	20	—	化工新型材料

12.3 化学工业的原料

化学工业的原料来源很广，从广义上讲，地球上的任何资源都可以作为化工生产的资源，因为物质可以在一定条件下相互转化。一般说来，化学工业的主要原料来自以下几个方面。

（1）矿产资源　包括化学矿、煤炭、石油和天然气，它们在自然界分布不均，品位也不相同，有无开采价值需经科学评估。

（2）动植物资源　即生物质资源，尽管目前因为技术问题，利用并不充分，但随着化学工业的发展和生物技术的进步，将具有巨大的应用潜力。

（3）空气和水　空气中含有氮、氢、氧及其他气体，是一种很重要的气体原料；水是一种廉价的溶剂，同时含有氢和氧，是化工中重要的物理化学介质，也是一种很常用的液体原料。

（4）海洋资源　是一种既古老又新兴的化工原料，包括海水、海洋生物、海洋矿产，它不仅是常规化工的原料，也是未来高技术化工的重要资源。

（5）工业副产品和废弃物　可以相互作为原材料，一种工业的副产品和废弃物也可以作为另一种工业系统的原料。如尿素是用氨和二氧化碳来制造的，电解厂的铜泥可用来生产铜肥；磷胺厂的磷石膏可用来生产硫酸钾、硫酸和水泥。

化学工业的特点是综合利用资源。国民经济各部门中，有很多部门可以与化学工业结合起来综合利用资源，如林业部门中天然橡胶和松香就是从橡胶树、松树中采集提取的；木材水解可得酒精，木材干馏可得醋酸。以农副产品为原料的化学工业也很多，农产品可以制备混合溶剂、淀粉、葡萄糖等。另外，冶金部门也与化学工业有关，冶炼铜、铅、锌等有色金属时，副产的尾气二氧化硫可以生产硫酸；提炼煤时，一方面供给炼钢用焦炭，一方面在煤焦油中提取苯、萘、蒽等焦化产品，供医药、农药、染料等生产作原料。因此在工业生产上，有林产化工、海洋化工、钢铁化工联合企业、石油化工联合企业等工业部门出现，说明化学工业所使用的原料资源是极其广泛的。我国化学工业的发展,一定要充分发挥资源优势,逐步形成以油、气、盐、煤为特色的强大而完整的化学工业体系,此外还要高起点、多元化,加快化学工业外向型格局的形成,尽快成立全国重要的化学品生产和出口基地,使化学工业真正成为振兴经济的关键。

12.4 现代化学工业的特点和发展趋势

12.4.1 现代化学工业的特点

随着21世纪的到来,化学工业已经向着化工资源和化工产品的广度和深度进军,推动了化学工业技术创新性的发展,其技术创新特点主要表现在以下几个方面。

(1) 与相关学科之间的交叉渗透　两种技术或学科相结合往往能用其一的常规方法解决其二的难题,从而在接合处出现前所未有的活跃发展领域。生物产品利用化工知识设计反应器,进行产品分离和鉴定,是已见成效的生物和化学工业结合实例。以酶生化工程为例,酶是一种高效率和高选择性的生物催化剂,但其稳定性较差,适用条件苛刻,因此,可以采用化学方法合成具有类似酶高活性的稳定高聚物,用于一般的化学反应。如生物固氮模拟酶技术正酝酿着重大的突破,有望用于合成氨反应,大大提高化肥的产率。交叉技术或学科,嫁接不同领域的知识优势和问题,将继续成为化学工业发展的热点。

(2) 积极跟踪科学前沿　20世纪80年代发展起来的纳米技术,已经在本世纪起着更重要的作用。正如著名科学家钱学森所指出的:纳米和纳米以下的结构是下一阶段科技发展的一个重点,会是一次技术革命,从而将是21世纪又一次产业革命。化学工业切入纳米复合材料的研究是一个令人瞩目的亮点。例如扬子石化研究院研制成功的纳米聚丙烯复合材料,是在聚丙烯材料中加入纳米材料,使其聚集态和结晶形态发生改变,从而使这种产品既保持了原有的刚性,同时柔韧性大幅度提高;燕山聚酯厂利用中科院化学所工程塑料国家重点实验室的成果——陶土纳米塑料新技术,试生产出纳米聚酯塑料,它把中国富产的一种陶土制成纳米尺度后掺入聚合物中制备耐高温、耐磨,像金属一样刚硬的啤酒瓶、塑料齿轮、电源插座等产品,由于具备金属、塑料和陶瓷的共同优点,制成的酒瓶比一般玻璃瓶轻一半以上,而且可耐150℃高温,也摔不碎。因此,有人预计,在化学工业的推动下,纳米科技将会有新的发展,并逐步走向工业化和实用化。

(3) 利用新的高科技成果改造传统产业　在化工技术推动下,对一些传统设备进行了改造,例如针对我国煤多油少的资源特点,从煤制备液体燃料已经不再追随现有的液化、汽化道路,而可从电厂用煤,即燃烧之前快速裂解,从煤中提炼出液体,然后将剩余的半焦送至锅炉。又如,为充分利用中国储存量约占世界一半的稀土资源,我国已经拓宽了稀土的应用范围,采用了廉价的提取方法。再如,我国石油资源以重质油为主,很多石油企业为满足苛刻操作和高选择性生产液体产品的需要,推出了高活性、抗氮的新型加氢催化剂和制氢技术,以提高轻质组分的产出。还有美国杜邦公司、爱德华州国家工程与环保实验室、中国科学院等分别采用电弧法、氢气等离子体注入法、微波诱导等多种途径实现了以天然气为原料合成乙炔的重大突破,转化率为8%~60%,乙炔选择性为15%~61%。其中等离子体作用下催化剂的功能研究不仅使天然气得到很好的利用,而且对温室气体二氧化碳的利用和等离子体化学的发展有积极的推动作用。另外,与高新技术相伴而生的一类极限技术——超临界技术、超高温技术、超真空技术以及飞秒技术等,正受到化学工作者的青睐,可望在原子尺度上实现化学工业的突跃发展。

(4) 化学工业实现可持续发展　全球十大环境问题:大气污染;臭氧层破坏;全球变暖;海洋污染;淡水资源紧张和污染;土地退化和沙漠化;森林锐减;生物多样性减少;环境公害;有害化学品和危险废弃物。其中七个问题与化学物质污染有关,另外三个问题与化学污染有间接关系。可以说,化学品及其生产过程对环境的污染是比较严重的。1991 年美国颁布了污染防治条例(PPA)将污染的防治确定为国策,之后不久便出现了绿色化学一词,绿色化学又称为环境无害化学(Environmental Benign Chemistry),是利用化学来防止污染的一门科学。绿色化学包括所有可以降低对人类健康与环境产生负面影响的化学方法和技术,在此基础上产生的环境无害化工过程,被称为绿色化工(Green Chemical Engineering)。其目标是既从根本上保护环境,又能推进工业生产的发展。与传统化学和化工污染后治理的模式不同,绿色化工的宗旨是从流程的始端就对污染进行控制和治理,对可持续发展和人类生活的改善具有重要意义。经过几十年的努力,对这些污染的控制、治理和研究已取得了巨大的成绩:发明了处理废弃物的方法,治理了危险的污染点,减少了废弃物的排放。所以说绿色化工不但有重大的社会、环境效益,对化学工业本身,也可以说是一个最终杜绝化学污染源的途径。

12.4.2　化学工业的发展趋势

以上海漕泾地区建立 90 万吨/年乙烯装置及配套的高分子聚合物装置为例,我国化学工业的发展将采取多渠道引资及融资,各方协作,以提高我国化学工业的总体水平。由此可见,石油化工是我国化学工业的支柱产业之一,今后仍将会有较大的发展,与此同时,精细化工以及农用化学品也将有较大的发展。此外,为了提高化学加工技术的水平,我国还将在以下方面进行大力开发研究。

(1) 大力发展绿色过程技术　我国化学加工技术水平与发达国家相比还有较大差距,化学加工工业中资源浪费较多,环境影响严重。例如液体燃料中有毒有害物质的含量明显高于发达国家标准的允许值;以煤作为一次能源及生产化学品的原料,污染十分严重;资源的有效利用率低;大量低品位资源未加利用等。近年来,发达国家正在大力发展绿色过程技术,以实现化学加工技术的更新换代。因此,我国也将开展绿色单元技术的开发和系统集成,以促进经济与社会的持续发展。

(2) 大力发展资源的开发利用　我国将大力发展劣质矿产资源、煤的转化、动植物资源利用和废弃物再生利用。从国情看,能源的安全性是十分重要的,我国的油气资源有限,但煤炭资源丰富,将煤炭转化为液体燃料是保障我国能源安全性的重要措施。因此,掌握以煤制油的现代技术,是一项战略性的技术储备。

(3) 大力开发高新技术　在精细化工、信息材料、纳米材料、复合材料等方面开发高新技术,以使传统产品升级换代,提高产品的质量和附加值。例如在乳胶漆生产中,采用超细硅酸铝代替部分钛白粉,具有明显的经济效益。

21 世纪,为了像美国等发达国家那样使规模效益和增长率并举,就需要制定长期的发展战略。如发展新材料是化学工业的战略重任;信息化程度是化学现代化的重要标志;而开发新能源则是 21 世纪化学及化学工业所面临的重要课题;开发石油以外的燃料、促进节能化,将多能源消费型转换为少消费型以及环境对策,对发展中国家尤其是对亚洲应发挥指导性的作用。总之,化学工业不仅是资本雄厚、规模庞大的传统工业或周边支撑工业,在新领域的研究和发展上亦表现出多元性,故化学工业是一门极有前途的行业。美国和亚洲部分国家已成为带动世界潮流的先驱,并建立了理想的化学工业模式,所以世界的化学工业正在健康蓬勃地向前发展。

思考题

1. 化学工业分为几类?在现代社会中有哪些重要作用?
2. 新世纪化学工业的发展有哪些特点?

第 13 章　化工单元过程

13.1　化工单元过程的概念

在化工生产中有的产品可直接由原料通过物理加工来获得,例如,天然植物油用物理加工方法(如蒸馏)获得香料产品。但是由于简单物理加工方法较难使产品达到高纯度,而且成本较高,因此这种加工方法应用得比较少。而绝大多数化工产品的获得都采用化学和物理加工相结合的方法。因此,化工生产的核心是化学反应过程。例如,乙烯是石油化工的主要原料或产品,在石油化工中居主要地位,而生产乙烯的主要原料是石油炼制过程中的炼厂气和石脑油或轻质油经高温裂解的裂解气,无论是炼厂气还是裂解气,要获得聚合级的乙烯或丙烯,都需要进行一系列的分离操作,图 13 - 1 为乙烯生产过程示意图。

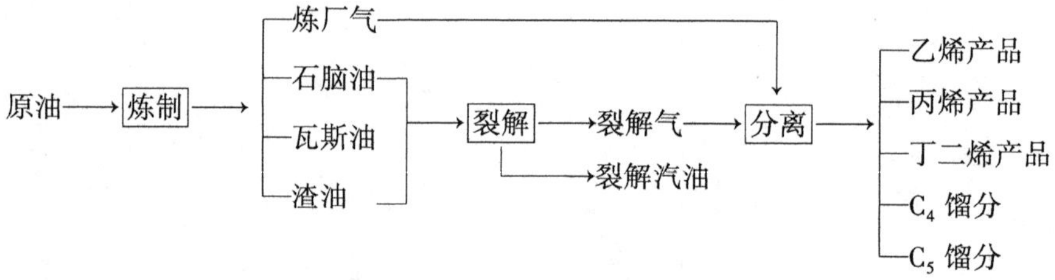

图 13 - 1　乙烯生产过程示意图

上述生产过程除裂解属化学反应过程外,原油炼制和裂解气分离都是物理加工过程。

化工单元过程是指在工艺生产上,以天然物料为原料,经过物理或化学加工制成产品的过程,通常化工过程包括合成、氧化、加氢、裂解、电解质溶液反应等。这些单元过程由被处理的物料流连接起来,构成化工过程生产工艺流程。

13.2　几种重要的化工单元过程

在多种多样的化工单元过程中,最重要的也是应用最多的是化学反应过程、换热过程和分离过程。

13.2.1　化学反应过程

化学反应过程是化工过程的核心部分。主要的化学反应过程有:

(1) 催化反应过程　包括合成反应、氧化反应、脱氢反应、裂化反应、烷基化反应、加氢裂化反应等需要催化剂的反应。

(2) 热裂解反应过程　典型的热裂解反应过程有煤干馏生成焦炭、煤焦油、焦炉煤气的反应过程,轻油裂解制乙烯的反应过程。

(3) 电解质溶液离子反应过程 包括各种无机盐的生产过程以及氨碱法制碱的过程。

(4) 生物化学反应过程 包括发酵法生产氨基酸、有机醇、酮的反应过程。

13.2.2 换热过程

化工过程工艺流程中被处理的物流,总是要通过换热器进行加热或冷却,达到各单元过程所要求的温度。满足这种换热要求的热量或冷量,可以来自流程中的工艺物料流或是来自公用工程。这些过程中的换热器与换热物流构成了换热网络。合理的换热网络设计,应能充分回收过程系统中的热量或冷量,例如对反应热、冷凝气的回收利用,这也就意味着对公用工程的节省。以最大限度的节能、经济的设备投资、良好的操作适应性为目标,实现最佳的换热网络设计,是化工过程系统综合研究的一项典型的实例。

13.2.3 分离过程

分离过程要依据分离物料属于非均相还是均相,从而确定采用哪种单元操作。对于非均相物料的气固相分离,可考虑采用沉降、过滤、湿法除尘、电除尘等单元操作。液固相分离可用过滤、干燥、沉降等方法。对于均相物料的气相分离,可采用吸附、吸收、膜分离等方法。液相分离则采用蒸馏与精馏、蒸发、结晶、汽提、萃取、膜分离等方法。

在分离过程中常采用蒸馏塔或精馏塔实施蒸馏或精馏操作。对于从某种已知组成的液相混合物中分离几种目标产物的分离过程,可以设计出采用不同流程、不同塔数的多种流程方案。这些方案相应的设备投资、操作费用等会有很大差异。从中选择经济的、能满足分离要求的最佳方案,是化工过程系统工程设计研究中一项复杂的系统综合任务。

13.3 化工单元操作

13.3.1 概述

为使化学反应能在适宜条件下顺利进行,需要对反应前的原料进行必要的预处理,使之达到规定的纯度,另外化学反应不可避免地有副反应发生,反应产物除了目标产物外还有副产物和未反应的原料等组分,因此,要获得符合质量要求的产品,必须对产物进行精制和纯化。同时化学反应要在一定的温度、压力条件下进行,需要在反应过程中进行加热或冷却。所以化工生产过程不但包括化学变化过程,也包括混合物的分离、精制以及加热、冷却和物料的输送等物理过程,这些过程一般称为“单元操作”。尽管化学工业门类繁多,产品的生产过程多种多样,但都需要许多类型相同且具有共同特点的基本工艺过程和设备,例如流体输送、沉降、过滤、加热或冷却、结晶、吸收、蒸馏、萃取及化学反应等典型的单元操作及设备。因此单元操作是指化工及其相近工业生产中常见且遵循共同规律、具有共同作用的基本操作。如石油炼制、乙烯生产和合成氨过程都需要输送各种流体,而输送流体的操作过程都遵循流体流动的规律;生产过程还要对混合物进行精制(如吸收、蒸馏等),而吸收、蒸馏过程都遵循传质的规律,所以流体输送、吸收和蒸馏都属于单元操作。

13.3.2 化工单元操作的分类

化工及其相近工业生产中应用的单元操作类型较多,按操作目的,单元操作可分为:流体输送;物料的混合;物料的加热或冷却;均相混合物的分离;非均相混合物的分离。在对许多单元操作进行研究后,人们逐渐认识到它们物理作用的共同原则,遵循类似的基本规律。所以单元操作又可分为:动量传递过程,如流体输送、沉降、过滤和离心分离等;热量传递过程,如传热、蒸发等;质量传递过程,如吸收、蒸馏、萃取、吸附、离子交换和膜分离等单元操作。

单元操作所研究的内容包括:单元操作过程的基本原理和实现该单元操作的典型设备;根据工艺特点、物料性质确定设备的结构和尺寸。

随着高新技术产业的发展,特别是新材料、生物工程和中药现代化生产的发展,出现了许多新产品、新工艺,对物理加工过程提出了特殊要求,出现了新的单元操作和新化工技术。如膜分离、超临界流体技术、超重力场分离技术、电磁分离等。另外,为了提高效率、降低能耗和绿色化工生产,将各单元操作互相耦合,产生许多新技术,如反应精馏、萃取精馏、加盐萃取、反应膜分离、超临界结晶等,这些新技术的发展和应用,将大大促进新材料、生物工程等的发展。

13.3.3 化工中涉及的基本概念

在分析单元操作或化工过程中,经常要用到平衡关系、物料衡算、能量衡算和过程速率这四个基本概念,这些概念是分析和进行化工计算的出发点。另外,经济效益也是化工过程中需要重视的因素。

1) 平衡关系

任何一个物理或化学变化过程,都是在一定条件下沿着一定方向进行,最后达到动态平衡为止的。例如传热过程,如果空间两处流体的温度不同,即温度不平衡,热量就会从高温流体处向低温流体处传递,直到两处流体温度相等为止,此时传热过程达到平衡,从宏观来说,两处便没有热量传递。因此,过程的平衡关系可以判断物理或化学变化过程进行的方向以及可能达到的极限。上述传热过程进行的方向是高温向低温传递,以两处温度相同作为传热过程极限。

2) 物料衡算

物料衡算也称为质量衡算,其依据是质量守恒定律,它反映一个过程中原料、产物、副产物之间的关系,即输入的物料量等于排出的物料量和过程中的积累量

$$\text{输入物料的总量} = \text{排出物料的总量} + \text{过程积累的总量}$$

在进行物料衡算时,必须明确下列几点。

(1) 要确定衡算的系统　即衡算对象包括的范围。在工艺计算时,通常以一个生产过程为衡算系统,在设备计算时,以单个设备或其中一部分,也可以一组设备作为衡算的系统。

(2) 要确定衡算的基准　一般说来,选择过程中不起变化的量作为衡算的基准。在连续操作中则以单位时间作为基准。

(3) 要确定衡算对象　虽有化学变化的过程,衡算对象选择为不发生变化的物质或某一个化学元素为对象,在蒸馏操作中,可以选择某一组分作为衡算的对象。

(4) 要确定衡算对象的物料量及单位　在计算物料量时可以用质量或物质的量表示,但一般不宜用体积表示,特别是气体的体积随温度和压强的变化而变化。同时还应注意在整个衡算过程中采用的单位应该统一。

物料衡算是化工过程中最基本的计算,它可以为正确地选择生产过程的流程、计算原料消

耗定额以及设备的生产能力和主要尺寸提供依据。

3) 能量衡算

能量衡算的依据是能量守恒定律。在稳定的过程中,输入的能量等于输出的能量(包括累计能量和损失能量)。在单元操作和化工过程中主要涉及物料的温度和热量的变化,所以化工计算中最常见的是热量衡算。热量衡算与物料衡算一样,既适用于物理变化过程,也适用于化学变化过程;既适用于化工生产过程系统,也适用于单个设备或一个过程。在热量衡算中要特别注意基准温度的选定。

通过热量衡算,可以计算单位产品的能耗,了解能量的利用和损失情况,确定生产过程中需要输入或向外界移走的热量,涉及换热设备的规格。

4) 过程速率

过程速率用来表示物理或化学变化过程进行的快慢。一般用单位时间过程进行的变化量表示过程的速率。如传热过程速率用单位时间传递的热量,或用单位时间单位面积传递的热量表示;传质过程速率用单位时间单位面积传递的质量表示。过程进行的速率决定设备的生产能力,过程速率越大,设备生产能力也越大,或同样产量时所需要的设备尺寸越小。在工程上,过程的速率问题往往比物料平衡问题显得更重要。过程的速率可用如下关系表示

$$过程速率 = 过程推动力 / 过程阻力$$

过程进行的推动力是过程在瞬间偏离平衡的差额。例如化学反应的推动力为浓度差;流体流动过程的推动力为势能差;传热过程推动力为温度差;传质过程推动力为实际浓度与平衡浓度差。过程的阻力与过程推动力相对应,它与过程的操作条件和物性有关。从以上基本关系可以看出,要提高过程进行速率,可以通过增大过程推动力来实现。如流体输送过程可以加大压强差,传热过程可以提高温差,传质过程可以提高实际浓度与平衡浓度的差。另外,可以通过减小过程阻力的办法提高过程的速率,如流体传递时可加大输送管道的直径,两相流体传质过程可以提高两相流体的湍动程度等。

5) 经济效益

经济效益是各种生产方式都普遍存在的客观经济范畴,一般是指经济活动中,所取得的成果与消耗的劳动之比

$$经济效益 = 劳动成果 / 劳动消耗$$

式中,劳动成果常指最终的合格产品;劳动消耗包括操作费(消耗的人力、原材料、水、电、维修等)和设备折旧费(由设备的造价和使用年限折算)及占用的固定资产和流动资金。显然,在一定的劳动消耗条件下,合格产品越多,经济效益就越好,为了提高效益,需要开展技术革新、加强生产管理和经济核算、降低操作费用、提高设备的生产能力以达到产品高产、优质、低消耗、高效益的目的。

13.3.4　化工生产过程的工业特征

由以上分析,我们得知化工生产过程是由若干个化工单元操作和化学反应系统构成的一个工艺流程。一定原料经过特定的化工生产过程加工便可获得一定的产品。从原料到产品与化学实验从反应物到产物,就化学反应而言是一致的。然而,化工生产过程具有明显的工业特征。

(1) 化工过程是大规模的工业生产,处理物料量大,与化学实验研究相差悬殊。大规模的生产要求大型化的设备和操作手段,由此带来的设备结构放大和操作方法改变,使工业装置中的热量传递、质量传递过程十分显著,并影响甚至决定着化学反应的结果,这是工业规模下的化学反应在本质上与小型化学实验的区别。

(2) 化工生产多为连续化生产过程。连续化涉及流程中各步骤的配合与协调、设备和机械的操作与控制以及工艺参数的测量与调节等诸多问题。这些工艺问题在化学实验室是无法彻底了解和实施的。

(3) 化工生产中从原料的纯度到产品的收率都与化学实验研究不尽相同。化工生产中的原料纯度低、数量大,使用前要进行各种预处理;对产品则要做专门的分离与精制,并需要检测、分析、包装、贮存等。实验室研究受条件所限,很少考虑未反应物料的循环使用、副产品综合利用以及废弃物的处理等问题,所得工艺条件并不能直接作为工业生产的工艺参数。

(4) 化工生产需要设置专用供水、供电、动力、贮存、运输等设施。

(5) 化工生产涉及经济问题,例如原料的供应、设备的投资、能源的消耗、产品的销售、工时的投入以及生产的管理等。化工生产的经济效益是评价化工生产过程能否实施的重要指标。

化工生产既不是化学实验的简单再现,也不是化学反应的直接放大。化学实验研究成果,只能说明所研究的过程在理论上的可能性,而要开发工业规模生产,形成工艺流程,除要考察实验室无法考虑的各种工程技术问题外,还需对过程进行经济评价,使化工生产过程技术上可行、经济上合理,此外,还要考虑安全生产的问题。

思考题

1. 什么叫做化工单元操作?包括哪几个重要的过程?
2. 化工生产过程具备哪些特征?

第 14 章　化 学 品 工 业

14.1　石油化学工业

14.1.1　石油资源

第十一届世界石油大会上，专家们的估计是：世界原油总的可采储量为 2 460 亿吨；世界天然气总的可采储量为 2.714×10^6 亿立方米。在第十二届世界石油大会上的估计也与此接近。以目前的开采速度计，原油资源还可维持 60 年左右，天然气资源还可维持 150 年左右，所以从长远的观点来看，石油资源还是相当有限的。世界原油可采储量的分布见表 14－1。中东地区蕴藏着大量的原油资源，美国和苏联也都是原油资源丰富的国家。中国大规模原油储量都是在 20 世纪 60 年代以后才发现的，事实证明，中国也是一个原油资源较丰富的国家。世界石油资源的可采储量指的是按常规的开采技术和经济指标去衡量的值得开采的储量。目前被视为非常规石油资源的重质和超重原油、焦油砂和油页岩也都有潜在利用价值，它们的储量在3 000亿吨以上。

表 14－1　世界原油储量的估计（1985 年）（单位：亿吨）

地区和国别	累计采油量	探明储量	总的可采储量的估计值	地区和国别	累计采油量	探明储量	总的可采储量的估计值
全世界	745	1 131	2 480	委内瑞拉	58	65	145
沙特阿拉伯	71	236	357	科威特	31	104	138
苏联	122	115	352	中国	15	34	99
美国	193	67	313	墨西哥	17	43	95
伊朗	47	85	159	阿联酋	13	65	85
伊拉克	24	72	146	利比亚	21	87	66

石油是一种重要的能源。由 1988 年世界一次能源消费构成（表 14－2）数据可以看出，原油和天然气这两种能源占了总能源的一半以上。据分析，石油能源的优势地位将一直持续到 2010 年左右。

表 14－2　1988 年世界一次能源消费构成

能　源	消费量（亿吨油当量）	构成百分数	能　源	消费量（亿吨油当量）	构成百分数
原油	30. 39	37. 6	核能	4. 39	5. 4
天然气	16. 31	20. 2	水电	5. 37	6. 7
煤	24. 28	80. 1	合计	80. 74	100. 0

19 世纪，世界经历了由煤代替薪柴作为主要能源的转变。除了一些国家的森林资源逐渐耗尽之外，煤的能量密度高、便于贮运也是这种转变的原因。到了 20 世纪，石油逐步取代了煤成为主要的能源。这次能源替代过程不是由于煤的资源不足造成的，而是由于石油能源的优良特性所促成的。石油能源比煤更干净，能量密度高，更便于贮运。以汽车和飞机为代表的现

代运输工具以及各种现代化农业机械都是以石油基液体燃料的供应为基础的,脱离了石油能源就不可能有世界各国的现代化。

在我国,石油能源的作用是逐步增加的。1950年原油和天然气只占总能源的0.9%,到1960年、1970年就分别增加到3%和15.3%,1980年达到26.8%。近年来,我国石油能源在总能源中的比重一直在20%左右,这与石油能源在世界总能源的比重58%相比还是相当低的。我国大陆沉积岩面积有420万平方千米,浅海大陆架130万平方千米,石油资源的蕴藏量估计近600亿吨。目前探明的累计储量居世界第十位,主要集中在东北和渤海湾地区。今后将重点开发西部地区和海上大陆架的石油资源,任务十分艰巨。

14.1.2 石油的利用

人类利用石油的历史可以追溯到很久以前。在中国,有文字记载的可追溯到公元前1000年左右的西周时代。在国外,有文字记载的可追溯到公元前一千几百年的古巴比伦。不过,那时都只能是对显露在地表的石油资源的零星应用,真正大规模地利用石油资源还是从19世纪开始的。工业革命诱发了社会对石油能源的迫切需求,同时也奠定了大规模开发利用石油资源所必需的技术和物质基础。一个多世纪的发展,已使石油工业成为在世界经济中举足轻重的工业部门。全世界每年在石油工业上的投资和利润都达到千亿美元。我国的石油工业从20世纪60年代起得到了飞速的发展。大庆油田的开发成功,标志着中国人民靠“洋油”过日子的时代一去不复返了,这是中国社会主义经济发展史中的一个里程碑。

现在,随着炼油工艺水平的不断提高,石油作为化工原料变得越来越重要了。据统计,现代化工产品的80%直接或间接地与石油化工有关,特别是有机化工产品,95%以上是用石油原料生产的,三大合成材料以价廉物美、质轻耐用等优点已在各行各业中得到了广泛的应用。20世纪80年代末,世界合成树脂的产量以体积计已与钢铁相当,合成纤维的产量已与棉花相当,合成橡胶产量已超过天然橡胶的一倍。目前世界上用作化工原料的油气占总产量的7%,而我国的化工用油约占原油产量的3.5%,并且我国的各种石油产品已逐步进入了国际市场。

由于自身的重要价值和它们在数量上的相对不足,石油资源的合理利用就显得格外重要。从全球长远的观点来讲,石油资源如果能被作为一种具有特殊优良使用特性的资源,仅将它用于生产运输工具的燃料和化工原料,那么人类就能从容地度过下一世纪的能源替代过程。人类将有足够的时间建成一个以核能、太阳能和再生性能源为主体的持久的一次能源供应系统,也将有足够的时间来调整各种生产和生活方式,使之与能源结构相适应。就从当前的利益来看,用好石油资源就能给社会带来很大的经济效益和社会效益。

14.1.3 石油的组成和性质

原油,即未加工处理的石油,是一种黄褐色至黑褐色的黏稠液体,相对密度为0.75~1。其组成十分复杂,是由不同碳数、不同分子量和不同分子结构的烃类组成的混合物,包括烷烃、环烷烃和芳烃,另外还有少量硫、氮、氧的化合物和胶质等。原油的沸点范围很宽,从常温到500℃以上,相对分子质量范围从数十到数千。

在不同地域出产的原油中,各种烃类含量相差较大,在同一种原油中,各族烃类在各个馏分中的分布也有很大差异。烷烃是组成石油的主要成分之一,随着分子量的增加,烷烃分气、液、固三态存在于石油中。在常温下,从甲烷到丁烷是气态,它是天然气和炼厂气的主要成分。

在常温下，$C_5 \sim C_{15}$的烷烃为液态，其沸点随相对分子质量的增加而上升，主要存在于汽油和煤油中。在蒸馏石油时，$C_5 \sim C_{10}$的烷烃多进入汽油馏分中，而$C_{11} \sim C_{15}$的烷烃则进入煤油馏分中。在常温下，C_{16}以上的烷烃为固态，一般多以溶解状态存在于石油中，当温度降低时，就有结晶析出，工业上称这种固体烃类为蜡。我国所产石油大多属于烷烃石油，如大庆原油即属于低硫、低胶质、高烷烃类石油。

原油中的第二大成分是环烷烃，它是润滑油的主要组分。在原油中的环烷烃以环戊烷和环己烷及其衍生物为主。环烷烃在石油各馏分中的含量是不同的，汽油馏分中的环烷烃主要是单环环烷烃，煤油和柴油馏分中除含有单环环烷烃外，还有双环环烷烃和三环环烷烃。

原油中的第三大成分是芳香烃，在轻汽油（低于120℃的馏分）中含量较少，而在较高沸点（200~300℃）的馏分中含量较多。

原油的组成和性质对石油化工生产影响很大，对于以烯烃及其衍生物为主要产品的生产，应尽量选用富含直链烷烃的烷基原油做原料，而不宜选用环烷基原油。我国主要原油的一般性质见表14－3。

表14－3 我国主要原油的一般性质

项目 \ 原油名称	大庆原油	大港原油	任丘原油	胜利原油（孤岛）	新疆原油	中原原油
相对密度（d_4^{20}）	0.860 1	0.882 6	0.883 7	0.946 0	0.870 8	0.846 6
黏度（50℃）/（mPa·s）	23.85	17.37	57.1		30.66	10.32
凝点/℃	31	28	36	−2	−15	33
含蜡量/%	25.76	15.39	22.8	7.0		19.7
沥青质/%	0.12	13.14	2.5	7.8		
胶质/%	17.96	13.14	23.2	32.9	11.3	9.5
残碳/%	2.99	3.2	6.7	6.6	3.31	3.8
灰分/%	0.002 7	0.018	0.009 7			
含硫量/%		0.12	0.31	2.06	0.09	0.52
含氮量/%	0.13	0.23	0.38	0.52	0.26	0.17

14.1.4 石油化学品

石油化工包括基本有机化工、有机化工和高分子化工。基本有机化工生产是以石油和天然气为起始原料，经过炼制加工制得乙烯、丙烯、丁烯、苯、甲苯、二甲苯、乙炔和萘等基本有机原料；有机化工是把以上加工成的基本有机原料，通过各种合成步骤制得醇、醛、酮、酸、酯、醚、腈类等有机原料；高分子化工生产则是在有机原料的基础上，经过各种聚合、缩合步骤，制成合成纤维、合成塑料、合成橡胶等最终产品。因此原油为石油化工生产提供了重要的原料和中间体，下面介绍几种重要的石油化学品。

1）*乙烯系列产品*

乙烯是最简单的烯烃，具有反应活性高、成本低、易于加工利用等优点，是当今最为重要的石油化工基础原料。通过乙烯的聚合、氧化、与其他化合物的加成等一系列化学反应，可得到很多极有价值的衍生物。按用途考虑，乙烯最大的消费方向是合成材料工业，其中聚乙烯的生产对乙烯的需求量最大；其次为环氧乙烷、乙苯、乙醛、乙醇和醋酸乙烯等。乙烯加工的产品和用途如图14－1所示。

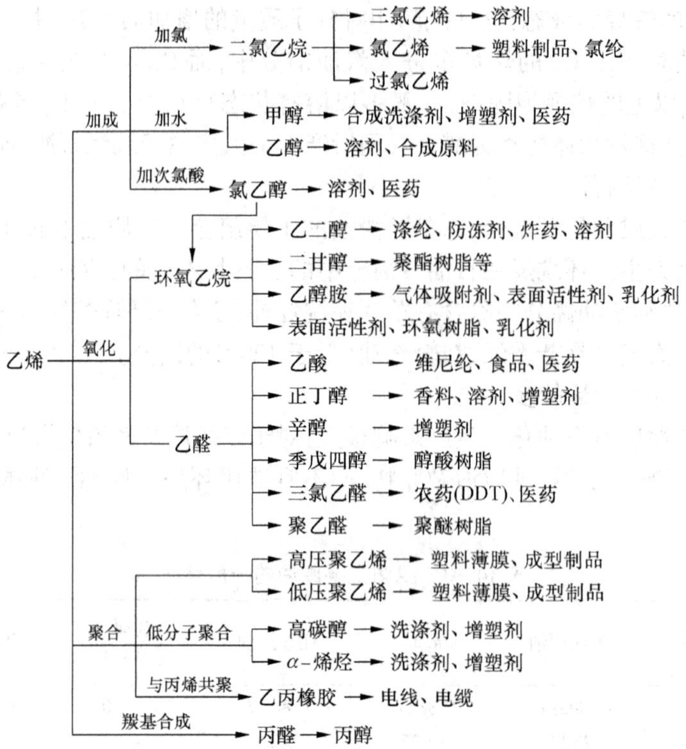

图 14-1　乙烯加工的产品和用途

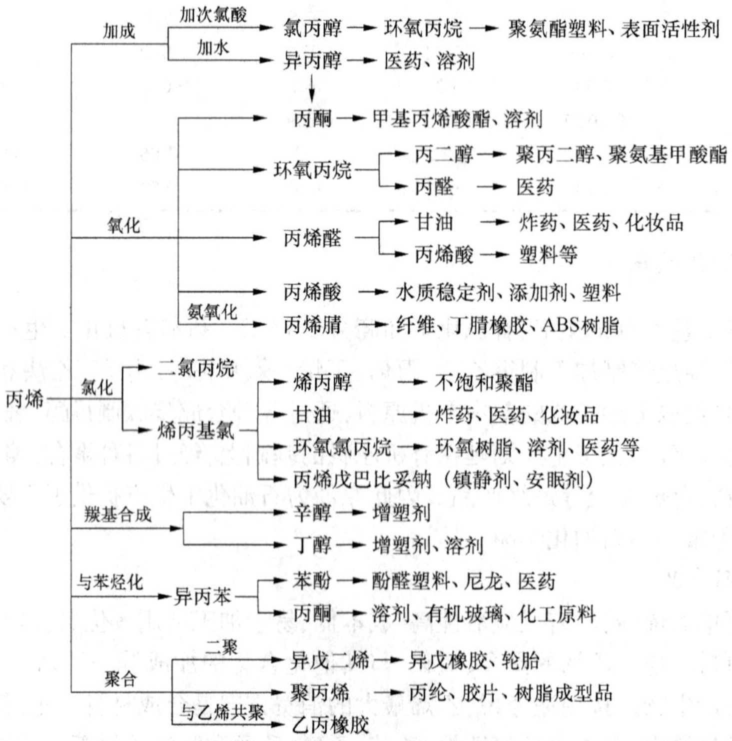

图 14-2　丙烯加工的产品和用途

2）丙烯系列产品

丙烯可以从炼油厂裂化装置的炼厂气中分离，也是石油烃裂解生产乙烯时的联产物。与乙烯相似，由于丙烯分子中含有双键和α-活泼氢，因而具有很高的化学反应活性。在工业生产中，利用丙烯的加成、氧化反应、羰基化、烷基化以及聚合反应，可相应地合成一系列有机化工产品，丙烯及其产品的重要性在石油化学工业中仅次于乙烯产品。丙烯的主要产品和用途如图14-2所示。

3）碳四烃系列产品

碳四烃系指丁二烯、正丁烯、异丁烯和正丁烷，其中以1,3-丁二烯（以下简称丁二烯）最为重要。它既能自行聚合，又能与其他单体共聚形成性能优良的合成橡胶，特别在耐油性、耐氧化性等方面，非天然橡胶所能及，在工业上占有重要的地位。

碳四烃来源丰富，从油田气、炼厂气和烃类裂解制乙烯的副产物中均可获得。但上述来源的碳四烃都是复杂的混合物，必须经过分离才能得到单一的碳四烃原料。碳四烃的主要产品和用途如图14-3所示。

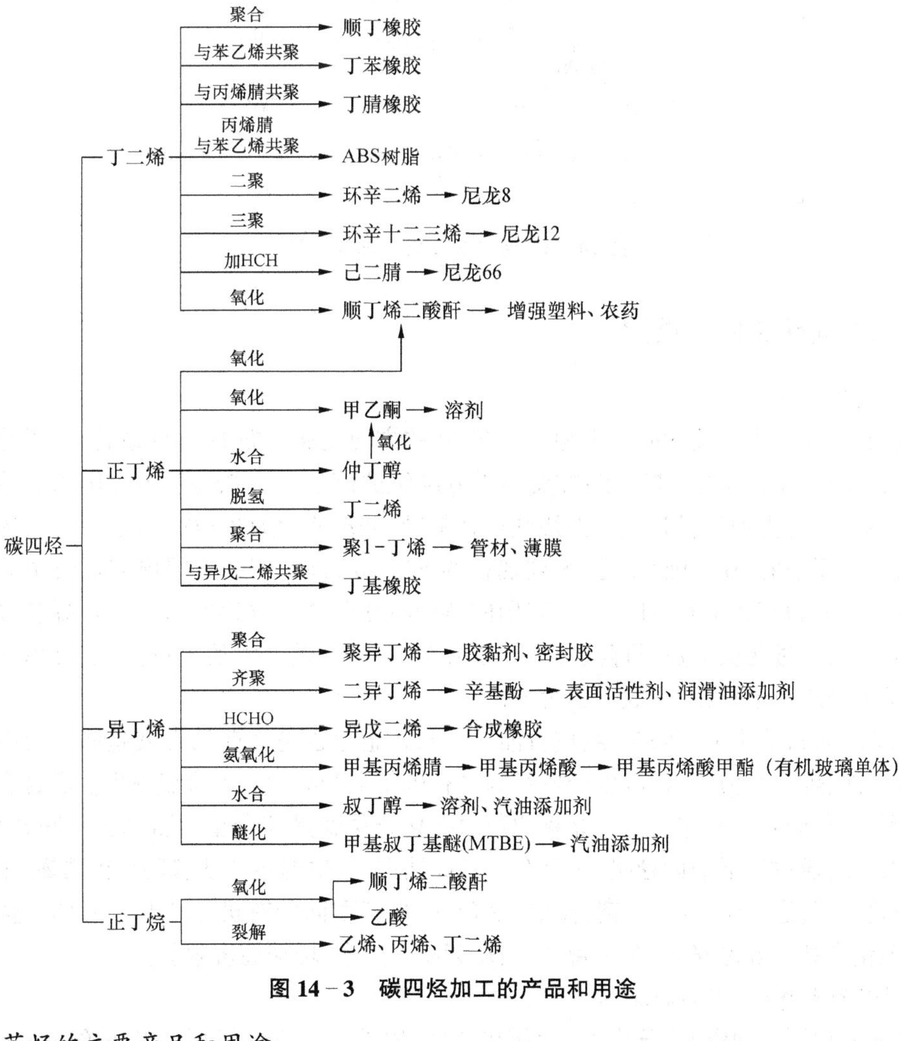

图14-3 碳四烃加工的产品和用途

4）芳烃的主要产品和用途

芳烃作为重要的化工原料，以苯、甲苯、二甲苯和萘的用量最大。芳烃广泛地用在石油化工和有机合成中,除了大量用作溶剂以外,而且可合成染料、农药及医药的中间体,还用作高分子合成材料和精细化学品的原料等。芳烃的主要产品及用途如图 14-4 所示。

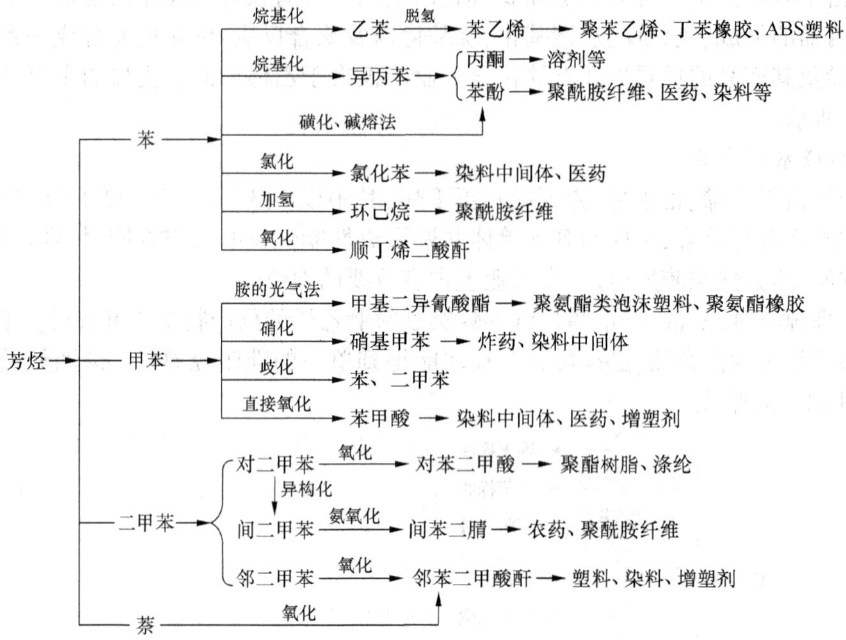

图 14-4　芳烃加工的产品和用途

14.1.5　石油化工发展展望

1) 大型化、综合化

目前,石油化工生产技术向着大型化、综合化的方向发展。据 1996 年统计,世界炼油厂共有 671 家,平均规模为 533 万吨/年;在美国千万吨级的炼油厂有 25 家,占美国原油总加工能力的 41.7%。世界上原油扩建最大的炼油厂在韩国,处理能力为 3 848 万吨/年。乙烯装置的平均规模也由原来的 10 万吨/年,扩大到现在的 60~80 万吨/年。美国埃克森公司的贝汤乙烯厂单套生产能力高达 116 万吨/年。我国的燕山石化公司,1976 年建厂时,乙烯装置的能力是 30 万吨/年,经过两次扩建,目前已达到 60 万吨/年。规模扩大后,更有利于资源的综合利用,产品的生产成本下降,经济效益也大大提高。

将炼油厂与石油化工厂联合,组成石油化工联合企业也是当前的发展趋势。利用炼油厂提供的馏分油、炼厂气为原料,可生产各种基本有机化工产品和三大合成材料。联合企业分为纤维型、塑料型、橡胶型和综合型。北京的燕山石化公司就是综合型的石油化工联合企业:大庆产生的原油,通过地下铺设管路,送至东方红炼油厂,产生的轻柴油、馏分、粗丙烯、苯等输送到燕山石化一厂,进一步裂解、分离、反应、聚合等,得到不同的有机原料和中间体。企业的综合化、大型化有利于统筹安排,系统管理,提高劳动生产率,增加经济效益。

2) 原料的重质化、石油的深加工

为了充分利用石油资源,石化工业不断向原料的重质化方向发展。20 世纪 40 年代石化工业的原料主要以炼厂气为主;50 年代用乙烷、丙烷;60 年代发展了石脑油的裂解;70 年代有了轻柴油裂解技术;80 年代出现了重柴油裂解技术。

另外,石油的加工深度越高,经济效益越显著。如果以原油作燃料发电的经济效益为 100,则炼油成品的经济效益为 140~220;加工成基本有机化工原料的经济效益为 380~430;加工成合成材料的经济效益为 1 030~1 560。经加工后的产品品质大大提高,各取所需,物尽其用,获得了可观的经济效益。

3) 采用节约原料、能源的生产工艺

在化工生产成本中,原料费用占总成本的 60%~80%。因此为了降低成本,除了选择廉价的原料外,选择合适的工艺流程和最优化的工艺条件十分重要。如过去制乙二醇要经过三步:首先由原料乙烯合成氯乙醇,再转化成环氧乙烷,最后制成乙二醇。现在采用直接合成的工艺技术,用乙烯一步法合成乙二醇,这样既节约了原材料、设备、能量,缩短了生产周期,提高了产品的收率,也大大降低了成本。

中国石油和天然气储量只占世界总量的 2.43%和 1.20%,石油和天然气的产量分别占世界总量的 5.9%和 0.6%,无法满足我国经济增长的需要。石油化工生产又是耗能大户,在生产中节约和合理地利用能量,具有重要意义。无论是物理处理的操作过程,还是化学反应过程,常伴随着加热或冷却,吸热或放热过程,如不合理安排,往往会造成能量的大量浪费。因此,在流程的设计中,应该利用计算机进行最优化设计,使冷热物流得到合理匹配,充分利用自身热量,减少外部的热源和冷源,以达到节约能源的目的。

4) 采用对环境友好的石油化工技术

21 世纪,传统的化工生产技术正面临着人类可持续发展的严重挑战,其出路在于大力开发和应用绿色化工生产技术。因此应进一步研究和开发化学反应、原料、催化剂、溶剂和产品的绿色化问题。例如,在石油化工中,烃类氧化反应的选择性占极其重要的地位。这是一个强的放热反应,目的产物大多数是不稳定的中间化合物,并且很容易被进一步深度氧化成二氧化碳和水,而得不到目的产品。这样不仅造成资源浪费和环境污染,而且给产品的分离和纯化带来很大困难,使投资和生产成本大幅度上升。针对这一问题,国外已开发研究了晶格氧化技术,在顺酐等化工品的生产中使用,获得成功。由于该技术提高了氧化反应的选择性,控制了氧化深度,并节约了资源,保护了环境,所以被称为绿色化学工艺。因此为了人类的生存和环境,迎接新形势下的市场竞争,应用先进的控制和信息技术,采取一切可能的措施,使石化生产清洁化,是今后石油化工业发展的中心。

14.2　煤炭资源与利用

14.2.1　我国的煤炭资源和煤的综合利用

1990 年 1 月 1 日由世界能源机构公布的世界煤炭储量为 1.6×10^{12} 吨,人均煤炭资源占有量为 312 吨。中国煤炭资源也十分丰富,探明可采储量为 7 300 多亿吨,居世界之首,约占世界总储量的 46%。我国也是世界上第一产煤和用煤大国,对煤炭的需求量约占世界煤炭总产量的 30%。我国煤炭在一次能源(自然界中以现成形式存在的能源称为一次能源,如煤、石油、天然气、有机物等)中占总消费量的比重为 60%以上。据预测:2010 年中国能源构成中化石能源约占 89.5%,其中煤占 66.7%,石油占 18.9%,天然气占 3.9%;我国 2050 年的远景规划中,一次能源总消费将增加至每年40亿吨标煤,其中石油仅占4.28%,天然气占12.5%,水电占7.75%,新能源(沼气、风力、海洋能、地热、太阳能、氢能等)将有较大发展,约占2.5%,核能将有很大发展,将占12.5%,但煤炭仍然占有最大比重67.65%。由上可见,在相当长的时间内我国能源仍将以煤炭为主。然而,我国的煤炭资源存在分布不均、勘探程度低、原煤入洗比重低、高硫煤利用较困难和煤炭综合利用程度差等问题,并且由于以煤炭为主要能源,为交通运输和环境保护带来严重的压力,这些都有待于逐步解决。

燃烧供热和发电是煤炭利用的传统方式,目前在世界范围内仍有一半以上的煤炭用在这个方面。然而,燃煤在给人类带来光明和温暖的同时,却给人类带来严重的污染与危害。因此,大力发展洁净煤技术,将煤炭转化为洁净的二次能源(一次能源通过某种转换而得到的能源叫做二次能源,例如电能、氢能、石油制品、煤制品和余热等)一直是煤炭综合利用的一个主攻方向。煤炭通过汽化和液化工艺可得到煤气和人造液体燃料,这些液体燃料不但在运输与使用上非常方便,而且可大大减少污染。煤炭经洗选除去大部分灰分和硫分,并进一步加工为型煤或水煤浆、精细水煤浆、油煤浆等都是减少大气污染的洁净煤应用技术。

煤炭综合利用并制取高附加值化工产品的方法是多种多样的,其中包括煤的干馏(焦化)、加氢、液化、汽化、氧化、磺化、卤化、水解、溶剂抽提等。煤炭还可以直接用作还原剂、过滤材料、吸附材料、塑料和碳素材料等。煤炭综合利用的系统图如图14-5所示。由图可见,煤炭的综合利用与能源、化工、冶金、碳素材料和农业等关系极为密切,在国民经济中具有举足

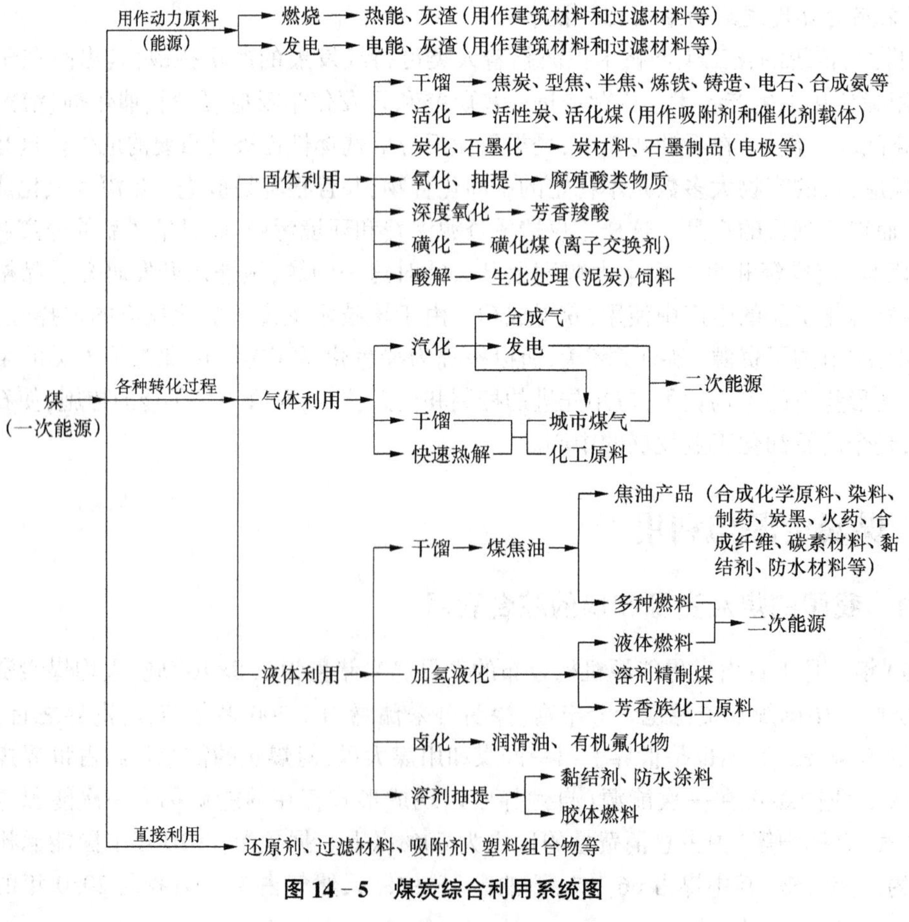

图14-5 煤炭综合利用系统图

轻重的位置。

为了体现规模效益，提高产品的附加值，做到扭亏为盈，并综合提高企业的经济效益和社会效益，现代化的煤化学综合利用工业组织形式往往是各种各样煤炭利用部门的联合。其中包括采煤–电力–建材–化工、采煤–电力–城市煤气–化工、钢铁–炼焦–化工–煤气–建材、炼焦–煤气–化工等联合体。以采煤–电力–建材–化工联合企业为例：在年产 1 500 万吨煤的煤矿中建立大型洗煤厂，将 350 万吨洗精煤用于炼焦，所产焦炉煤气可以长距离输送作为城市煤气，焦炭供钢铁企业使用；另将 365 万吨煤用于煤气厂，生产合成气和燃料气；集中处理和深度加工焦化厂与煤气厂所得焦油、粗苯、煤气等，大量生产染料、塑料、合成氨、合成纤维和药品等产品；洗煤厂的洗中煤用于发电供热；粉煤灰、煤矸石和高灰煤用于生产煤渣砖、加气混凝土和水泥等建筑材料；各个工艺过程的废水、废气集中处理，以最大限度地减少环境污染。这样，就可将亏损的单一采煤工业变为大量盈利的综合性煤化工工业体系。

我国在煤炭综合利用方面做了大量的工作，取得了很大的成绩，但在今后相当长的时间内，煤的综合利用还有待于向纵深发展。我国煤炭综合利用的选择标准应该是清洁（尽量减少环境污染）、高效（煤炭的高效率利用和无效运输的降低）、高附加值和高效益（含经济与社会效益）。为此，应尽早开发更多适合国情的煤炭利用新技术，以便使我国的煤炭利用技术在 21 世纪逐步完成向新技术的转变，并达到国际先进水平，为我国与世界做出更大的贡献。

14.2.2 煤的种类与特征

由于成煤植物和生成条件的不同，煤一般可以分为三大类：腐殖煤、残殖煤和腐泥煤。由高等植物形成的煤称为腐殖煤，由高等植物中稳定组分（角质、树皮、孢子、树脂等）富集（一般含量都在 $\omega_B(\omega_C)>50\%$）而形成的煤称为残殖煤，这两类煤都在沼泽环境中形成。主要由湖沼、泻湖中的藻类等浮游生物在还原环境下经过腐败分解形成的煤称为腐泥煤。在自然界中分布最广最常见的是腐殖煤，泥炭、褐煤、烟煤、无烟煤就属于这一类。残殖煤的分布则非常少，中国云南省禄劝的角质残殖煤，江西乐平、浙江长广的树皮残殖煤，以及山西大同煤田的少量孢子残殖煤夹层等属于这一类。腐泥煤的储量并不多，研究也较不完整，中国山东鲁西煤田有腐泥煤，属于腐泥煤类的还有藻煤、胶泥煤、油页岩等。油页岩是带有大量矿物质（矿物质含量大于 40%）的藻煤，中国辽宁抚顺、广东茂名及吉林桦甸等地储藏丰富，主要用于制造人造石油。中国南方许多省区的石煤也是属于生长在早古生代地层中的一种腐泥煤。另外，还有主要由藻类和较多腐殖质所形成的腐殖腐泥煤，如山西浑源和大同，山东新汶、兖州、枣庄等地的烛煤，以及用于雕琢工艺美术品的抚顺的煤精等。

腐殖煤类和腐泥煤类的主要特征示于表 14－4。

表 14－4 腐殖煤类和腐泥煤类的几种主要特征

特征 \ 种类	腐殖煤类	腐泥煤类
颜色	褐色和黑色	褐色占多数
光泽	光亮的居多	暗
用火柴燃烧	不燃烧	燃烧，有沥青味
有机物的氢含量	一般 $w_{氢}<6\%$	一般 $w_{氢}>6\%$，可达 11.5%
低温焦油产率	一般小于 20%	一般大于 25%

根据煤化程度的不同，腐殖煤类又可分为泥炭、褐煤、烟煤及无烟煤四大类，现将它们的特征简叙如下。

(1) 泥炭　又称草炭，是棕褐色或黑褐色的不均匀物质。含水量高达85%~95%。经自然风干燥后水分可降至25%~35%，其时相对密度可达1.29~1.61。泥炭中含有大量未分解的植物根、茎、叶的残体，有时用肉眼就可以看出，因此泥炭中的木质素和碳水化合物的含量较高。含碳量小于50%。此外，泥炭中还含有一种在成煤过程开始形成的、可用碱抽出、用酸沉淀的新物质(即腐殖酸)和可被某些有机溶剂抽出的酸性沥青等。

(2) 褐煤　大多呈褐色或暗褐色，因而得名，无光泽，相对密度为1.1~1.4。随煤化程度的加深，褐煤颜色变深变暗，相对密度增加，紧密程度增加，水分减少，腐殖酸开始增加，以后又减少。外表上已看不到未分解的植物组织残体，含碳量为60%~70%，热值为23~27 MJ/kg。

(3) 烟煤　灰黑色至黑色，燃烧时火焰长而多烟，不含有腐殖酸，因它已溶合成为更复杂的中性的腐殖质，硬度较大，相对密度为1.2~1.45。烟煤多数能结焦，含碳量为75%~90%，热值为27.2~37.2 MJ/kg。在工业生产上，为更合理地利用煤炭资源，根据煤化程度，结合煤的挥发分和黏结性，又将烟煤细分为长焰煤、气煤、肥煤、焦煤和瘦煤等。

(4) 无烟煤　俗称白煤或红煤，呈灰黑色，带有金属光泽，是腐殖煤类中最年老的一种煤。其相对密度为1.4~1.8，燃烧时无烟，火焰较短，不结焦，含碳量一般在90%以上，热值为33.4~33.5 MJ/kg。应当指出，无烟煤不是腐殖煤煤化程度最深的煤种，它还可转化为石墨。因石墨与煤相比，性质上有很大的差别(如有耐高温、高导热和导电性、晶体结构规整等特性，不含氢、氧、氮等杂质)，也不再用作燃料和生产化工原料气的资源，因此在煤类中不再列入石墨。表14-5列出上述煤类的主要特征。

表14-5　各种腐殖煤的主要特征

特　征	泥　炭	褐　煤	烟　煤
颜色	棕褐色为主	褐色、黑褐色	黑色
光泽	无	大多数暗	有一定光泽
外部条带	有原始植物残体	不明显	呈条带状
燃烧现象	有烟	有烟	多烟
水　分	多	较多	少
相对密度	—	1.1~1.4	1.2~1.5
硬　度	很低	低	较高

14.2.3　煤的化学组成和分子结构

煤中有机物主要由碳、氢、氧及少量氮、硫和磷等元素构成，各种煤所含的主要元素组成见表14-6。

表14-6　煤的元素组成

组成＼种类	泥　炭	褐　煤	烟　煤
w_C/%	60~70	70~80	80~90
w_H/%	5~6	5~6	4~5
w_O/%	25~35	15~25	5~15

煤的分子结构随煤化程度的加深而愈来愈复杂，但都以芳核结构为主，还具有烷基侧链和含氧、含氮、含硫基团，近似组成为$(C_{135}H_{97}O_9NS)_n$。图14－6示出了某些煤种的基本结构单元。由于煤中含有大量的芳核结构，以它为原料来制取芳烃、稠环和杂环等类化合物（如苯类、酚类、喹啉、吡啶、咔唑等），要比石油方便。目前世界上由煤得到的苯约占苯总产量的25%，萘约占萘总产量的85%，蒽、芘、苊占其总产量的90%以上，咔唑、喹啉均占100%，炭黑占总产量的25%。

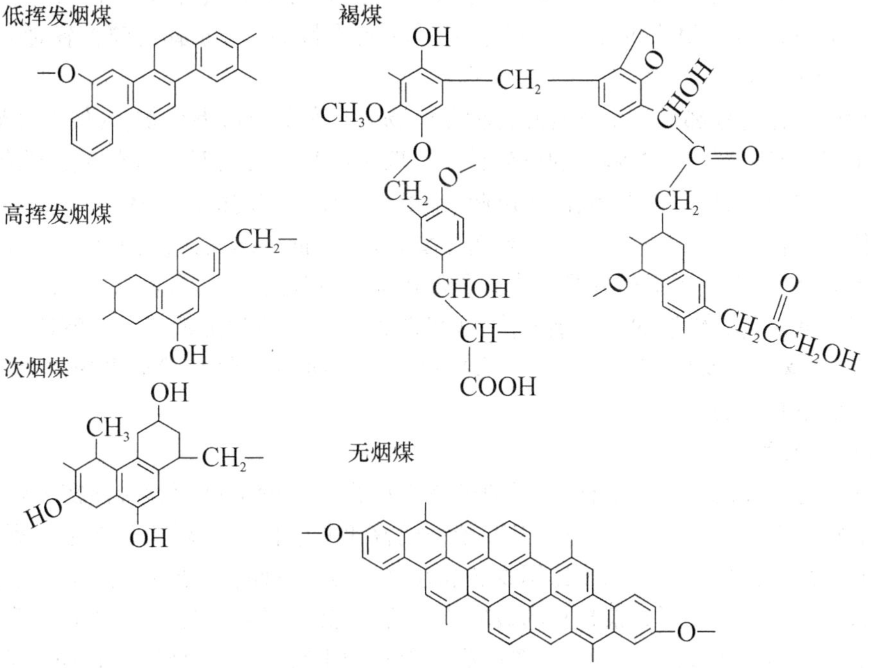

图14－6 不同类型煤的基本结构单元示意图

14.2.4 煤制化学品

煤炭不仅是一种重要的能源，而且也是一种重要的有机化工原料和高炭物料的重要原料。1993年9月在美国匹兹堡召开了第十届国际煤炭会议，大会唯一的发言题目是《煤作为化工原料的进展与前景》，这预示着人们对煤认识观念的转变和煤由燃料到原料和材料的深层次开发和进展。利用煤的芳烃结构、高碳含量和多孔性，由煤及煤液制取高附加值的特殊制品和高碳材料：诸如由煤制取芳烃单体、合成芳香工程塑料、高温耐热塑料、液晶高聚物、功能高聚物、碳/碳复合材料、碳纤维及其他碳素材料。这些高性能、高附加值的新产品将给煤炭利用带来历史性的转折，并且将形成煤化学学科的新分支。

14.2.4.1 煤液体与煤制高聚物

1）煤液体

广义上讲，煤通过不同加工工艺转化所得的液态产物都可称为煤液体。煤液体包括煤的加氢液化所得的液态产物，煤在不同温度和条件下热解所得的焦油，煤抽提的抽出物，煤在氧化、卤化、解聚、水解、烷基化等过程所得的液态产物。煤的液化方法，一般包括：除碳，煤的热解和溶剂萃取法，使碳残留在热解或萃取残渣中；加氢液化，包括直接或间接加氢和加或不加催化剂的加氢液化方法;间接液化,煤先汽化得煤气,再用 F-T 或其他合成法制得液态产物。

由煤转化为煤液体需要加氢、裂解和脱灰。因为烟煤的 H/C 原子数比约为 0.8,而油类的 H/C 原子数比为 1.7~1.8。煤的主体是高分子聚合物的混合物,因此要先热解生成相对分子质量较小的自由基"碎片",再在供氢条件下与氢结合而稳定。煤的加氢液化反应是非常复杂的,其中有热解、脱氢、脱烷基、结构单元间的桥断裂、脱硫、脱水以及可能性较小的开环反应等。由于煤加氢液化的煤种、温度、压力、氢源和催化剂等不同,因此所得液化产物的数量和性质也有很大的不同。对于不同的液化目的,也可适当调整各种条件,以求得到不同的期望产物。

每一种煤液化过程都会产生含有几百种化合物的复杂的煤液混合物,为便于分类研究,可按煤液在不同有机溶剂中的溶解度加以分类。一般可将煤液分为溶于戊烷或已烷的油类;溶于苯或甲苯、不溶于已烷的沥青烯;溶于吡啶、不溶于苯或已烷的前沥青烯。

煤液体作为化工原料或洁净燃料均希望主要是低硫、低氮的油类,而不希望是沥青烯和前沥青烯。为此,作为煤液体提质的第一步就是催化加氢,以除去大部分硫、氮等杂原子,并将重而黏稠的粗煤液转化为较轻的可蒸馏液体,即将沥青烯基本转化为油类。煤液体是个富含芳烃的物料,大约含有 70%的芳烃。煤液的基本构成是 1~4 环芳烃和酚类等的混合物,这是石油与天然气所不具备的。

2) 煤制高聚物

近年研究与开发的新型高聚材料,其研究重点已由脂肪酸的高聚物转向链上带有芳环的高聚物,以及从有苯环的转向带有萘环及联苯环的高聚物。因为高聚物骨架中具有芳烃及加长主链,使大分子更具刚性,其强度比钢铁还强几倍。另一方面,主链结构引入可挠性小、空间障碍大的芳核基团后提高了高聚材料的玻璃化温度。主链的热稳定性和刚性由于高键能的大分子基团的引入而大为提高。聚酯、聚酰胺类高聚物的主链引入芳环结构后,提高了高聚物的熔点。例如聚酯的熔点为 267℃,而聚对羟基苯甲酸的熔点则大于 450℃,分解温度也相应提高。新近开发的高温耐热高聚物主链中都含有芳环,这必将使芳烃化合物的需求量大为增长,它们包括许多一环到四环的芳香化合物。

目前,全世界合成的芳香高聚物的消耗量约为 70 Mt/a,其中塑料约为 56%,纤维约为 18%,合成橡胶约为 11%,其他是涂料和黏结剂。这些芳香高聚物和工程塑料都可以从煤及煤液衍生物的单体合成而制得,它们按不同功能与用途大体上分为通用芳香工程高聚物、高温耐热塑料、液晶高聚物(LCP)和功能高聚物四大类。这四大类芳香高聚物和工程塑料,具备一些重要的功能,如通用芳香工程高聚物之一的聚丁烯对苯二甲酸酯(PBT)有优良的热性质和机械性质,其制品可耐 140℃高温,耐冲击、抗变形,是坚固的工程塑料,并可加工成高聚物合金。功能高聚物中的高聚膜材料,离子交换树脂和光导高聚物等主要应用在工业上气、液混合物的分离及生物和医药部门,如纯化水,淡化水,血液分离,人造心脏、肾、心肺肌等。总之,只要选择适当的催化剂和反应条件,完全有可能将煤直接转化成化学制剂。

14.2.4.2 煤制塑料

用煤作为原料,可以通过间接或直接的方法制取塑料。间接法是先将煤裂解、汽化或加氢液化变成小分子的气体或液体,然后通过分离、合成、聚合制成塑料。煤制塑料的生产过程一般包括:将煤干燥并磨细到小于 0.1 mm;在煤粉中均匀添加约 30%的聚合物和弹性材料;在一定温度下混炼、反应后再在模子中加热、加压成型而得到各种形状的制品。

褐煤、残殖煤、腐泥煤和低煤化度烟煤(特别是稳定组分含量高的)中含有大量的易熔组分,它们可能是高塑性的腐殖酸或沥青质,也可能是低煤化度煤镜质组中被束缚在大分子网络相结构中、由较小分子所组成的流动相。煤的易熔组分在一定温度范围内可以塑化形成煤的黏结组分,它们可以黏结和混凝煤中或外加的不熔的惰性物质,热成型冷却后,可得到具有一定强度和技术性能的塑料制品。

用煤制得的塑料具有木材的一般性质,可以锯、钉、钻,用车床加工。也可用黏结剂黏结,其表面可以镶饰和涂漆,但煤制塑料本身不能着色。煤制塑料制品主要有瓦片、板石等建筑用材和农用管材以及缸、桶、盆、勺等容器。

14.2.4.3 煤制洁净燃料

煤炭是我国的主要能源,它在我国一次能源的产量和消费中都达到约75%。而传统的燃煤技术对环境造成严重的污染,它是我国大气污染的主要来源:全国城市的烟尘80%来自燃煤;排入大气、造成酸雨的SO_2 90%来自燃煤。此外,燃煤排放大量的NO_x和CO_2,也是大气污染的元凶。因此,既要经济高度发展,又要保持良好的生态环境,就必须重视洁净煤的生产并大力发展清洁、高效、低污染的洁净煤技术。

作为煤制洁净燃料广义上应包括洗选脱灰、脱硫的洗精煤,型煤,水煤浆和超纯煤等。本节主要介绍水煤浆与超纯煤。

1) 水煤浆

煤水混合物(CWM)又称水煤浆(CWS)或煤水燃料(CWF),它是一种以煤代油的洁净流体燃料。CWS一般由62%~70%的煤粉、29%~37%的水及约1%的化学添加剂,经过一定的加工工艺制得。水煤浆具有良好的流动性,可以像油一样泵送、储存和雾化燃烧。水煤浆的热值相当于燃料油的一半,两吨水煤浆可代替一吨燃油。水煤浆可在工业锅炉、电站锅炉和工业窑炉中作为油或气的代用燃料,也可在德士古汽化炉中代替原料造气,生产合成氨。此外,水煤浆还可远距离管道运输,缓解铁路运输的紧张状况。

由于煤在制浆过程中脱去了大部分的灰分和硫分,并且煤的粒度只有数十微米。因此,水煤浆的着火温度低(约比同种煤低100℃),点火容易,燃烧稳定、完全,热效率高达98%以上。烟气中的SO_2、NO_x、烟尘排放量和排烟黑度等均明显低于燃油时的排放量,并低于环保要求的排放标准。

衡量水煤浆质量的主要参数是浓度、表观黏度、稳定性、流变性、煤浆灰分和热值等。研究表明:煤化度、煤的化学性质、表面性质、煤岩成分和煤中矿物质等对煤的制浆性和煤浆质量均有显著影响。

我国气煤储量多,就地开发水煤浆代油有很好的发展前景。我国水煤浆的研究始于1982年,目前,我国已有六家制浆厂,总生产能力达1 Mt/a,其中1/4供出口,并建成三个水煤浆实验研究中心和一批示范应用工程。水煤浆的制备技术、储运技术和燃烧技术上都取得重大进展,已全面进入商业示范阶段。我国除自行设计与扩建制浆厂外,还引进了瑞典与日本的制浆生产线,并根据我国煤质特点开发出不同煤种、不同水分、不同灰分和不同热值的水煤浆系列产品,例如:低灰高浓度水煤浆、低灰中高浓度水煤浆、高灰中低浓度无添加剂水煤浆等。

水煤浆中约1%的化学添加剂是研究开发的技术诀窍。它是一种既亲水又亲煤的表面活性剂，其作用是降低水煤浆表观黏度，增加煤浆稳定性。我国已开发出具有中国特色的低成本、低污染腐殖酸类、木质素类、萘系和焦油系列水煤浆添加剂，并建成总能力为 1 500 t/a 的两座添加剂厂。其中北京延庆添加剂厂生产能力为 1 000 t/a，生产腐殖酸类、木质素类添加剂。淮南添加剂厂生产能力为 500 t/a，生产萘系、焦油系列添加剂。

2）超纯煤

超纯煤（Ultra-Clean Coal）是指煤炭经物理或化学方法深度脱灰后，其灰分含量小于1%～0.3%的超低灰煤。超纯煤可制备超纯水煤浆（UCCSF）代替柴油用于燃气轮机和低速柴油机，也可用来生产无灰冶金焦、电极炭、炭黑、燃料添加剂等，使用超纯煤可防止环境污染。

国内外制备超纯煤主要有化学洗煤和物理洗煤两大类方法。化学洗煤主要用 HCl－HF－HCl 或 NaOH－HCl 等化学药品溶解煤中矿物质，化学脱灰方法普遍存在成本过高和污染过大等缺点。物理脱灰方法主要是利用油的混合物团聚脱灰，主要有丁烷、正戊烷、正庚烷、正己烷等油团聚技术。例如：美国利用丁烷等碳氢化合物作选择性油团聚的絮凝剂，分选小于20 μm的粉煤，在入洗煤的灰分为 6.98%，硫分为 0.87%时，可获得灰分为 0.57%、硫分为 0.68%的超低灰精煤。超纯煤与超纯水煤浆技术，国外已进入中试与工业试生产阶段。我国的超纯煤和超纯水煤浆（又称精细水煤浆）尚处于实验研究开发阶段。

超纯水煤浆比常规水煤浆具有更严格的质量指标：除灰分要求小于 1%外，粒度要求更细；最大粒度要求小于 15～2 μm，平均粒度为 5～10 μm；剪切黏度小于 10～1 Pa · s；此外，还有高灰熔点和低 Na、K 含量的要求。为此，还应考虑选择某些添加剂以提高煤浆的灰熔点。

我国是产煤大国，发展煤化工在我国始终具有重要现实意义，不过要想持续发展，就必须跨越经济、技术和环境三大壁垒，必须开发低成本、无污染、大型化的新工艺和新技术。例如，设法将一次煤炭能源，以低廉的方法将其大规模转化为高热值、无污染、输送方便的二次液体能源，以满足现代化工和日常生活的需要；建设水煤浆大型煤气化化工基地，从而带动一碳化学等。

14.3 日用化学品工业

14.3.1 表面活性剂

表面活性物质是指能使溶液表面张力或界面能降低的物质，习惯上只把那些溶入少量就能显著降低溶液表面张力并改变体系界面状态的物质称为表面活性剂。表面活性剂由亲油基和亲水基两部分构成，其合成主要包括亲油基制备及亲水基引入。合成表面活性剂亲油基原料来源主要有两方面：一是不可再生资源石油化工原料；二是可再生的天然资源原料，如动植物油脂、淀粉等。二次世界大战后石油化工的兴起提供了高质量且相对价廉的原料，使表面活性剂工业处于迅速发展时代，出现了石油化工资源与天然可再生资源原料对峙的局面。近十年来，由于石油资源战略上的考虑，尤其是在“石油资源有限论”、“回归天然”、“无公害性”和天然原料“环境适宜性”的影响下，天然再生资源生产表面活性剂得到较快发展。这类表面活性剂具有毒性低、易生物降解、环境适宜性好、生产原料丰富和原料依赖程度低等特点，成为表面活性剂发展的主要方向之一。

14.3.1.1 表面活性剂的特征

表面活性剂分子中同时含有亲水性极性基团和亲油性非极性基团，具有亲水亲油的特性。

表面活性剂只有溶于水或有机溶剂后才能发挥其特性。它的性能对其溶液而言,应具有以下特点。

（1）溶解性　表面活性剂至少应溶于液相中的某一相。

（2）表面吸附　表面活性剂的溶解使溶液表面自由能降低,产生表面吸附。当达到平衡时,在溶液内部浓度小于溶液界面上浓度。

（3）界面定向　吸附在界面上的表面活性剂分子能够定向排列成单分子膜,覆盖于界面上。

（4）形成胶束　表面活性剂在溶液中浓度达到一定时,分子会产生凝聚而生成胶束,此时浓度称为临界胶束浓度（简称 CMC）。在水中形成的胶束,非极性基团在内,极性基团在外,胶束结构有球状、棒状和层状等。在有机相中形成的胶束极性基团在内,非极性基团在外,有人称为反胶束。

（5）多功能性　表面活性剂在其溶液中能够显示出多种功能,例如降低表面张力,具有发泡、消泡、分散、乳化、润湿、抗静电、增溶、杀菌和去污等功能,有时也可以表现为单一功能。

14.3.1.2 表面活性剂的分类

表面活性剂性能取决于亲水基和亲油基,而亲水基在种类及结构上的改变较亲油基改变对表面活性剂性质影响大。因此,较常用的分类方法是按分子结构中亲水基团带电性分为阴离子、阳离子、非离子和两性表面活性剂四大类,每一类再按官能团特征细分,见表 14－7所列。

表 14－7 表面活性剂按亲水基分类

类型	亲水基带电性	亲水基种类	结构式	备注
阴离子表面活性剂	带负电荷	羧酸盐型	RCH_2COOM	用作洗涤剂、乳化剂,可以是钠盐、钾盐或铵盐,也可以是胺盐和吗啉盐
		磺酸盐型	$RC_6H_5SO_3Na$	用作洗涤剂、起泡剂、乳化剂、润湿剂、渗透剂等
		硫酸酯盐	$ROSO_3M$	用作洗涤剂、乳化剂和起泡剂,可以是钠盐、钾盐、铵盐或三乙醇铵盐
		磷酸酯盐	$RO{-}P(OR)(OM){=}O$, $RO{-}P(OM)(OM){=}O$	用作乳化剂、抗静电剂、抗蚀剂和润滑剂等
阳离子表面活性剂	带正电荷	胺盐型	$RNH_2 \cdot HCl$	用作缓蚀剂、防结块剂、浮选剂、柔软剂等
		季铵盐型	$CH_3{-}N(C_{18}H_{37})_2{-}CH_3 \cdot Cl^-$	用作柔软剂、杀菌剂、抗静电剂、水质稳定剂、染色助剂等
两性表面活性剂	既带正电荷又带负电荷	氨基酸型	$RNHCH_2CH_2COONa$	用作发泡剂、洗涤剂
		甜菜碱型	$R{-}N^+(CH_3)_2{-}CH_2COO^-$	用作洗涤剂、发泡剂

续　表

类型	亲水基带电性	亲水基种类	结构式	备注
两性表面活性剂	既带正电荷又带负电荷	咪唑啉型	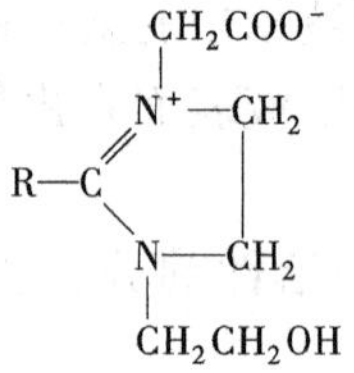	用作香波、皮肤清洁剂、柔软剂和抗静电剂等
		氧化胺型	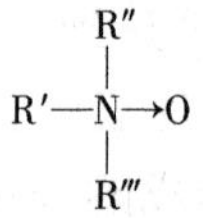	用作发泡剂、稳泡剂等
非离子表面活性剂	不带电荷	聚环氧乙烯醚型	$RO(CH_2CH_2O)_nH$	用作洗涤剂、润湿剂、分散剂、乳化剂、纺织染整助剂等
		多元醇型	$RCOOC_6H_8O(OH)_3$	用作乳化剂、纤维油剂等
		烷基醇酰胺	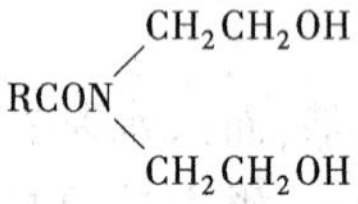	用作泡沫稳定剂、增稠剂、洗涤剂等

14.3.1.3　表面活性剂的作用

由于表面活性剂独特的两亲性结构而具有降低表面张力、产生吸附现象等诸多功能,在应用上可发挥特殊作用,最主要的作用包括起泡、消泡、乳化、分散、增溶、洗涤、润湿、渗透等。

泡沫是气体分散在液体或固体中的分散体系。乳化是加入第三种成分,使互不相溶的两液体形成乳液,并具有一定稳定性的过程。分散是使固体粒子集合体以微小单个粒子状态分散于液体中的过程。这些都可看作是一相在另一相的分散,由于表面张力的存在都是不稳定的,而表面活性剂通过在两相界面形成分子膜的方法,使这些体系趋于稳定。增溶是由于胶束的存在使物质溶解度增加的现象,这些物质或溶于胶束亲油基中间,或插于胶束分子之间,或黏附于胶束的亲水基上,从而使溶解度增大。润湿和渗透是使液体迅速均匀地浸湿固体表面或内部,这也要表面活性剂在固液界面发挥作用。洗涤则是上述乳化、分散、增溶、润湿等作用的综合结果。表面活性剂的这些应用功能使其成为几乎各工业部门均使用的助剂。表面活性剂除上述主要作用外,还因具有的强吸附性、离子性、吸湿性等特性而衍生出其他一些功能,如柔软平滑、抗静电、匀染、固色、防水、防腐蚀和杀菌等,这些功能在工业上同样有着重要意义。

表面活性剂通常不作为最终制品直接与使用者见面,而是作为最终制品或某种商品中的一个重要组分加以应用。由表面活性剂可以配制多种最终制品,如洗涤剂、润湿剂、渗透剂、乳化剂、破乳剂、消泡剂、分散剂、絮凝剂、浮选剂、匀染剂、抗静电剂、柔软剂和杀菌剂等。

14.3.1.4　表面活性剂的化学结构与性质的关系

表面活性剂的各种性质,取决于其化学结构,不同结构有不同的性质,而性质的变化则与物质所处的外部条件有关。由于表面活性剂都是由憎水基和亲水基两部分组成,其亲水基有阴离子、阳离子、非离子以及两性离子等不同种类,故其性质也各有所异。如果从憎水基种类和表面活性剂整体的亲水性以及分子形状、分子量来考虑,表面活性剂的性质就会有更大的差异。因此可以从上述各种不同角度来考察表面活性剂的化学结构与表面活性剂的润湿、乳化、分散、起泡、洗涤等性能之间的关系。

1) 表面活性剂的分子结构与性质的关系

(1) 表面活性剂亲水基的相对位置与性能　一般情况下,亲水基在分子中间(亲油基链中间)的比在末端的润湿性能强,亲水基位置在憎水基末端的比靠近中间的去污性要好。例如:

$CH_3(CH_2)_7=CH(CH_2)_7—OSO_3Na$ (十八烯醇硫酸钠盐)与

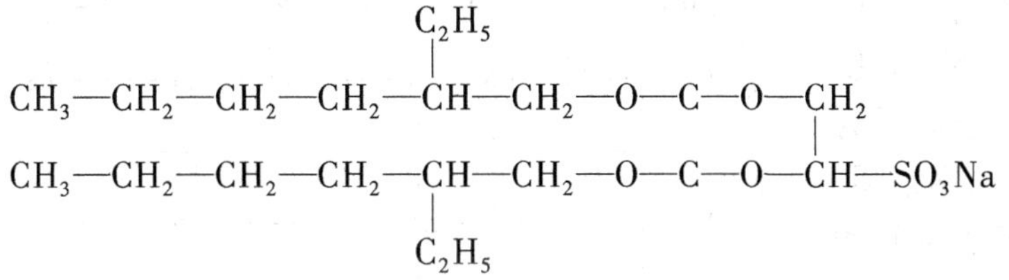
(琥珀酸二异辛酯磺酸钠)

前者亲水基在末端,其润湿、渗透性能差,而去污力佳;后者为有名的润湿、渗透剂,具有优良的润湿、渗透性能。以 SO_4 基在烷基上占有不同位置的烷基硫酸钠为例可以更清楚地说明此种规律。图 14－7 显示出一些烷基硫酸钠的润湿性能与浓度变化关系,表明在十五烷基硫酸钠盐中,亲水基 SO_4 位于正中的"15—8"化合物的润湿能力最好,随着 SO_4 基向碳氢链端点移动,润湿力下降。

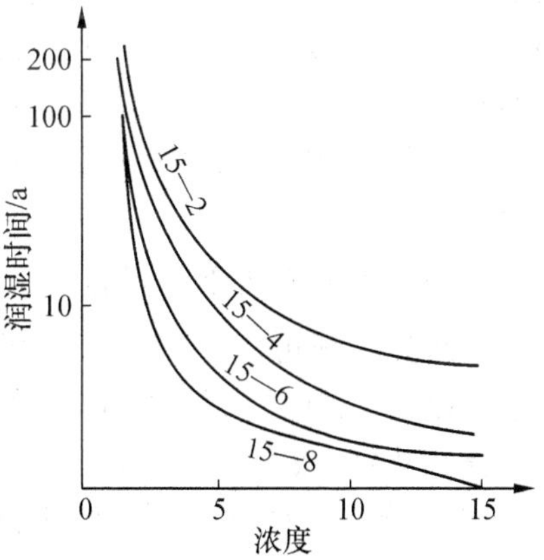

图 14－7　十五烷基硫酸钠水溶液的润湿性能(43.3~46.7℃)

(2) 憎水基结构中支链的影响　如表面活性剂的种类相同、分子大小相同,则具有侧链结构的表面活性剂的润湿、渗透性能较好。以正十二烷基苯磺酸钠和四聚丙烯苯磺酸钠相比,二者碳原子数虽相同,后者由于支链存在渗透力大而去污力小。

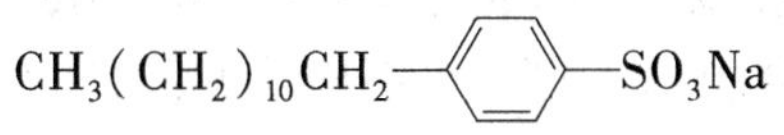
(十二烷基苯磺酸钠)与

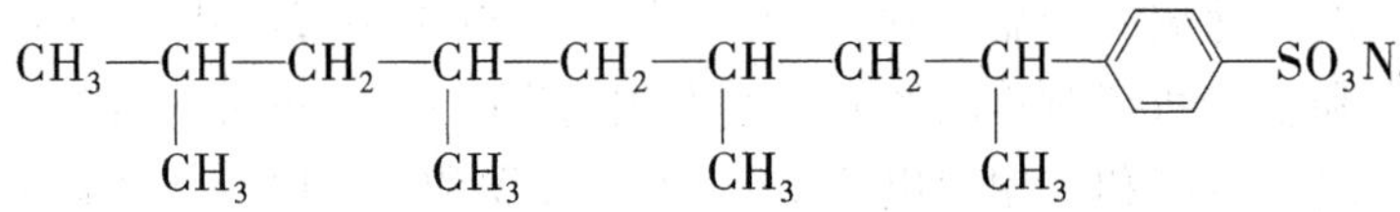
(四聚丙烯苯磺酸钠)

在一般洗衣粉中主要表面活性剂的成分为烷基苯磺酸钠,其中尤以十二烷基苯磺酸钠居多。

2) 分子量的影响

表面活性剂分子量的大小对其性质影响比较显著,当 HLB 值相同、憎水基和亲水基种类也相同时,分子量就成为影响其性质的主要因素。对同一品种表面活性剂来说,随着憎水基中碳链的增加,CMC 有规律地减小,但在降低水的表面张力方面则有明显增长。例如月桂醇、十六醇、油醇、十八醇等与环氧乙烷发生加成反应,先使它们 HLB 值相同,然后再按顺序增大其分子量,可发现分子量小的渗透力好,而分子量大的则去污、乳化、分散力好。再如在烷基硫酸钠类表面活性剂中,在洗涤性能方面 $C_{16}H_{33}SO_4Na$ 比 $C_{14}H_{29}SO_4Na$ 好,比 $C_{12}H_{25}SO_4Na$ 更好,但在润湿性能方面则后者最好。

聚醚型表面活性剂“Pluronic”，化学结构为

$$HO(C_2H_4O)_a(\underset{\displaystyle\overset{|}{}}{\overset{CH_3}{\overset{|}{C}}}H—CH_2O)_b(C_2H_4O)_cH$$

其亲水基聚氧乙烯链在两端。若以其亲水性（聚氧乙烯部分百分含量）为横坐标，以聚氧丙烯的平均相对分子质量为纵坐标，可作出如图 14－8 所示的网格图。由图中可清楚看出分子量与亲水基间的关系。图上字母与数字的组合符号（如 L35）为商品牌号。同一纵行化合物分子量不同，但其亲水性相同；当分子大小不同时，即使亲水性相近，性质上仍表示出差异。

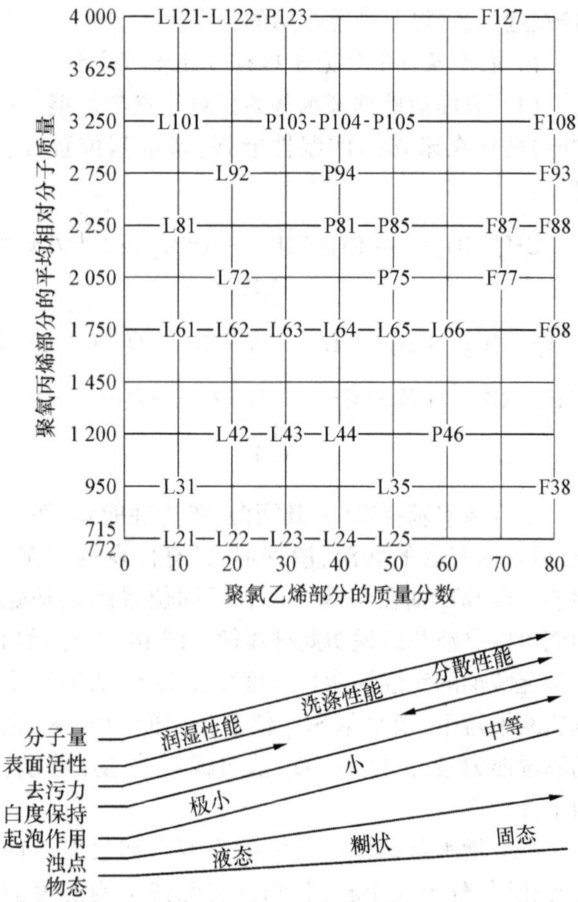

图 14－8 Pluronic 聚醚网格坐标图与各种性质

14.3.1.5 表面活性剂的用途

表面活性剂可广泛应用于国民经济各个工业领域，如洗涤剂、化妆品、纺织印染、造纸、化纤、皮革、食品、医药、石油开采与加工、塑料、农药、化肥、涂料、冶金、煤炭、采矿、选矿、金属加工、建筑、感光材料等。表面活性剂在国民经济各部门的用量虽少，但能起到改进工艺、提高质量、增加产量、降低消耗、改进性能、增加用途、节约能源、保护环境等关键作用。因此，表面活性剂素有“工业味精”之称，已成为精细化工的重要门类。

与国外相比，我国表面活性剂不仅产量低、结构不合理、品种少，形不成系列，而且没有得到广泛的应用。因此，应该加快表面活性剂的产品开发、技术开发、应用开发和市场开发；应该充分利用现有的设施和技术，开发和生产适销对路的产品和系列化新产品；应该重视人类身体健康和环境保护对表面活性剂的开发、生产和应用提出的要求，大力开发和生产以天然产物为原料的无毒或低毒且无环境污染或少污染的“绿色产品”、“生态产品”。

14.3.2 涂料

14.3.2.1 涂料的发展

涂料的应用有着悠久的历史，我国使用生漆和桐油作为涂料至少有 4 000 年以上的历史，秦始皇墓的兵马俑已使用了彩色的涂料，在马王堆出土的汉代文物中更有精美的漆器。埃及也早已知道用阿拉伯胶、蛋白等来制备色漆，用于装饰。11 世纪欧洲开始用亚麻油制备油基清漆，17 世纪含铅的油漆得到发展，而且于 1762 年在波士顿就开始了用石磨制漆，此后工业制漆得到较快发展。尽管涂料的应用与生产有漫长的历史，但它只能以一种技艺的形式相传，

而不能进入科学的领域,这种情况至今还影响着很多人对涂料的看法,认为涂料是靠经验传授的工艺。涂料所用原料主要是天然的油和树脂,因此被称为油漆。

自然,现在的涂料已不是旧时的模样了,它已进入科学时代。涂料第一次和科学的结合是1920 年代杜邦公司开始使用硝基纤维素作为喷漆,它的出现为汽车提供了快干、耐久和光泽好的涂料。1930 年代 W.H. Carothes 以及他的助手 P.J. Flory 对高分子化学和高分子物理的研究,为高分子科学的发展奠定了基础,也为现代涂料的发展奠定了基础,此后涂料工业便和高分子科学的发展结下了不解之缘。1930 年代开始有了醇酸树脂,后来它发展成为涂料中最重要的品种——醇酸漆。第二次世界大战时,由于大力发展合成乳胶,为乳胶漆的发展开阔了道路。1940 年代 Ciba 化学公司等发展了环氧树脂涂料,它的出现使防腐蚀涂料有了突破性发展。1950 年代开始使用聚丙烯酸酯涂料,聚丙烯酸酯涂料具有优良的性质,如优越的耐久性和高光泽,结合当时出现的静电喷涂技术,使汽车漆的发展又上了一个台阶,例如出现了高质量的金属闪光漆。1960 年代聚氨酯涂料得到较快发展,它可以室温固化,而且性能特别优异,尽管价格较贵,但仍受到重视,是最有前途的现代涂料品种之一。1980 年代涂料发展的重要标志是杜邦公司发现的基团转移聚合方法,基团转移聚合可以控制聚合物的分子量和分子量分布以及共聚物的组成,是制备高固体份涂料用的聚合物的理想聚合方法。有人认为它是高分子化学发展的一个新的里程碑,但它却首先在涂料上得到应用。至此,可以看到涂料的发展已和高分子科学的发展同步进行了。

自从 1980 年代以来,能源、材料与环境已成为具有时代特征的三大课题。使用涂料是保护材料的重要手段,也是对各种材料进行改性以赋予新性能的最简便的方法。涂料中大量使用溶剂,它们是大气污染的重要来源,因此,发展低污染的涂料是环境保护的需要;另一方面,又由于有涂料的保护,从而减轻了材料的破坏所引起的环境污染;涂料更是美化环境的重要材料。自然,涂料的使用也和能源有一定的关系。现在,涂料已经和国民经济的发展、人民生活水平的提高、国家高科技和军事技术的发展有着密切的关系,可以说涂料工业的水平是国家现代化标志之一。

14.3.2.2　涂料的基本组成和作用

一般涂料由三个组分组成,它们是成膜物、颜料和溶剂,除三种主要组分外有时还有各种添加剂。

成膜物也称黏结剂或基料,它是涂料中的连续相,也是最主要的成分,没有成膜物的表面涂覆物不能称为涂料。成膜物的性质对涂料的性能(如保护性能、机械性能等)起主要作用。成膜物一般为有机材料,在成膜前可以是高聚物也可以是低聚物,但涂布成膜后都形成聚合物膜,例如干性油,各种改性的天然产物(如硝基纤维素、氯化橡胶等)以及合成聚合物等。无机的成膜物种类不多,用途有限,例如原硅酸乙酯和碱性硅酸盐等。

颜料一般是 0.2~10 μm 的无机或有机粉末,主要起遮盖和赋色的作用。但一些透明的不起遮盖作用的也叫作颜料,前者是“真正”的颜料,后者有时被称为惰性颜料、填料或增量剂。除了遮盖和赋色作用外,颜料还有增强、赋予特殊性能、改善流变性能、降低成本的作用。

溶剂通常为能溶解成膜物的易挥发有机液体,涂料在涂覆于表面后,溶剂应该基本上挥发尽,因此溶剂只是用来改善涂料的可涂布性,帮助成膜物/颜料混合物转移到被涂物表面上,而对最终的涂膜的性质没有重要的影响。溶剂的挥发是涂料对大气污染的主要根源,对于溶剂的种类和用量各国都有严格的限制。

涂料的上述三种组分中溶剂和颜料有时可被除去，没有颜料的涂料称为清漆，而含颜料的涂料称为色漆。溶剂和成膜物相结合在制漆过程中又称为漆料或载色剂。没有溶剂的涂料称为无溶剂涂料。涂料中一般都加有添加剂，例如催干剂、抗沉降剂、防腐剂、防结皮剂、流平剂等等。

14.3.2.3 涂料的分类和命名

1) 涂料的分类

可从不同角度对涂料进行分类，如根据成膜物、溶剂、颜料、成膜机理、施工顺序和作用以及功能等。

根据成膜物的不同，涂料可分为两大类，一类是转换型或反应型涂料，另一类是非转换型或挥发型涂料。前者在成膜过程中伴有化学反应，一般均形成网状交联结构，因此，成膜物相当于热固型聚合物。转换型涂料又分为两类，一类是气干型的，在常温下可交联固化，如醇酸树脂涂料；另一类是烘烤型的，需在高温下完成反应，如氨基漆等。非转换型涂料的成膜仅仅是溶剂挥发，成膜过程中聚合物未发生任何化学反应，成膜物是热塑型聚合物，如硝基漆、氯化橡胶漆等。这两类涂料的比较列于表 14－8。

表 14－8 转换型和非转换型涂料的比较

性质	热塑性	热固性
在涂刷黏度下的固体含量(包括颜料)	低(20%~30%)	较高(50%~70%)
主要溶剂	酯类、酮类，较贵	烃类，便宜
漆干的条件	可自然干燥，也可在高温下进行，条件要求不严	条件比较严格，可能要求特殊条件和催化剂，可气干或烘干
漆膜的性质	对溶剂敏感，可重新溶解，损坏后易于修复，需用抛光的办法才能取得高光泽	漆膜不再可溶，修补困难，不需要抛光就可得到高光泽的漆面
单位面积(相同厚度)的漆膜需用量比较	2~3	小于 1

根据溶剂的不同，涂料可分为有溶剂涂料与无溶剂涂料。前者又可分为水性涂料和溶剂型涂料，溶剂含量低的又称高固体份涂料。无溶剂涂料包括粉末涂料、光敏涂料以及干性油等。

根据颜料的不同，涂料有无颜料的清漆和加颜料的色漆。色漆又可按颜料的品种及颜色分类。

根据用途的不同，涂料的分类更是种类繁多，但主要有建筑涂料、汽车涂料、卷材涂料、罐头涂料、塑料涂料、纸张涂料、油墨等。从销售角度，国外通常分为工业涂料和外售涂料。

根据施工顺序的不同，涂料可分为面漆和底漆两大类，底漆又分为封闭底漆、腻子或填孔剂、头道底漆、二道底漆等。

这些分类各有侧重，不能全面反映涂料的本质。经原化学工业部 1967 年确定，1975 年和 1982 年两次修改，按涂料中成膜物质为基础分为 17 大类，另加辅助材料 1 类，共 18 大类，列于表 14－9 中，若主要成膜物质由两种以上的树脂混合而成，则按在成膜物质中起决定作用的一种树脂为基础作为分类的依据。

表 14－9　涂料分类

序号	代号(汉语拼音字母)	涂料类别	主要成膜物质
1	Y	油性漆	天然动植物油、清油、合成油
2	T	天然树脂漆	松香及其衍生物、虫胶、乳酪素、动物胶、大漆及其衍生物
3	F	酚醛树脂漆	改性酚醛树脂、纯酚醛树脂、二甲苯树脂
4	L	沥青漆	天然沥青、石油沥青、煤焦沥青、硬质酸沥青
5	C	醇酸树脂漆	甘油醇酸树脂、季戊四醇醇酸树脂、其他改性醇酸树脂
6	A	氨基树脂漆	脲醛树脂、三聚氰胺甲醛树脂
7	Q	硝基漆	硝基纤维素、改性硝基纤维素
8	M	纤维素漆	乙基纤维、苄基纤维、羟甲基纤维、醋酸纤维、醋酸丁酸纤维、其他纤维酯及醚类
9	G	过氯乙烯漆	过氯乙烯树脂、改性过氯乙烯树脂
10	X	乙烯漆	氯乙烯共聚树脂、聚醋酸乙烯及其共聚物、聚乙烯醇缩醛树脂、聚二乙烯乙炔树脂、含氟树脂
11	B	丙烯酸漆	丙烯酸树脂、丙烯酸共聚物及其改性树脂
12	Z	聚酯漆	饱和聚酯树脂、不饱和聚酯树脂
13	H	环氧树脂漆	环氧树脂、改性环氧树脂
14	S	聚氨酯漆	聚氨基甲酸酯
15	W	元素有机漆	有机硅、有机钛、有机铝等有机聚合物
16	J	橡胶漆	天然橡胶及其衍生物,合成橡胶及其衍生物
17	E	其他漆类	未包含以上所列的其他成膜物质,如无机高分子材料、聚酰亚胺树脂等
18		辅助材料	稀释剂、防潮剂、催干剂、脱漆剂、固化剂

辅助材料按不同用途分类如表 14－10 所示。

表 14－10　辅助材料分类表

序号	代号	名　称	序号	代号	名　称
1	X	稀释剂	4	T	脱漆剂
2	F	防潮剂	5	H	固化剂
3	G	催干剂			

2) 涂料的命名

为了简化起见,在涂料命名时,除了粉末涂料外仍采用“漆”一词。涂料命名原则规定如下:

(1) 全名＝颜料或颜色名称＋成膜物质名称＋基本名称。例如:红醇酸磁漆、锌黄酚醛防锈漆。

(2) 对于某些有专业用途及特性的产品,必要时在成膜物后加以说明。例如:醇酸导电磁漆、白硝基外用磁漆。

涂料编号原则如下所示。

(1) 涂料　型号分三部分,第一部分是成膜物质,用汉语拼音字母表示;第二部分是基本名称,用两位数字表示;第三部分是序号,以表示同类品种间的组成、配比或用途的不同,这样组成的一个型号就只表示一个涂料品种,而不会重复。例如:

C 04-2

- 序号（2）
- 基本名称(磁漆)（04）
- 成膜物质(醇酸树脂)（C）

（2）辅助材料　型号分成两个部分，第一部分是辅助材料种类；第二部分是序号。例如：

F-2

- 序号（2）
- 辅助材料种类(防潮剂)（F）

（3）基本名称编号原则　采用00~99二位数字来表示。00~13代表基础品种；14~19代表美术漆；20~29代表轻工用漆；30~39代表绝缘漆；40~49代表船舶漆；50~59代表防腐蚀漆等。基本名称编号如表14－11所示。

表14－11　基本名称编号表

代号	代表名称	代号	代表名称	代号	代表名称
00	清油	22	木器漆	53	防锈漆
01	清漆	23	罐头漆	54	耐油漆
02	厚漆	30	(浸渍)绝缘漆	55	耐水漆
03	调和漆	31	(覆盖)绝缘漆	60	防火漆
04	磁漆	32	绝缘(磁、烘)漆	61	耐热漆
05	粉末涂料	33	黏合绝缘漆	62	变色漆
06	底漆	34	漆包线漆	63	涂布漆
07	腻子	35	硅钢片漆	64	可剥漆
09	大漆	36	电容器漆	66	感光涂料
11	电泳漆	37	电阻漆、电位器漆	67	隔热涂料
12	乳胶漆	38	半导体漆	80	地板漆
13	其他水溶性漆	40	防污漆、防蛆漆	81	鱼网漆
14	透明漆	41	水线漆	82	锅炉漆
15	斑纹漆	42	甲板漆、甲板防滑漆	83	烟囱漆
16	锤纹漆	43	船壳漆	84	黑板漆
17	皱纹漆	44	船底漆	85	调色漆
18	裂纹漆	50	耐酸漆	86	标志漆、路线漆
19	晶纹漆	51	耐碱漆	98	胶液
20	铅笔漆	52	防腐漆	99	其他

14.3.2.4　涂料的功能

最早的油漆主要用于装饰，并且经常和艺术品相联系，现代涂料更是将这种作用发挥得淋漓尽致。涂料将我们周围的世界，包括城市市容、家庭环境乃至个人装点得五彩缤纷。通过涂料的精心装饰，可以将火车、轮船、自行车等交通工具变得明快舒畅，可使房屋建筑和大自然的景色相匹配，形成一幅绚丽多彩的图画，更可使许多家用器具不仅具有使用价值，而且成为一种装饰品，可以说涂料的作用是油画家油墨的扩展，是美化生活环境不可缺少的，对于提高人们的物质生活与精神生活有不可估量的作用。

涂料的另一个重要功能是保护作用，它可保护材料免受或减轻各种损害和侵蚀。金属的腐蚀是世界上的最大浪费之一，有机涂料的使用可将这种浪费大大地降低。火灾是对人类生命安全最大的威胁，用防火涂料是一重要的防火措施。涂料还可以保证各种贵重设备在严冬酷暑和各种恶劣环境下正常使用，可以防止微生物对材料的侵蚀。世界上许多古文物包括古埃及金字塔、我国的敦煌石窟以及其他古建筑，由于缺乏涂料的合理保护，受到风雨侵蚀而面临破坏，使用现代涂料是防止它们进一步损害的最重要的保护措施。

涂料的第三个作用是制备做标志，特别是在交通道路上，通过涂料醒目的颜色可以制备各种标志牌和道路分离线，它们在黑夜里依然清晰明亮；在工厂中各种管道、设备、槽车、容器常用不同颜色的涂料来区分其作用和所装物的性质；电子工业上的各种器件也常用涂料的颜色来辨别性能。有些涂料对外界条件具有明显的响应性质，如温致变色、光致变色涂料等更可起到警示的作用。

除此之外，涂料还可赋予物体一些特殊功能，例如，电子工业中使用的导电、导磁涂料；航空航天工业上的烧蚀涂料、温控涂料；军事上的伪装与隐形涂料等。这些特殊功能涂料对于高技术的发展有着重要的作用。

14.3.3 染料

染料是一种有色的有机化合物，采用适当的方法，能使纤维材料或其他物质获得鲜明而坚牢的色泽。染料可溶于水或溶剂，或可转变成溶液而染色，或者经后处理成为分散状态而被应用。

有机染料主要应用于各种纤维的染色。如棉、麻、毛、丝、毛皮和皮革以及人造纤维、合成纤维如黏胶、涤纶、尼龙、维纶、腈纶等。除上述介绍的纤维染色用染料及功能染料的特殊用途外，生活中还有很多与我们密切相关的领域也使用染料，如广泛应用于橡胶制品、塑料、油脂、油墨、墨水、照相材料、印刷、造纸、食品、医药等方面，只是不同的目的而对染料的性能要求有所不同。染料在医药方面作为细胞的染色质，近年来还应用于阐明蛋白质结构、探索酶的活性等，具有很大的发展前途。有机染料和颜料都应该满足如下要求：能使指定物质着色，且色泽鲜艳，牢度优良，使用方便，同时具有无毒性。

14.3.3.1 染料的发色理论

染料的颜色和染料分子结构有关。早在1876年Witt首先提出了发色团和助色团学说，之后又有醌构理论出现，以及用电子云概念解释色的深浅的某些规律，近年来从分子轨道理论来研究有机化合物颜色和分子结构的关系等。从早期的学说反映有机化合物的颜色和分子结构外在关系的某些经验规律，发展到物质结构内部能级跃迁所需能量的微观内在规律。在实践的基础上运用基础理论，逐步深入解决了染料化学问题。

Witt的发色团和助色团学说认为：有机化合物的颜色与分子中发色团有关，含发色团的分子称发色体。发色团有$-CH=CH-$、$\begin{smallmatrix}\backslash\\ /\end{smallmatrix}C=O$、$-N=O$、$-N\begin{smallmatrix}/O\\ \backslash O\end{smallmatrix}$、$-N=N-$等。增加共

轭双键则颜色加深,羰基增加颜色也加深。当引入另外一些基团时,也使发色体颜色加深,这些基团,Witt 称之为助色团,如氨基、羟基和它们的取代基等。色的醌构理论提出分子中由于醌构的存在而产生颜色,如对苯醌是有色的,在解释芳甲烷染料和醌亚胺染料的颜色时,得到应用。染料化学中有关色的理论目前尚处于经验规律的阶段,在合成具体染料品种过程中,往往需要进行大量合成试验。近年来,以分子轨道理论为基础,计算分子基态和激发态的能级高度以及分子的电荷分布等,成为分子设计的理论基础。把色的理论实践逐步从宏观表象向微观本质深化,使创造新型染料、掌握染料分子结构和颜色关系进入新的发展阶段。

14.3.3.2 染料的分类和命名

1) 染料的分类

染料的分类有两种方法:

第一种,按照染料的应用方法分为九类。

(1) 酸性染料、酸性媒介染料及酸性络合染料　在酸性介质中染羊毛、聚酰胺纤维及皮革等。

(2) 中性染料　在中性介质中染羊毛、聚酰胺纤维及维纶等。

(3) 活性染料　染料分子中含有能与纤维分子中羟基、氨基等发生反应的基团,在染色时和纤维形成共价键结合,能染棉及羊毛。

(4) 分散染料　分子中不含有离子化基团,用分散剂使其成为低水溶性的胶体分散液而进行染色,以适用于憎水性纤维,如涤纶、尼龙、醋酸纤维等。

(5) 阳离子染料　聚丙烯腈纤维的专用染料。

(6) 直接染料　染料分子对纤维素纤维具有较强的亲和力,能使棉纤维直接染色。

(7) 冰染染料　在棉纤维上发生化学反应生成不溶性的偶氮染料而染色,由于染色时在冷却条件下进行,所以称冰染染料。

(8) 还原染料　在碱液中将染料用保险粉($Na_2S_2O_4$)还原后使棉纤维上染,然后再氧化显色。

(9) 硫化染料　在硫化碱液中染棉及维纶用染料。

第二种,根据染料的化学结构分为十类。

(1) 偶氮染料　含有偶氮基(—N ═N—)的染料。

(2) 硝基和亚硝基染料　含有硝基($—NO_2$)的染料为硝基染料,含有亚硝基(—NO)的染料为亚硝基染料。

(3) 芳甲烷染料　包括二芳甲烷和三芳甲烷染料。

(4) 蒽醌染料　含有蒽醌结构的染料,如羟基、氨基蒽醌及其磺酸衍生物的染料。

(5) 稠环酮类染料　含有稠环酮类结构或其衍生物的染料。

(6) 靛族染料　分子中含有 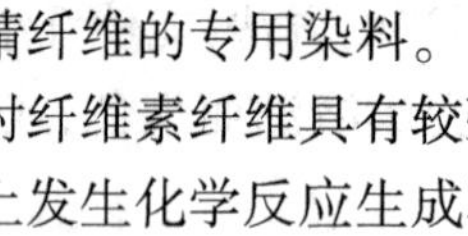 结构,两端连接不饱和环状有机化合物(以苯基为主),染料不溶于水,其性质与应用同蒽醌染料相似。

(7) 硫化染料　这是一种难以确定结构的染料,有的还是一种混合物,是借硫或多硫化钠的硫化作用制成的染料。

(8) 酞菁染料　含有酞菁金属络合结构的染料。

(9) 醌亚胺染料　醌亚胺是指苯醌的一个或两个氧换成亚氨基的结构，如

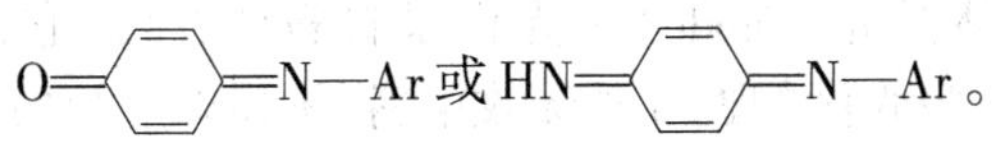

(10) 活性染料　含有与纤维发生反应的反应性基团，与纤维形成共价键结合的染料。

还有其他各种结构类型的染料如含氮蒽、氧氮蒽和硫氮蒽等结构的染料、含次甲基和多次甲基、二苯乙烯等结构的染料等。

2) 染料的命名

根据原化学工业部从 1965 年 1 月起作为染料产品名称命名试用标准，染料产品的命名采用三段命名法，即染料的名称由三段组成：第一段为冠称，表示染料根据应用方法或性质而分类的名称；第二段为色称，表示染料色泽的名称；第三段为词尾，以拉丁字母表示染料的色光、形态及特殊性能和用途等。

根据染料产品的应用和性质的分类，作为冠称即酸性、中性、直接、还原、活性、分散等。

色称采用 30 个色泽名称：金黄、嫩黄、深黄、橙、大红、红、桃红、玫瑰、品红、红紫、枣红、紫、翠蓝、湖蓝、艳蓝、蓝、深蓝、艳绿、绿、深绿、黄棕、红棕、棕、深棕、橄榄、橄榄绿、草绿、灰、黑。色泽的形容词，采用“嫩”、“艳”、“深”三个字。

词尾也称尾注，补充说明染料的性能或色光和用途，常用字母表示。

(1) 色光的表示　B(Blue)—蓝光、G(Gelb，德文)—黄光、R(Red)—红光。

(2) 色的品质表示　F(Fine)—亮、D(Dark)—暗、T(Tallish)—深。

(3) 性质和用途的表示　C—耐氯或棉用、Conc—浓、Gr—颗粒、I—还原染料坚牢度、K—冷染(我国为热染型)、L—耐光牢度或匀染性较好、Liq—液体、M—双活性基、N—新型或标准、P—适用于印花、Pdr—粉状、Pst—浆状、X—高浓度等。

在同一分类中的染料为了进一步加以区分，还需在词尾把表示染料类型的项加在其他字母之前，它们之间用破折号分开。例如：

活性嫩绿 KN—B，它就是采用三段命名方法，分三个部分，“活性”是第一部分的冠称，表示染料的应用类型为活性染料类；“嫩绿”是第二部分的色称，表示染料的基本颜色为绿，“嫩”是色泽的形容词；“KN—B”是第三部分的词尾，表示染料的性质、用途为新型(或标准)的高温型，“B”表示色光。

由于染料色光表现程度的差异，有时会使用几个字母来表示色光，如 GG(2G)、GGG(3G)等，2G 表示的黄光程度高于 G，但低于 3G。

14.3.3.3　功能染料

功能染料(Functional Dyes)亦称专用染料(Special Dyes)，是以染料具有特殊功能性或其特殊专用性而命名的。这种特殊功能，通常都与近代先进技术领域密切相关的光、电、化学、生化等有联系。最近几年，功能染料得到了广泛的发展。

染料特殊性能表现在光的吸收和发射性(如红外吸收、多色性、荧光、磷光、激光等)、光导电性和光敏性、可逆变化性(如热、光、pH 值可逆变化)、生物活性(如抑菌作用、结合蛋白作用、酶催化等)、化学活性(如单线态氧催化剂等)等，范围广泛，以下介绍最重要的几种。

1) 近红外吸收染料

由于光数据盘如激光唱片等的迅速发展，对光记录材料也就有了很大的需求。目前的光

记录材料虽然仍以无机材料为主，但是由于在清晰度、灵敏度等方面的优势，已逐渐向有机染料方面发展。镓-砷半导体激光(Diode)是光记录材料的光源，它的发射激光波长为780～830 nm，因此必须开发在此吸收区的近红外吸收染料，例如以下结构的染料

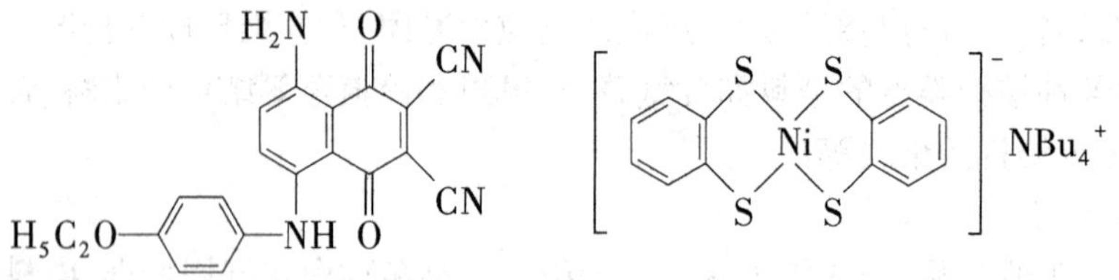

2）液晶显示染料

1970年开始使用液晶显示(Liquid Crystal Display, LCD)。它被用于手表、计算器中。商用的液晶材料有

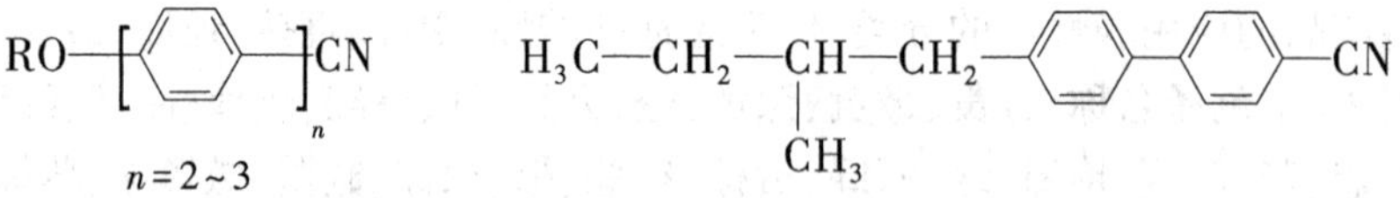

为了得到彩色显示，就必须要有与液晶配合的双向染料(Dichroic Dye)。

3）激光染料

激光染料是一种高量子产率的荧光染料。激光照射于染料溶液池中，使染料分子激发，$S_0 \rightarrow S_1$，激发染料分子发生光子 $S_1 \rightarrow S_0$，此光子在池中往复反射，在极短时间内使其他染料分子激发放射，于是激光由半反射面中射出，光谱符合染料的荧光光谱，然后用滤光片，便可选择所需的激光波长。

4）压热敏染料

压热敏染料大量应用于打字带。常常是三芳甲烷染料，在碱性和中性条件下为无色的内酯，和酸接触即开环而成深色的盐。染料溶于高沸点溶剂，包于微粒中，涂于复印纸下层，和涂有酸性白土的纸接触。书写或打字时微粒破裂，染料和酸性白土接触而显色。热敏纸是用热笔使微粒破裂，主要是甲烷类衍生物，也广泛应用于示温墨水。

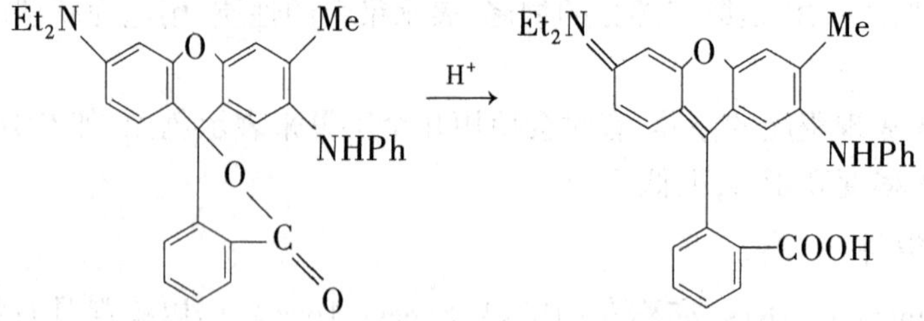

无色　　　　绿光黑

5）有机光导材料用染料

染料和有机颜料作为有机光导电材料用于复印机感光筒的感光剂，随着电子照相的普及而被迅速开发。它较无机类的硒、氧化锌、硫化锆等毒性小、价格低、透明性好、成膜性好，已开发的有聚乙烯咔唑、铜酞菁、苝类颜料等。此类化合物也可用于太阳能电池中。

6）活性染料

活性染料又称反应性染料，即能与纤维发生化学反应的染料。活性染料分子中含有能与

纤维素纤维中的羟基和蛋白质纤维中的氨基发生反应的活性基团，在染色时与纤维形成化学键结合。活性染料具有色泽鲜艳、匀染性良好、湿处理牢度好、工艺适应性宽、色谱齐全、应用方便和成本较低等特点，广泛用于棉、麻、黏胶、丝绸、羊毛等纤维及其混纺织物的染色和印花。

活性染料的分子结构，包括母体染料和活性基两个主要组成部分。活性染料分子结构的特点在于既包括一般染料的结构，如偶氮、蒽醌、酞菁及其他类型作为活性染料的母体，又含有能够与纤维发生反应的反应性基团。

7) 其他应用的功能染料

其他应用的功能染料还有很多，pH 指示染料、光敏化染料是大家都比较熟悉的；光变染料在光照下变色，黑暗中恢复原色（Photochromism）；用于使癌细胞染色定位，使此细胞吸收激光而破坏，不影响健康细胞的染料（Cancer photochemotherapy）；非线性光学材料，可以有二次及三次谐振（SHG, THG），从而使激光的波长转换，这是很有实用价值的。

14.3.4 食品添加剂

人们的日常生活中离不开衣、食、住、行。食品是人们生活的必需品，“民以食为天”，这个道理是人所共知的，由此可见食品的重要。为了提高食品的质量，我们的饮食中早已应用了食品添加剂。譬如，做豆腐所用的凝固剂卤水或石膏，发馒头时所使用的碱面儿，酱油中的酱色等。食品添加剂大大促进了食品工业的发展，它是现代食品工业中最有活力、最富有创造力的因子，也是现代食品工业获取更大经济效益的“秘密武器”，并被誉为现代食品工业的灵魂。那么什么是食品添加剂，它们有些什么作用呢？

14.3.4.1 食品添加剂的定义与作用

我们的祖先很早就已经在食品加工和保存过程中使用了食品添加剂。如将某些食品经过熏制、腌制等方法提高保存期；从植物的花果实中提取用于食品着色或增加香味的物质，这些物质都是在食品的生产和加工过程中，为了某些需要而有意识地加入到食品中的，称为食品添加剂。不过那时的食品添加剂都是从天然植物中提取的，现在除了有天然物质外，还有许多化学合成的物质。以前由于各国的饮食习惯不同，食品添加剂的确切定义、使用范围和种类都有一定的差异，给食品的国际贸易造成了很大障碍。为了解决这个问题，联合国粮农组织（FAO）和世界卫生组织（WHO）于 1962 年联合召开了关于食品标准的会议，决定成立食品添加剂法规委员会，以制定世界各国都通用的国际食品添加剂标准。该委员会对食品添加剂作了如下的定义：“食品添加剂通常不作为食品的主要原料，不以食用为目的，并且不一定有营养价值，而是在食品生产、制造、处理、加工、充填、包装、运输、保藏时为了对食品的性质产生某种作用或是达到所期望的某种目的，有意识地添加到食品中去的某些物质，凡是添加物体本身或其产物直接或间接地成为食品的一部分的，均为食品添加剂。但是不包括污染物质或为了保持或改善食品营养价值的物质。”由此可见国际食品添加剂不包括食品营养强化剂。

我国对食品添加剂的定义是“为改善食品品质和色、香、味，以及为防腐和加工工艺的需要而加入食品中的化学合成或天然物质。”而将食品强化剂规定为“为增加营养成分而加入食品中的天然或人工合成而属于天然营养素范围的食品添加剂。”

食品添加剂大大促进了食品工业的发展，并被誉为现代食品工业的灵魂，这主要是因为它给食品工业带来许多好处，其主要作用大致如下。

(1) 有利于食品的保藏，防止食品败坏变质　食品除少数物品如食盐等以外，几乎全都来自动植物。各种生鲜食品,在植物采收或动物屠宰后,若不能及时加工或加工不当,往往造成败坏变质,带来很大损失。防腐剂可以防止由微生物引起的食品腐败变质,延长食品的保存期,同时它还具有防止由微生物污染引起的食物中毒的作用。抗氧化剂则可阻止或推迟食品的氧化变质,以提高食品的稳定性和耐藏性。同时也可防止可能有害的油脂自动氧化产物的形成。此外,抗氧化剂还可用来防止食品,特别是水果、蔬菜的酶促褐变与非酶褐变,这同样对食品的保藏具有一定意义。

(2) 改善食品的感官性状　食品的色、香、味、形态和质地等是衡量食品质量的重要指标。食品加工后有的褪色,有的变色,风味和质地等也可有所改变。适当使用着色剂、护色剂、漂白剂、食用香料以及乳化剂、增稠剂等食品添加剂,可明显提高食品的感官质量,满足人们的不同需要。

(3) 保持或提高食品的营养价值　食品应富有营养。毫无疑问,食品防腐剂和抗氧化剂的应用,在防止食品败坏变质的同时,对保持食品的营养价值具有一定意义。食品加工往往还可能造成一定的营养素损失。在食品加工时适当地添加某些属于天然营养素范围的食品营养强化剂,可以大大提高食品的营养价值,这对防止营养不良和营养缺乏、促进营养平衡、提高人们健康水平具有重要意义。

(4) 增加食品的品种和方便性　今天不少超级市场已拥有多达 20 000 种以上食品可供消费者选择。尽管这些食品的生产大多通过一定的包装及不同加工方法处理,但它们大都取决于防腐、抗氧、乳化、增稠,以及不同的着色、增香、调味乃至其他各种食品添加剂配合使用的结果。

(5) 有利于食品加工操作,适应工业生产的机械化和自动化　在食品加工中使用消泡剂、助滤剂、稳定剂和凝固剂等,可有利于食品的加工操作。例如,当使用葡萄糖酸-δ-内酯作为豆腐凝固剂时,有利于豆腐生产的机械化和自动化。

(6) 满足其他特殊需要　食品应尽可能满足人们的不同需求。例如,糖尿病人不能吃糖,则可用无营养甜味剂或低热能甜味剂,如糖精或天门冬酰苯丙氨酸甲酯制成无糖食品供应。对于缺碘地区供给碘强化食盐,可防治当地居民的缺碘性甲状腺肿。

在食品加工和原料处理过程中,为使之顺利进行还要用些辅助物质,如助滤、脱色、脱皮、提取溶剂等(要除去不成为食品的最终成分),这类物质不属于食品添加剂,而称为食品加工助剂。现在食品添加剂也称为食品用化学品,但食品用化学品包含了加工助剂、净水剂等。

14.3.4.2 食品添加剂的安全性管理

现在世界上直接应用于食品的化学物质(如食品添加剂)以及间接与食品接触的化学物质(如农药及污染物)日益增多。目前允许直接使用的食品添加剂品种有 4 000 余种(常用的约 680 种),几十个类别,FDA 管理的有 1 755 种(共 2 922 种),美国约 3 200 种,日本 1 100 种,欧盟 1 500~2 000 种,我国有 1 500 余种。食品添加剂除有许多有益作用外,也可有一定的危害性,特别是有些品种本身尚有一定毒性。尽管早期人们往往无需足够的科学证据表明使用某种食品添加剂是否安全,今天即使除偶发事件外也几乎不再有引起急性或直接毒性作用的食品添加剂的应用,但是人们仍一直关注食品添加剂可能给人们带来的各种危害,任何化学物质如果不按规定的质量摄入或超量摄入,都将可能带来有害的反应,其中某些物质还会对动物和人类的后代带来不良的影响,如致畸和致癌作用,尤其是近年来人们担心长期摄入食品添加剂可能带来的潜在危害。为了保障广大消费者的健康,对食品添加剂的使用各国都有很严格的要求，并通过法规加以管理，有的国家的管理甚至严于药品。

经过JECFA、CCFAC和各国政府的努力，一方面已将那些对动物致癌、致畸，并有可能危害人类健康的添加剂品种禁止使用；另一方面对那些有怀疑的品种则继续进行更严格的毒理学检验以确定其是否可用、许可使用时的使用范围、最大使用量与残留量，以及其质量规格、分析检验方法等。由于现有大多数食品添加剂和所有新的食品添加剂均必须经过严格的毒理学检验和一定的安全性评价才得以许可使用，因此可以认为，现已将食品添加剂的危害降到了最低水平。目前国际上认为由食品产生的危害大多与食品添加剂无关。例如人们通常把与食品有关的危险分为五类，其中危害人类最大的是食品的微生物污染；其次是营养不良（包括营养不足和营养过剩）；环境污染为第三；第四是食品中天然毒物的误食；最后才是食品添加剂。

14.3.4.3 食品添加剂的分类

食品添加剂的分类方法，各国均不相同，一般有两种分类方法。

(1) 按来源分类　可分为天然物质、化学合成物质和半天然物质等。天然食品添加剂是利用动植物或微生物的代谢产物等为原料，经提取得到的。化学合成的食品添加剂是通过化学反应等手段制成的。

(2) 按其用途分类　根据《中华人民共和国国家标准第2760—86号》(GB 2760—86)规定，分为防腐剂、抗氧化剂、发色剂、漂白剂、酸味剂、凝固剂、疏松剂、增稠剂、消泡剂、甜味剂、乳化剂、品质改良剂、抗结块剂、香料、食品强化剂、着色剂及其他共十七类。

14.3.4.4 我国食品添加剂的现状与发展趋势

我国食品添加剂经过近20年的发展，生产已初具规模，品种和产量均有很大的增长，基本满足食品工业的需求。我国批准使用的食品添加剂中，香料1 250种，其他20大类，有近500种，总产量约180万吨，产值200亿元，占食品工业总产值的2.5%~3.0%，上规模上档次的品种日益增多，小苏打、柠檬酸、味精、明矾、酶制剂、糖精、山梨糖醇、甜蜜素、发酵粉(泡打粉)、苯甲酸钠、食用色素、香精香料等品种已形成万吨以上的规模；调味剂、甜味剂、增稠乳化剂市场份额也在不断增加，随着食品添加剂的发展，食品添加剂、食品配料行业生产、应用情况活跃，绝大多数产品产销两旺，有些品种还在国际上占有一定的市场，如柠檬酸、木糖醇、苯甲酸钠等。

近年来，我国在食品添加剂的生产方面积极倡导“天然、营养、多功能”的方针，是与国际上“回归大自然、天然、营养、低热量、低脂肪”的趋向是一致的。我国地域辽阔，资源丰富，有着几千年药食同源的传统，发展天然、营养、多功能的食品添加剂和食品配料有着独特的优势。然而，在食品添加剂和食品配料的生产方面，我国与世界食品工业发达国家相比还有相当差距（世界食品添加剂每年约有150亿美元的销售额），还不能满足快速发展的食品工业的需要，在生产应用技术水平、产品质量、成本、品种等方面仍然有一定差距，有待进一步改进与提高，主要表现在以下几方面：

(1) 产品品种少，配套性差　世界上批准使用的食品添加剂有4 000多种，我国仅有1 500多种，食品工业需求较大的乳化剂世界允许使用的品种有60余种，我国只有30余种，常用的只有甘油脂肪酸、蔗糖酯等5个品种，抗氧化剂中用生鲜肉禽类的还属空白。

(2) 生产规模小，工艺技术落后，成本高　如柠檬酸约30余家生产厂中，仅有一家年产量超过10万吨的，其他均为中小型企业，根本无法形成规模效益，国外超临界萃取技术、微胶囊技术、膜分离技术、分子蒸馏、吸附分离等高新技术早就用于生产，我国才刚刚起步。

(3) 产品质量不稳定，针对性不强　如香精的香味不典型、香气不足，蔗糖酯的 HLB 值低。

(4) 应用技术和制剂化水平有待加强　我国制剂化和复配化已开始起步，这类产品的市场潜力很大，极具竞争力。

我们必须充分利用丰富的农副产品资源优势，加大科研力度，加快发展高质量的食品添加剂、食品配料的步伐，学习和引进国外高新技术及进口某些高档次产品，以便更好地推动我国食品工业的发展，提高我国食品的质量、档次，加大应用技术研究，对需求量较大的品种和原料产品实施规模生产，以降低生产成本，以适应新形势的要求，积极参与国际市场竞争。

思考题

1. 石油有哪些重要的性质？
2. 煤的特征如何？简要阐述在我国发展利用煤资源的趋势。
3. 什么是表面活性剂？作用有哪些？
4. 食品添加剂有哪些作用？请结合实际生活谈谈食品添加剂的安全管理。

第 15 章　制药工业与生物化工

15.1　制药工业

药品使用的目的在于治疗、减轻或预防人类的疾病，维护人体的健康状态，其作用方式包括影响及调节生理机能、消灭或抵御外来病菌的侵害等。早期的药品主要是来自大自然的动物、植物及矿物。我国建立了包括阴阳五行、经络、药物性回归经等学说所组合而成的中医医药体系。西方医学中包括生理、病理、解剖、微生物、免疫、药理学等科学的发展，人类对疾病、身体与环境有了更深入的探索与认识，使医学在药物使用治疗上有了长足的进步。因此，医药工业的发展与西方医学有密切的关系。

15.1.1　医药工业的分类

医药工业分为原料药、西药与中药，由于医药业直接关系国民健康，具有附加价值高、市场潜力大、产业关联性大、技术层次高、污染程度低、能源依存度低等产业特性，符合我国新兴工业策定的筛选原则，因此与资讯、通讯、消费性电子、半导体、精密机械、高级材料、医疗保健及污染防治等工业并列成为十大新兴工业。医药工业可依产品分类大致包括原料药、西药制剂和中药制剂制造业。

15.1.1.1　原料药制造业

原料药是药品的活性成分，是药物产生疗效的基本物质，其生产由中间体合成，而中间体由基本原料经生物技术、发酵及化学合成等加工合成，所以原料药可作为药品的有效成分或作为制剂用的辅料；而制剂即指将原料药经配方设计后加工调制成一定的剂型与剂量，以利于保存取用，并方便医师处方及药师调剂后，交付并指导病人使用。目前世界各国使用中的原料药约有 4 000 种，国内经常使用的约 1 000 种。

原料药制造业为医药工业之母，而化学工业又为原料药工业之本。原料药的主要来源是化学合成法(用有机化学方法来改变分子间的链接，以产生所需的化学结构)，原料药厂大宗采购合成时所需的化工厂制造供应的基本化学溶剂(如甲醇、乙醇、甲苯、醋酸酐、硫酸、氢氧化钠、碳酸钠等)及中间体原料(如青霉素-G、青霉素-V、6-APA、7-ADCA、头孢霉素-C、7-ACA 等)，其中中间体原料大部分依赖进口。政府亦鼓励中间体原料的开发制造，目前已有一些进展。原料药合成人员主要任务是提供原料药合成流程，即先采购基本化学原料及特殊中间体，发展设计实验室流程，最后利用大型反应器，以最经济的制造方法，生产符合品质需求的各种原料药物。

15.1.1.2　西药制剂制造业

西药制剂是指将原料药加工成为易于使用的型式，常见的西药剂型有锭剂、液剂、丸剂、胶囊、软膏、注射剂等。制剂配方中除原料药外，还加入其他物质共同组成配方，这些加入的物质统称赋型剂。赋型剂有许多作用,如在锭剂制造时,加入崩散剂以使锭剂能在胃肠道中崩散成小颗粒,利于吸收;加入着色剂以增加美观等。其他制剂如针剂、悬浮剂、软膏剂、栓剂、喷雾剂等,各有加入的赋型剂和作用目的。常用的赋型剂大致有:乳糖、蔗糖、木蜜醇、淀粉、微晶纤维素、梭甲基纤维素、滑石粉、硬脂酸镁等。大部分的赋型剂可由国内食品厂、化工厂制造供应,少部分特殊赋型剂则由国外进口。此外制剂的容器、品管研发工作所需的器皿、化学试药与试液亦由化学工业供应。只有对纯度及品质有严格要求的标准液及精密仪器所使用的器皿、试药、试液,目前仍大部分依赖代理商自美、日、德等国进口。

GMP 药厂应具备基本制剂设备,如锭剂制造,应有粉碎机、筛粉机、混合或练合机、干燥机、颗粒机、整粒机、压锭机、糖衣机、磨光机等;欲生产注射剂,须有注射用水制造设备及防止微生物产生热源所需的设备、安讯切断机(在安讯融封后切断残余部分时用)、容器干燥灭菌机、注射药剂溶液过滤设备,以及注射充填、容器密封、注射剂异物检查设备等。大体而言,制造粉剂、胶囊、颗粒、锭剂、乳剂、软膏剂等的传统制剂设备,国内机械制造厂已经可以设计制造,但特殊及新型的设备如流动床造粒机、高速混合机,以及大部分的针剂制造设备,由于设计精良或品管要求严格等因素,仍主要由国外进口,其中以德、日两国为主要进口国。

15.1.1.3 中药制剂制造业

中药是中华民族的传统国粹,其速效性虽不及西药,但其功效已获证实,近年来崇尚天然药物蔚然成风,传统中药越来越受到世人的重视。西方医学的发展已经遭遇到瓶颈,化学合成药物的进展也已达到某些极限,中药因来自天然,有源源不断的潜能,因而受到世人的注意与青睐,1994 年美国联邦法通过一项法案规定草药可以合法使用。1997 年美国食品药品管理局(FDA)制定了药典可以使浓缩草药有机会进入临床试验。

市面上一般草本保健品多由生药(药用动、植物)磨粉而成,目前利用科学方法研究中药,主要发展浓缩制剂,用实验分析技术(HPLC,高效液相层析仪),单独验证每种草药的有效成分,制成标准化提取物后,再配制成最佳组合,使产品发挥最高效用。目前大部分草药已检验出主要的活性成分,然而并非草药中所有成分均已确定。另外必须注意的是,HPLC 测试方法虽能提供中药活性成分的化学指纹图谱及含量,但并不能用来量度有关中药或保健品的功效。

15.1.2 化学制药的绿色化

医药是与生命科学密切相关的工业产品,它也是最重要的精细化学品类别之一。就医药的化学属性而论,绝大多数是复杂的有机化合物或元素(金属)有机化合物。与无机药物不同,有机药物常常由众多原子组成,而且有机化合物具有立体异构(顺反异构和对映异构)现象,不同的立体异构体常常具有不同的生理活性,必须在合成过程中进行立体化学控制。这就决定着它们的合成是许多种化学原料多步骤的复杂过程(每一个合成步骤都需要原料、试剂、溶剂、分离剂等)。因而,化学制药被认为是产污系数最高的工业部门。一般说来,每生产一吨药物,要产生少则数十吨、多则上百吨的废物,这无疑会给环境造成极大的污染。

化学制药产生的大量“三废”,成为环境保护这一世界难题的重要组成部分。它需要人们花大力气解决这一难题。这一难题已经引起世界各国的密切关注。如何实现化学制药的“绿色化”是合成化学家及制药工程师面临的最严重的挑战。

为了实行药物的绿色合成战略,在合成技术的开发中必须尽量采用无溶剂合成、固相合成或“一锅”合成,尽量避免使用大量的溶剂和助剂,尽量避免使用保护技术、去保护技术和分离技术，尽量提高化学的转化率和选择性。为了实行药物的绿色合成战略，在合成技术的开发中必须贯彻高选择性和原子经济性相结合的原则，尽量避免化学计量的反应，尽量采用催化技术。催化是合成的生命线，高选择性催化合成，一般都具有合成路线短、不用或少用危险试剂、条件温和、副产物少的特点，因此催化合成技术是一种多快好省的合成技术。在现代有机合成中，80%以上的化学过程是催化过程，可见，催化已成为化学工业的坚强支柱。在合成技术向绿色合成发生转移的今天，催化合成理所当然地成为药物绿色合成技术开发的基本方向。

自 20 世纪 90 年代以来，国家各种行政职能部门以及整个社会的"绿色化"意识都在不断增强。经过广大科学工作者的积极努力，化学制药的"绿色化"程度已经或正在提高。一些高度"绿色化"的制药技术已经出现。我们相信，只要我们在"绿色合成"意识的指导下改变旧的思维方式方法，努力改造现有药物合成技术，不断提高药物合成的"绿色化"程度，特别是努力开发新的、经济、适用的"绿色化"合成技术，我们就可以在为社会提供更多更好的高效药物的同时保护环境、战胜污染。

15.1.3　生物药物

15.1.3.1　生物制药的绿色化

20 世纪 70 年代，以 DNA 重组技术为核心的现代生物技术诞生，自此开始，现代生物技术突飞猛进。由生物技术发展起来的制药业，凭着对环境友好、受资源限制少、在临床中毒副作用小等优点，显示出了它强大的生命力，并迅速发展起来，使医药工业产生了巨大变化。21 世纪，生物制药已经成为制药业的重要分支，而且所占比例会越来越大。

生物药物是利用生物体、生物组织或成分，综合应用生物学、生物化学、微生物学、免疫学、物理化学和药理学的原理与方法进行加工制造而成的一大类预防、治疗、诊断制品，其优点如下。

(1) 在医疗上，药理活性高，针对性强，副作用小，疗效可靠，营养价值高。

(2) 在化学构成上，十分接近于体内的正常生理物质，进入体内更易为机体所吸收利用。

(3) 在药理学上具有更高的生化机制合理性和特异治疗有效性，在传染病的预防、疑难病的诊断和治疗上起着其他药物不能替代的作用。

(4) 材料来源广泛，主要有动物、植物、微生物的组织、器官、细胞与代谢产物，如动物脏器、血液、尿液等。应用动植物细胞培养、微生物发酵技术、基因工程技术等也是生物制药的重要途径。

(5) 对环境污染小。

15.1.3.2　生物制药

生物制药业就是利用现代生物技术（包括基因工程、细胞工程、酶工程、微生物工程、生化工程和蛋白质工程）生产生物药品的产业。目前生物制药的技术主要有四大类：

(1) 基因重组　生产干扰素、促红细胞生成素、白细胞介素、生长因子、肿瘤坏死因子、尿激酶类等。

(2) 单克隆抗体　如肝细胞表面抗原单抗用于肿瘤导向治疗。

(3) 转基因动物　如通过乳腺表达凝血因子、白细胞介素等。

(4) 基因防治　指通过目的基因克隆、建立转移系统，在动物体内选择靶细胞，导入目的基因,通过目的基因的表达达到防治疾病的目的。

15.1.3.3 我国生物制药业发展状况

与欧、美、日发达国家相比,我国生物制药研究和产业化相对较晚。从1989年我国第一个生物工程药物β-干扰素上市以来,已有EPO、乙肝疫苗、人胰岛素等15种基因工程药品投放市场。目前,我国研究开发的基因重组药物有120余种,其中创新性研究约占50%,其他则属于仿制国外的品种,而在这120种基因重组药物中,属于天然构型的有93种,占78%,结构修饰型的只有27种,占22%。总体上,我国生物制药业具有如下几方面问题。

(1) 发展快,但发展水平较低　我国的生物技术制药是在20世纪80年代一个非常低的起点上发展起来的,发展速度快,但总体水平较低。虽然2000年全国生物技术药品销售额已达40亿美元,但尚不及美国或日本一家大公司的年销售规模。

(2) 研究与开发费用和精力投入少　国外研究开发一个新药要花费7~10年时间,耗资数亿美元。而我国制药企业研究与开发的费用投入一般不超过3%,一般也是用在仿制上面,大约只需要5年。

(3) 被世界公认为创新的药品十分有限　国内生产的大部分基因工程药物都是模仿而来,随着我国加入WTO,迟早要承认国家专利,目前大量仿制基因工程药物会引发大量的知识产权纠纷。

(4) 下游工程技术的发展落后于生物技术发展　从生物技术产业发展角度来看,下游工程的发展尚不能满足生物技术产业化要求。

为了加强我国生物制药工业的竞争力度,国家和企业必须加大重视,投入大量人力和资金,提倡重点开发原则。我国生物医药发展的重点应为以下几种:

(1) 中草药及其有效生物活性成分的发酵生产,发展具有中国特色的生物技术医药工业。

(2) 改造抗生素工艺技术,研究采用基因工程与细胞工程技术和传统生产相结合的方法,选育优良菌种,研究并使用大规模生产技术——青霉酚化酶固定技术工艺生产半合成青霉素。加快应用现代生产技术生产高效低毒的广谱抗生素。

(3) 开发疫苗与酶诊断试剂,开发重点是乙肝基因疫苗与单克隆重抗体诊断试剂。

(4) 开发活性蛋白与多肽类药物,开发重点是干扰素、生长激素等。

(5) 开发靶向药物,以开发肿瘤药物为重点。

(6) 发展氨基酸工业,开发甾体激素。应用微生物转化法和酶固定化技术发展氨基酸工业和开发甾体激素,并对传统生产工艺进行改造。

15.2 生物化工

15.2.1 生物化工的特点

生物技术是在生物学、分子生物学、细胞生物学和生物化学等基础上发展起来的,是由基因工程、细胞工程、酶工程和发酵工程四大先进技术组成的新技术群。生物化工是生物学技术和化学工程技术相互融合的新型学科,它以生物来源的物质为原料,通过生物活性物质为催化剂使其转化,或用其他生物技术进行制备、纯化,从而得到我们预期的产品。生物化工包含生物化学工程和生物化学工业,是生物技术产业化的关键,又是化学工程发展的前沿学科。

生物化工以应用基础研究为主，对生物技术的发展和生产有着十分重要的作用，它是基因工程、细胞工程、发酵工程和酶工程走向产业化的必由之路。生物化工的任务不仅把生命科学的上游技术转化为实际产品，以满足社会需要，而且在创造新物质、新材料、设计新过程、生产新产品、创建新产业中也将起到关键作用。生物化学工程具有以下特点：

(1) 以生物为对象，常以有生命的活细胞或酶为催化剂，创造必要的生化反应条件，不依靠地球上的有限资源，着眼于再生资源的利用。

(2) 由于细菌不耐高温，需在常温常压下连续化生产，工艺简单，并可节约能源，减少环境污染。

(3) 定向地按人们的需要创造新物种、新产品和有经济价值的生命类物质，开辟了生产高纯度、优质、安全可靠的生物制品的新途径。

(4) 生物化工为生物技术提供了高效率的反应器、新型分离介质、工艺控制技术和后处理技术，扩大了生物技术的应用范围。但是生化反应机理的复杂性，也给反应和分离设备的设计带来了较大的困难。

总之，由于生物化工技术具有反应条件温和、选择性好、效率高、能耗低、可利用再生资源等优点，已成为化工领域战略转移的目标，使生物技术的开发逐渐从医药领域向大宗化学品领域扩展。

15.2.2　生物化工产品的生产工艺技术

15.2.2.1　原材料的选择与预处理

(1) 选择合适的原料　在进行某生物化工产品生产之前，首先要选择合适的原料。对于不同性质的原材料，选择时的着眼点不同。植物要注意季节性；在微生物的生长期，酶和核酸的含量比较高；动物的生理状态不同，含有的生化产品也不同，小牛有胸腺，而成年牛的胸腺就已退化了。因此要根据生物体的特征，选择最佳原材料。

(2) 原料的预处理　选择好原材料后，要对其进行预处理。植物种子先要去壳除脂，微生物要进行菌体和发酵液的分离等操作，动物脏器及组织要剔除结缔组织、脂肪组织等各种非活性部分，目的是便于分离纯化，防止存放中变质，有利于储存和运输。

(3) 原料的粉碎处理　原料的粉碎处理包括机械破碎法、反复冷冻融化法、冷热交替处理法、超声波处理和高压均质处理等物理方法以及生化化学方法等。

15.2.2.2　工业用微生物的培养

微生物是一种生物催化剂载体，它能促使生物物质转化的进行。微生物细胞与反应工程中的反应器又很类似，微生物摄取了原料中的养分，通过体内的特定酶系，经过复杂的生物化学反应——代谢作用，把原料转变为人们需要的产品，如各种酒类、抗生素、氨基酸、有机物、维生素等，所以微生物在发酵工业生产中起着催化剂和反应器双重作用。微生物的培养方法一般采用碳源、氮源、无机盐和微量生长因子等组成培养基，然后按培养基的培养过程分为固体培养和液体培养。按操作方式分为分批培养、连续培养和半连续培养，按是否需要氧气可分为需氧培养和厌氧培养，需氧培养用设备又分为浅盘培养、厚层通风培养和液体通风深层培养。培养条件主要由糖浓度、温度、pH 值、氧气、氮源和微量因子决定。

生物反应器是整个生物反应过程的关键设备，为特定的细胞或酶提供适宜的增殖环境，也可在反应器中进行特定的生化反应。它的结构、操作方式和操作条件与产品的质量、转化率和能耗有着密切的关系。如果按照使用生物催化剂的不同分类，可分为细胞生物反应器和酶催化反应器，如图 15－1 所示。

- 生化反应器
  - 细胞生物反应器
    - 微生物细胞反应器（机械搅拌式、自吸式、鼓泡式、气升式、基因工程菌反应器等）
    - 动物细胞反应器（多层平板式、多层圆盘式、中空纤维管式、流化床式、通气搅拌式等）
    - 植物细胞反应器（通用搅拌式、气升式、多孔板搅拌式、螺旋桨搅拌式）
  - 酶催化反应器
    - 膜反应器（固定膜式、中空纤维式、液膜式）
    - 液固反应器（固定床式、流化床式、搅拌槽式）
    - 气液固三相反应器（三相流化床式、固盘旋转式）

图 15－1 生化反应器的分类

细胞生物反应器是用于增殖细胞，利用细胞内酶系将培养基转化为生物产品的设备。细胞生物反应器中进行的生化反应十分复杂，在反应时，细胞本身也得到了增殖。为了使细胞在反应时保持其催化活性，必须注意避免在反应过程中受到外界杂菌的污染。酶催化反应器中进行的生化反应相对比较简单，酶如同化学催化剂一样，在反应过程中本身无变化。酶的催化反应的特点是专一性强，催化效率高，反应条件为常温、常压、中性介质，酶调控机制复杂。工业化过程需视具体反应情况加以控制，以期获得最佳转化效果。几种细胞生物反应器示意见图 15－2，几种酶生物反应器示意见图 15－3。

从生物反应器中排出的反应产物是一种混合物，里面除含有目的产品外，还含有未转化的基质、不能转化的物质、大量的水、微生物体及各种微量杂质。为了获得合格的生化产品，并且不浪费其他有用的物质，必须对需要的生化产品进行分离或提纯，这一过程称为“下游加工”。这样可以使其他物质循环使用或进行综合利用，既降低了成本又保护了环境。因此下游加工过程与发酵过程或酶反应过程同样重要。分离和提纯的单元操作方法有多种，选择哪一种方法，是由两个方面决定的：一是根据发酵液的特性，即黏度、产物浓度、杂质含量等；二是根据所需产品的形式，如结晶状产品、浓缩液、粗制溶液还是干燥粉末等。

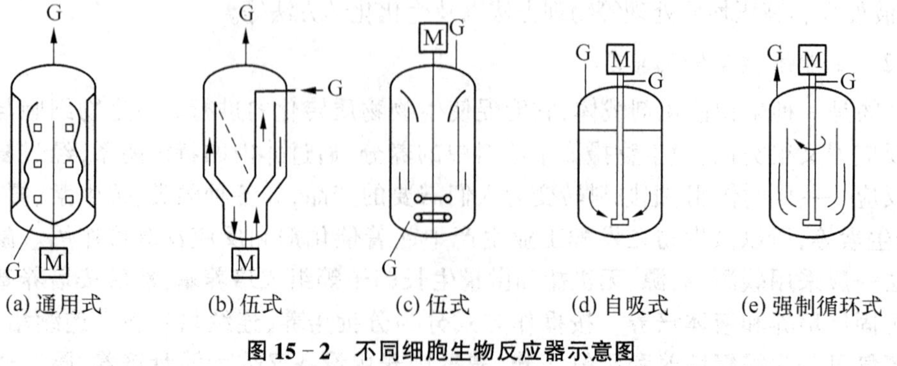

(a) 通用式 (b) 伍式 (c) 伍式 (d) 自吸式 (e) 强制循环式

图 15－2 不同细胞生物反应器示意图

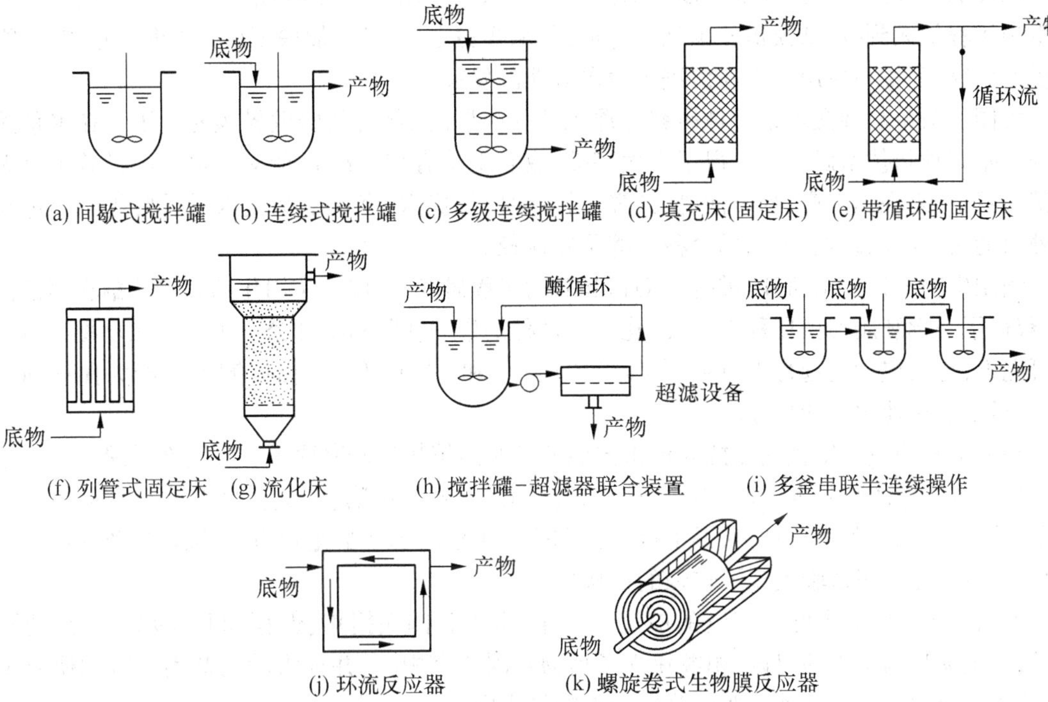

图 15-3　不同酶生物反应器示意图

15.2.3　生物化工的主要应用领域

各种新兴的生物技术已被广泛地应用于制药业、农业、精细化工、资源的开发利用、环境保护、生物加工等行业，并对其他相关产业的发展产生了深远的影响。传统的生物技术正在被改造，新兴的生物技术产业的规模在不断扩大。

15.2.3.1　现代生物制药

21 世纪是生物技术的时代，生物化学、分子生物学、细胞生物学、免疫学、遗传学以及信息技术等学科的迅速发展，正在改变药物的发现和开发进程，使制药工业发生了重大变革，并为开发新药、征服疾病开辟了新路径。目前有 60%以上的生物技术成果集中应用于制药工业，使生物制药成为最活跃、进展最快的产业之一。把生物工程技术应用到药物制造的过程称为生物制药。该内容在生物药物中已经介绍，这里不再阐述。总之，生物制药是一种知识密集、技术含量高、多学科高度综合、互相渗透的新兴产业。它的应用扩大了疑难病症的研究领域，使威胁人类生命健康的重病得以有效控制，从而极大地改善人们的健康水平。

15.2.3.2　农业生物技术与生物农药

1) 农业生物技术

生物技术的飞速发展，使它在农业生产的各个领域展现了强大的生命力。我国是一个农业大国，社会生产力不发达，80%的人口生活在农村，人多地少的矛盾十分突出，这个矛盾还将随着人口的增长和工业的发展而更加尖锐。而我国的社会劳动生产率只相当于发达国家的 5%左右，其差距主要是科学技术和管理水平落后，如果没有科学技术上的突破，农业生产很难有大幅度的增长。生物技术的发展使农业生产跨入一个新的历史时代。十几年来,我国的农业生物工程从无到有,从模仿外国到有所创新,从实验室到农田,加快了科技革命的进程,生物工程的研究、开发与应用大大地促进了我国农业的发展。

我国的两系法杂交水稻育种研究已深入到基因层的研究,跃居世界领先水平。在水稻无融合生殖育种新技术研究上取得了重大突破,成功地培育出无融合杂交水稻。经过数千亩大田试验示范,表现出丰产、米质佳、抗性强、适应性广等优点,克服了杂交水稻需要年年制种和杂种只能用一次的缺点,为水稻育种开辟了新途径。

利用生物工程技术,我国进行了动物胚胎的工程研究,掌握了实用化的胚胎分割和移植技术,获得了一批胚胎移植良种牛,并已建立了良种奶牛的胚胎移植和繁殖中心。在动物细胞工程研究上,也已成功地选育出“四倍体复合银鲫鱼”和“人工复合三倍体鲤鱼”,经大面积饲养试验,显示了快速生长的特性。

基因工程的应用使我国在抗病抗虫方面的转基因植物的研究取得了实质性进展。目前已经获得了抗病毒的转基因烟草、番茄、马铃薯、小麦、玉米等植物,并成功地将苏云金芽孢杆菌杀虫基因导入棉花和水稻种,获得了抗虫棉和抗虫水稻。抗烟草花叶病毒、抗黄瓜花叶病毒的转基因烟草,在大田试验表现了较强的抗病性。

生物技术在农业中已有广泛的应用。近年,世界各国在搜集、保存和开发基因资源的同时,加强植物基因工程的建设,相继建立了植物基因研究中心,并加大动物基因工程的研究步伐,成功地应用于动物品种的遗传改良和克隆技术中。

2) 生物农药

生物农药是利用微生物本身或代谢物防治虫、草等的制剂,包括农用抗生素、细菌农药、真菌农药和病毒农药,具有选择性高、易于降解、用量少、污染小、对人畜毒性小、保护环境、病虫害不易产生抗性等优点。因而发展生物农药,减少化学合成农药的使用,已成为全球农药产业发展的新趋势。生物农药可分为微生物活体农药、微生物代谢产物农药、植物性农药和动物性农药四大类。

(1) 微生物活体农药　微生物活体农药包括微生物杀虫剂、抗生素制剂和除草剂。微生物杀虫剂主要有细菌、真菌和病毒杀虫剂。细菌杀虫剂是以苏云金杆菌为主的几个变种,用于防治菜青虫、小菜蛾、稻苞虫、玉米螟、松毛虫、棉小造桥虫等十多种鳞翅目害虫,防治效果都在80%以上。真菌杀虫剂对防治玉米螟、松毛虫是有效的。抗生素制剂是利用微生物活体抑制植物病原菌,如“5406”抗生剂,对小麦锈病、马铃薯晚疫病、黄瓜霜霉病、棉花黄萎病有效。霉菌除草剂,如鲁保一号(无毛炭疽霉菌),用于防治大豆菟丝子的危害,以提高大豆、花生的产量。

(2) 微生物代谢产物农药　微生物代谢产物农药主要分为农用抗生素、杀虫毒素、除草素和植物生长素四类。农用抗生素应用面积很大,其中春雷霉素、灭瘟素、井冈霉素、多抗霉素、公主岭霉素、浏阳霉素、金核霉素、灭瘟素等应用效果显著。植物生长素应用于杂交水稻、园艺作物上。

(3) 植物性农药　在某些植物中含有杀菌物质,如大蒜素、黄连素、蘑菇素等,利用植物本身可制取杀菌、杀虫剂。现在使用的杀虫剂有除虫菊酯、烟碱、鱼藤酮、苦楝等。

(4) 动物性农药　包括昆虫激素和生物素农药,但这方面的研究还较少。

我国微生物资源丰富,发展生物农药的条件优越,目前已有苏云金杆菌、春雷霉素、灭瘟素、井冈霉素、多抗霉素、公主岭霉素等生物农药实现商品化，生物农药的销售额占整个农药行业的 1/5 左右。

15.2.3.3　精细化工中的生物技术

生物技术在精细化工中的应用及快速发展已成为世界各国化学工业发展的战略方向之一，在开发新资源、新材料与新能源方面有着广阔的前景。在我国由于生物化工和精细化工的起步较晚，发展速度比较缓慢，与发达国家还有相当的差距，特别是在工业化生产阶段拉开了距离，因此需要进一步认识生物技术在精细化工生产中的应用潜力，寻找开发重点，结合生物化工和精细化工的特点，在高新技术的基础上实现生产的规模化和产品的系列化。

目前生物技术已在精细化工的多个领域开发成功，如食品添加剂、香精和香料、水处理剂、表面活性剂、饲料添加剂、医药中间体等，可替代原有的化学合成精细产品，有益于人体的健康，保护了环境。可以说，为了提高人类生活质量，保护环境，延长生命，生物技术在精细化工中的开发、应用的前景是无法估量的。

15.2.3.4　生物石油化工

生物技术与石油化工结合形成生物石油化工。利用生物技术，特别是酶工程和发酵工程技术，开发利用石油、天然气资源，为解决当今世界面临的能源、粮食、环保三大危机开辟新的道路。

1) 石油微生物炼制

在石油炼制中，生物技术可用于石油的脱蜡、脱硫和脱氮等精制过程。

(1) 石油脱蜡　利用解脂假丝酵母、拟圆酵母、粉孢霉菌、诺卡菌等进行发酵法脱蜡可除去石油及其馏分产物的蜡质，获得高质量、低凝固点的航空汽油、高级柴油、变压器油和多种机油。发酵脱蜡具有设备简单、脱蜡深度大、能得到菌体蛋白等优点，且生产成本低、能耗低、产品质量稳定。

(2) 石油脱硫　许多地区的原油中含硫量高，这些硫化物腐蚀设备，影响产品质量，而且石油产品燃烧时，还生成 SO_2 污染环境，因此石油脱硫十分重要。如用氧化硫杆菌、排硫杆菌把有机硫化物分解成 H_2S、SO_4^{2-}、无机硫等，以除去石油中的硫，使油的质量大大提高，并且不需要高温高压生产的反应条件。

(3) 石油脱氮　利用土壤中培养出的微生物，通过环羟基化和断裂机理，使吡啶降解成 NH_3、CO_2 和 H_2O。这些微生物能对含氮杂环化合物分子的氧化有专一性，并能把油中的含氮杂环化合物氧化。

2) 以生物技术发展石油化工

(1) 利用生物技术，开发以石油为原料的化工产品，可以改变反应条件，变高温高压为常温常压，使生产安全，降低成本及能耗，简化工艺流程，减少污染，提高产品质量。

(2) 目前生产单细胞蛋白多以淀粉、糖、纤维素及工业废液为原料，生化石油技术的发展，将大力开发以石油为原料的单细胞蛋白生产技术。如用甲基氧嗜甲基杆菌为发酵剂，甲醇为原料的单细胞蛋白生产技术在英、美、德、日本、北欧等国都完成了中型试验。

(3) 环氧乙烷和环氧丙烷是重要的化工原料，传统的生产方法存在着选择性不高，污染严重等缺点。现在美国 Cetus 公司研制成功了用酶作催化剂，由烯烃制备环氧化物的新工艺。该工艺与氯醇法一样要生成氯丙醇，但用的是氯离子而不是氯气，氯离子可循环使用，而且不用石灰，避免了废渣的处理。

(4) 长链二元酸是制造合成纤维、工程塑料、涂料、香料和医药的重要原料，过去由于有机合成比较困难，成本高，限制了在工业上的应用。酵母菌、细菌、丝状真菌都有不同程度氧化正构烷烃，生成二羧酸的能力，特别是假丝酵母属和毕氏酵母属是正构烷烃发酵生产二羧酸的高产微生物。

15.2.4 生物化工的发展状况

15.2.4.1 国外生物化工的发展状况

随着生物技术的高度发展，生物化工技术和化工生产技术已成为当今世界高技术竞争的重要焦点之一。21 世纪是技术革命的生物化工产业时代，生物化工将成为新世纪的技术主体和新的经济增长点。目前，世界各国如美国、日本、德国和英国等发达国家竞相开展了这方面的研究工作，各国相继建立了独立的政府机构，成立了一系列生物化工研究组织，正在制定 2010 年或 2020 年中长期发展规划，在政策和资金上给予大量的支持。在美国，1991 年现代生物技术产品的销售额为 59 亿美元，1996 年达 101 亿美元，1997 年为 130 亿美元，2000 年达 500 亿美元。日本在 1991 年生物技术产品的销售额为 2 648 亿日元，到 1996 年已达 6 552 亿日元，增加了一倍多。德国在 1997 年生物技术产品销售额为 940 亿马克，2000 年达1 850亿马克，平均年增长 25%。1996 年欧洲的生物科学技术公司为 584 家，到 1997 年发展到 716 家。英国、德国、法国等欧洲国家在生物技术方面的研究十分活跃，并为生物技术的发展投入了大量研究经费。

近十年来，世界生物技术迅速发展，在基础研究和应用开发方面都取得了显著的成就。研究对象从微生物扩展到植物，从陆地扩展到海洋空间，成为人类解决农业、医药保健、环境保护等问题的重要手段。在生物化工领域，通过大力开发已取得了许多重大的科技成果。在能源方面，纤维素发酵连续制造乙醇已开发成功；在农药方面，许多新型农药不断产生；在环保方面，固定化酶处理氯化物已实际应用；微生物法生产丙烯酰胺、脂肪酸、己二酸等产品已经达到一定的生产规模；应用于生物技术的生物反应器的研究进入了新阶段，反应器的研究向着多样化、大型化、自动化的方向发展；用生物法生产的高性能液晶、高性能膜、生物可降解塑料等技术不断成熟；高效分离精制技术、超临界流体萃取、膜分离等新技术不断地应用于高纯度生物化学品的制造中。

美国的生物技术产品大量出口，生物技术处于世界领先地位，1998 年 5 月初，美国杜邦公司首席执行官霍利德在纽约的新闻发布会上称“生命科学将是杜邦公司最重要的项目，生物技术将是下一世纪最重要的技术。我保证杜邦公司将处于领先地位。”之后杜邦公司收购了国家蛋白质技术公司，正在进行大豆蛋白及玉米、大豆的改性对人体健康方面的研究，并且开发新的医药产品。1998 年 1 月末，杜邦公司又收购了英国剑桥小麦育种企业 CDFI，标志着该公司将向高附加值的农产品成分——药物和工业原料方面进行新的研究开发。从理论上讲细菌能把 90%以上的环已醇转化为己二酸，杜邦公司在美国特拉华州威尔明顿的实验站使用细菌试验从环已醇生产己二酸的生产工艺，这将可能成为生产新一类聚酯产品的关键。杜邦公司还进行利用植物来生产医药工业用的单体或中间体的研究。美国还有道化学、孟山都公司，英国的 ICI，德国的拜耳、赫斯特公司等都在投入巨大资金和组织庞大的科技力量进行生物化工技术的研究。

15.2.4.2 国内生物化工的发展状况

我国的现代生物技术开始于20世纪70年代中期，在1986年前，可以说是我国生物技术的初创阶段，一些生物学科研实力较强的单位先后开展了重组DNA技术、杂交瘤技术、细胞融合、酶固化和动物细胞大规模培养等技术的基础性研究和开发工作，为我国生物技术的发展奠定了基础。1986年，国家把开展生物技术领域的研究列入国家高技术研究和发展计划中，即成为“863”计划的重点资助攻关项目，也就是从这时起，国家自然科学基金也重点支持了生物技术的基础研究，同时国家计委和科委又支持建立了一批生物技术的国家实验室，从而使我国的生物技术研究工作进入到新的发展时期。十几年来，随着生物技术的蓬勃发展，我国生物化工产品生产也得到了迅速发展。有机酸中，柠檬酸的产量居世界前列，其工艺和技术水平均属于世界先进水平，乳酸、苹果酸的新工艺已开发成功；氨基酸中，赖氨酸和谷氨酸的生产工艺和产量在世界上具有一定优势；微生物法生产丙烯酰胺已开始工业化生产；已可以生产赤霉素、井冈霉素、浏阳霉素、金核霉素以及农畜两用抗生素7051杀虫素等农用抗生素；发酵法生产甘油受到重视，加之各种分离技术的应用，可生产出用于医药、油漆等不同用途的甘油产品；在发酵设备、分离及成本等产业化方面，黄原胶的生产有了突破性的进展；同时在酶制剂、果葡糖浆、单细胞蛋白、纤维素酶、胡萝卜素等产品的生产方面也日益成熟。近年来，为了推动我国生物化工技术的发展，国家投入了大量的人力、物力，在生物反应器、分离技术设备、生物传感器、计算机控制等方面也取得了一系列成果，在工业生产中产生了很大的经济效益。

但是由于生物化工是新领域，在我国起步比较晚，与国外生物化工技术比较，还存在很大的差距，无论在产品开发和生产、市场规模和经济效益，还是在科技人才方面均落后于发达国家。比如在我国，除了以酿造技术为基础的传统生物化工产业外，其他生物化工技术的产业化水平还很低，许多技术研究成果尚未由实验室转化为生产力，产业化程度与发达国家的差距悬殊。我国开发的一些生物化工产品，由于缺乏下游工程的相应支持，致使生物反应器和产品的分离、提纯等支撑技术不能适应产品产业化的要求，从而使开发出的新产品无法实现产业化。因此，如何将开发的新产品尽快转化为生产力，提高整个生物化工产业化水平，是当前我国生物化工产业面临的重要挑战。另外，我国在生物化工的产品品种、数量和技术经济指标上与美国、日本有很大差距，新技术新工艺开发不足，生物化工装备水平也较低。在国外生物化工产业发展主要依靠大企业和公司，以研究为基础，以生产为目的，实现了科研生产的一条龙。而我国从事这方面研究工作的以大学和科研机构为主，这对于实现生物化工的产业化不利，并难于获得更多的研究资金的投入。因此在我国今后需进一步扩大开发生物化工新材料、新品种，加强生物过程的工程化技术和装备的研究，大力促进生物化工产业的高技术化、优质化，使产品结构和产业结构更加合理。

生物技术的发展水平已成为一个国家科技实力的象征，因此生物技术已成为当今世界高科技竞争的一个重要焦点。曾有人预言，21世纪将是生物技术的世纪，为此生化技术将在以下几个方面取得进展：改造现有生化产品的生产工艺及设备，提高有机酸等发酵产品的生产技术水平；发展单细胞蛋白、氨基酸等产品的工业化生产，开发生物固氮、蛋白质工程等技术，改变现有食品结构；用微生物法开发基础化工新产品并实现工业化、商品化，其中生产丙烯酰胺及聚β-羟基丁酸酯的工业水平将显著提高；微生物多糖、生物色素、酶制剂、甜味剂、表面活性剂和生物农药等精细化工产品开发得到发展；大规模开发生化工程及装备产业化技术，实现反应器的大型化、多样化、自动化，生化产品的分离和提纯技术得以提高；以生化技术治理化工生产中的各种污染,发展再生资源、纤维素等的工程研究开发,为基本有机化工原料开拓新的原料来源。随着现代生物技术的发展,原有的技术经常有新的突破,新的技术不断涌现。它将成为解决当今世界资源、环保和能源三大问题的有效途径之一,因此生物化工具有广阔的发展前景。

思考题

1. 什么是生物药物?浅谈其发展趋势。
2. 生物化工有哪些特点?试举例说明生物化工在能源方向的研究与进展。

参考文献

[1] 刘代俊,蒋文伟,张昭.化学过程工艺学.北京:化学工业出版社,2005.
[2] 胡永琪,金涌.化工进展,1998,17(1):1-6.
[3] 黄仲九,房鼎业.化学工艺学.北京:高等教育出版社,2001.
[4] 仲崇立.绿色化学导论.北京:化学工业出版社,2000.
[5] 梁朝林,谢颖,黎广贞.绿色化工与绿色环保.北京:中国石化出版社,2002.
[6] 吴志泉,涂晋林.工业化学.上海:华东理工大学出版社,2004.
[7] 黄少烈,邹华.化工原理.北京:高等教育出版社,2002.
[8] 张弓.化工原理.北京:化学工业出版社,2000.
[9] 麻德贤,李成岳,张卫东.化工过程分析与合成.北京:化学工业出版社,2002.
[10] 陈绍洲,徐佩若.石油化学.上海:华东化工学院出版社,1993.
[11] 李淑芬.现代化工导论.北京:化学工业出版社,2004.
[12] 赵德丰,程侣柏,姚蒙正,等.精细化学品合成化学与应用.北京:化学工业出版社,2001.
[13] 虞继舜.煤化学.北京:冶金工业出版社,2003.
[14] 闫鹏飞,郝文辉,高婷.精细化学品化学.北京:化学工业出版社,2004.
[15] 殷世铎.工业化学概论.北京:高等教育出版社,1995.
[16] 徐燕莉.表面活性剂的功能.北京:化学工业出版社,2000.
[17] 程铸生.精细化学品化学.上海:华东理工大学出版社,2003.
[18] 谢文磊.天然化工原料及产品手册.北京:化学工业出版社,2004.
[19] 洪啸吟,冯汉保.涂料化学.北京:科学出版社,1997.
[20] 孙酣经.化工新材料.北京:化学工业出版社,2004.
[21] 温辉梁,黄绍华,刘崇波.食品添加剂生产技术和应用配方.南昌:江西科学技术出版社,2004.
[22] 王雅琼.功能高分子材料及应用.太原科技,1996(3):21-23.
[23] 孙履厚.精细化工新材料与技术.北京:中国石化出版社,1998.
[24] 张雄伟,黄锐.高分子复合导电材料及其应用发展趋势.功能材料,1994,25(6):492-499.
[25] 李福刚,李长江.复合型导电高分子材料.合成树脂及塑料.1996,(6):57-59.
[26] 谭毅,李敬锋.新材料概论.北京:冶金工业出版社,2004.
[27] 朱光明,秦华宇.材料化学.北京:机械工业出版社,2003.
[28] 张邦华,朱常英,郭天瑛.近代高分子科学.北京:化学工业出版社,2006.
[29] 周学良,刘廷栋,刘京,等.功能高分子材料.北京:化学工业出版社,2003.
[30] 张立德.纳米材料.北京:化学工业出版社,2000.

[31]　高新,李稳宏,王锋,等.纳米材料的性能及其应用领域.石化技术与应用,2002,20(3):199-201.
[32]　许并社.纳米材料及应用技术.北京:化学工业出版社,2004.
[33]　陈祖熊,王坚.精细陶瓷——理论与实践.北京:化学工业出版社,2005.
[34]　刘锡洹.发展中的电子化工材料.化工进展,1995,7(3):173-180.
[35]　宋小平.电子与信息化学品制造技术.北京:科学技术文献出版社,2001.
[36]　孙忠贤.电子化学品.北京:化学工业出版社,2002.
[37]　贡长生,单自兴.绿色精细化工导论.北京:化学工业出版社,2005.
[38]　付丽荣,曲波.生物化工技术发展前景.中国石油和化工,1997,12:28-29.
[39]　郭勇.现代生化技术.北京:科学出版社,2005.

第五篇　工业自动化概论

第 16 章　数字电子计算机

计算机的全名是"通用电子数字计算机"，简称电脑，是一种能自动、高速、精确地完成信息处理、存储和传输的电子机器。计算机的发明和发展是 20 世纪科学技术的卓越成就之一，它的广泛应用有力地推动着生产、科技与文化事业的发展。

16.1　电子计算机的发展简史

16.1.1　第一台电子计算机 ENIAC 的诞生

人类早期使用的计算工具有手摇机械计算机、计算尺、微分分析仪、算盘等。随着科学技术的发展，电子管和电子线路的应用，人类第一台计算机于 1946 年 2 月在美国由宾夕法尼亚大学研制成功，命名为 ENIAC（Electronic Numerical Integrator And Calculator），图 16－1 为 ENIAC 实物照片。它的诞生使人类的计算工具由手工到自动化产生了一个大的飞跃。

图 16－1　世界上第一台计算机

ENIAC 的研制成功为以后计算机科学的发展奠定了基础，而每克服它的一个缺点，都对计算机的发展带来很大影响，其中影响最大的就是"程序存储"方式的采用。将程序存储方式的设想确立为体系的是美国数学家冯·诺依曼（Von. Neumann），其主要思想是：在计算机中设置存储器，将符号化的计算步骤存放在存储器中，然后依次取出存储的内容进行译码，并按照译码结果进行计算，从而实现计算机工作的自动化，采用这种方式的计算机统称为冯·诺依曼式计算机。

在计算机的发展历程中还有一个有突出贡献的人物——英国数学家阿伦·图灵。图灵在1936年发表的《论可计算数机器在判定问题中的应用》等论文为电子计算机的理论和模型奠定了基础,后人称其为"计算机之父"。美国计算机协会为以后在计算机的发展上有贡献者设立了"图灵奖"。

16.1.2 计算机发展的几个阶段

从第一台计算机问世起,到现在的60多年间,计算机的发展经历了四个阶段,或称为四代,见表16-1。从表16-1可以看出,计算机发展的四个阶段是根据电子计算机所采用物理器件来划分的,电子器件的快速发展推动了计算机的快速发展。

表16-1 计算机发展的四个阶段

	第一代 1946年—1955年	第二代 1956年—1963年	第三代 1964年—1971年	第四代 1972年至今
主机电子器件	电子管	晶体管	中小规模集成电路	大规模、超大规模集成电路
内存	汞延迟线	磁芯存储器	半导体存储器	半导体存储器
外存储器	穿孔卡片、纸带	磁带	磁带、磁盘	磁盘、光盘等大容量存储器
处理速度(指令数/秒)	几千条	几百万条	几千万条	数亿条以上

16.1.3 未来计算机的发展方向

从目前的研究方向看,未来计算机将向着以下几个方向发展。

1) 超越冯·诺依曼结构

到目前为止,各种类型的计算机都属于冯·诺依曼型计算机,即采用存储程序原理和二进制编码。随着计算机应用领域的扩大,冯·诺依曼型的工作方式逐渐显露出其局限性,所以科学家提出了制造非冯·诺依曼型计算机的设想。自20世纪60年代起,人们从两个方向开始努力:一是创建新的程序设计语言,即所谓的"非冯·诺依曼语言",如LISP、PROLOG和F.P.;二是从电脑元件方面,提出了与人脑神经网络相类似的新型极大规模集成电路的设想,即"分子芯片"。

2) 高速计算机浮出水面

研究表明,计算机的运行速度与芯片之间信号传输的速度紧密相关。然而,目前广泛使用的二氧化硅在传输信号的过程中会吸收掉一部分信号,从而延长了信息传输的时间。而一种新近研制的"空气胶滞体"导线几乎不吸收任何信号,在不需要对计算机芯片进行任何改造的前提下,只需换上"空气胶滞体"导线,就可以成倍地提高计算机的运行速度。

3) 生物计算机生机勃勃

生物计算机在20世纪80年代中期开始研制。其最大特点是采用了生物芯片,它由生物工程技术产生的蛋白质分子构成。在这种芯片中,信息以波的形式传播,运算速度比当今最新一代计算机快10万倍,而能量消耗仅为普通计算机的十分之一,并拥有巨大的存储能力。生物计算机具有生物体的一些特点,如能发挥生物本身的调节机能自动修复芯片故障,还能模仿人类的思考机制。

4）光学计算机前景光明

所谓光学计算机就是利用光作为信息的传输媒体。与电子相比，光子具有许多独特的优点，它的速度永远等于光速，具有电子所不具备的频率及偏振特征，从而可大大提高传输信息的能力。此外，光信号传播不需要导线，抗干扰能力强。

16.2　计算机中的数据信息表示

在计算机内部，数据都是以二进制的形式存储和运算的。所以有必要了解进位计数制以及不同数制间的转换和数据编码等问题。

16.2.1　进位计数制

进位计数制就是按照进位的原则进行计数的方法。人们在生活中已经习惯了十进制数，而计算机内部却采用二进制。有时，为了二进制的书写方便，也会采用八进制和十六进制数。

16.2.1.1　几种常用的进位计数制

在进位计数制中，先简单介绍一下数码、基数和位权三个概念。

（1）数码　一种数制中采用的计数符号。例如，十进制数有 0~9 十个数码，二进制数有 0 和 1 两个数码。

（2）基数　数制中使用数码符号的个数。例如，十进制数的基数为 10，二进制数为 2。

（3）位权　指数码所在位的数值单位，也就是说，同一数码在不同的位时所代表的值不同。例如十进制数中每位的位权，从小数点开始从右到左分别为：10^0，10^1，10^2，10^3，…；从小数点开始从左到右分别为：10^{-1}，10^{-2}，10^{-3}，10^{-4}…

下面介绍几种常用的数制。

1）十进制

十进位计数制简称十进制。十进制数具有下列特点。

（1）有十个不同的数码符号 0，1，2，3，4，5，6，7，8，9。

（2）每一个数码符号根据它在这个数中所处的位置（数位），按“逢十进一”来决定其实际数值，即各数位的位权是以 10 为底的幂次方。

2）二进制

二进位计数制简称二进制。二进制数具有下列特点。

（1）有两个不同的数码符号 0，1。

（2）每个数码符号根据它在这个数中的数位，按“逢二进一”来决定其实际数值。

计算机中数的存储和运算都使用二进制数。

3）八进制

八进位计数制简称八进制。八进制数具有下列特点。

（1）有八个不同的数码符号 0，1，2，3，4，5，6，7。

（2）每个数码符号根据它在这个数中的数位，按“逢八进一”来决定其实际数值。

4）十六进制

十六进位计数制简称为十六进制。十六进制数具有下列两个特点。

（1）有十六个不同的数码符号 0，1，2，3，4，5，6，7，8，9，A，B，C，D，E，F。

(2) 每个数码符号根据它在这个数中的数位,按“逢十六进一”来决定其实际的数值。

16.2.1.2 各种进制数据之间的转换

不同进制数之间的转换的原则是:如果两个有理数相等则整数部分和小数部分分别相等。所以,在转换时,采用整数部分和小数部分分别转换的方法。

1) 二进制、八进制、十六进制数转换为十进制数

把各位的数码与该数码在该位上的位权相乘,然后按十进制运算规则相加。例如:(1 001 101.101)B $= 1 \times 2^6 + 1 \times 2^3 + 1 \times 2^2 + 1 \times 2^0 + 1 \times 2^{-1} + 1 \times 2^{-3} = 77.625$。

2) 十进制数转化为二进制数、八进制数、十六进制数

将十进制整数转化为其他进制整数,可以采用“短除法”,即用基值去除十进制数,所得到的余数从下往上读,即得到其他进制的数。如十进制数 23 转化为二进制数为

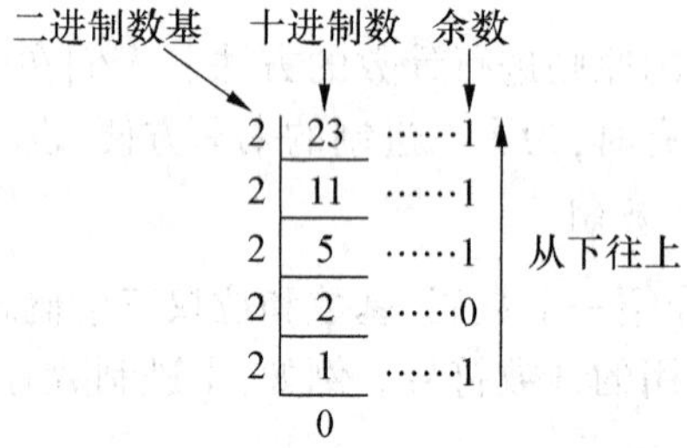

所以十进制整数 23 转化成二进制整数为 10 111,通常写为:$(23)_{10} = (10\,111)_2$。

与整数部分转换不同,十进制小数转换成其他进制时,采用乘基数取整数的方法,直到满足要求的精度或小数部分等于 0 为止,然后取每次乘积结果的整数部分,从上往下读,即可得到转换结果。如十进制小数 0.812 5 转化为二进制小数为

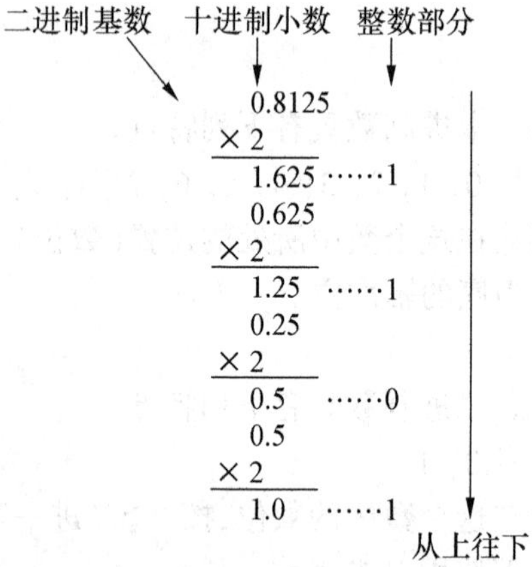

所以十进制小数 0.812 5 转化成二进制小数为 0.110 1,通常写为:$(0.812\,5)_{10} = (0.110\,1)_2$

如果一个数既有小数又有整数,则应将整数部分与小数部分分别进行转换,然后用小数点将两部分连起来,即为转换结果。

16.2.2 计算机中的编码

16.2.2.1 数据的单位

在计算机中常用到的基本数据单位有位、字节、字三种。

1) 位(Bit)

位又称比特,是计算机中表示信息的最小信息单位。1bit 表示一位二进制数,它可能是 1,也可能是 0。

2) 字节(Byte)

字节是计算机存储信息的最基本信息单位,也是信息数据的基本单位,1Byte(通常简记 1B)用 8 位二进制数表示,共能表示 $2^8=256$ 种不同的状态。下面是常用的一些字节单位:

1 kB(千字节)= 2^{10}B = 1 024 B

1 MB(兆字节)= 2^{10} kB

1 GB(吉字节)= 2^{10} MB

3) 字(Word)

一个字由若干个字节组成,用于表示数据或信息的长度。有的计算机上规定一个字为 8 位,有的规定为 16 位,一般来说字越长,计算机的性能也就越好。

16.2.2.2 数据的表示

计算机中处理的数据都是以二进制形式表示的,以字节的形式存放的。以一个字节(8 位)为例,规定最高(最左边)位为符号位(通常 0 表示正数,1 表示负数),其余为数值位,这种存储在计算机里且符号被数值化的数,称为机器数。机器数的编码(即机器数的表示)有三种形式:原码、反码和补码。正数的三种编码与该数的二进制形式一致,而负数的三种编码的最高位都是 1,数值位若是原码则与该数(无符号)的二进制形式一致,若是反码则将该数的二进制形式按位取反(即 0 变 1, 1 变 0),若是补码则将该数的二进制形式按位取反后加 1。如-2 的三种编码表示形式是:原码为 10000010,反码为 11111101,补码为 11111110。

16.2.3 信息的编码

计算机中,把一些常用的字母、符号、数字和文字等非数值信息用规定的代码表示,这一过程称为计算机信息编码,使用二进制数表示的文字和符号称为二进制编码。当我们输入字符“B”时,计算机接收到的是字符“B”的二进制编码“01000010”,并对其进行存储,在显示时,又将“01000010”转化为字符“B”。计算机只有采用统一的编码方案,才能便于进行信息的存储、处理和传送。

计算机常用文字编码有字符编码(ASCII)和汉字编码两种。

ASCII 码是美国信息交换用标准代码(American Standard Code for Information Interchange)。ASCII 码虽然是美国国家标准,但它已被国际标准化组织(ISO)认定为国际标准,为世界公认,并在世界范围内通用。

ASCII 码用一个 8 位二进制数(字节)表示,每个字节只占用 7 位,最高位恒为 0。7 位 ASCII 码可以表示 128($2^7=128$) 个字符,其中通用控制字符 34 个,阿拉伯数字 10 个,大、小写英文字母 52 个,各种标点符号和运算符号 32 个。

汉字有它自己独特的编码。《信息交换用汉字编码字符集 · 基本集》是我国于 1980 年制定的国家标准 GB2312—80,代号为国标码,是国家规定的用于汉字信息处理使用的代码依据。GB2312—80 中规定了信息交换用的 6 763 个汉字和 682 个非汉字图形符号(包括几种外文字母、数字和符号)的代码。

在此标准中,每个汉字(图形符号)采用双字节表示。每个字节只用低 7 位,最高位恒为

1。由于低7位中有34种状态是用于控制字符,因此,只有94(128 - 34 = 94)种状态可用于汉字编码。这样,双字节的低7位可以表示94 × 94 = 8 836种状态。

16.3 微型计算机的系统和系统构成

16.3.1 计算机的系统组成

计算机是一个完整的系统,"系统"是指由若干相互独立而又相互联系的部分所组成的整体,从这个角度来说,计算机系统是由硬件系统和软件系统两部分组成的。计算机的硬件系统和软件系统互相依赖,不可分割。计算机的系统结构如图16-2所示。

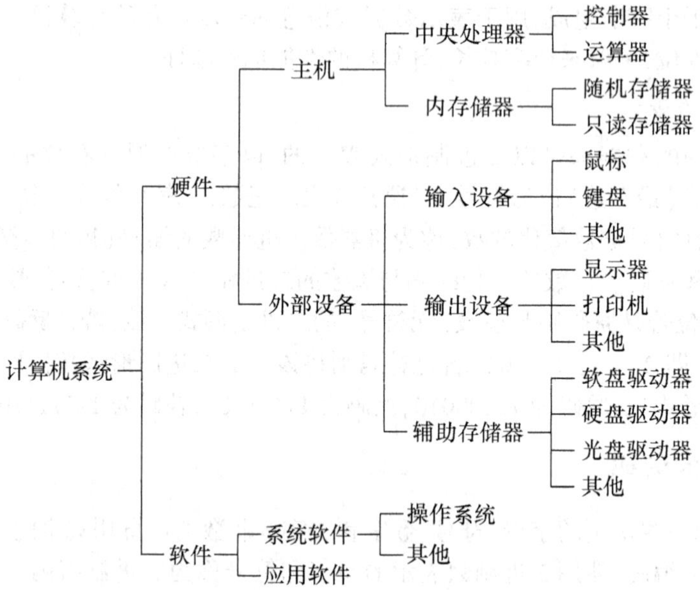

图16-2 计算机系统组成

16.3.2 计算机的系统结构

微型计算机系统由中央处理机(Central Processing Unit, CPU)、主存储器、外存储器及输入输出设备组成。微型计算机硬件各部分功能如下所述。

1) CPU

CPU是硬件系统的核心。它又包括运算器、控制器和寄存器。

(1) 运算器(Arithmetic Unit) 计算机上具有进行算术和逻辑运算的装置就是运算器。例如:进行加法时,要把这两个加数送入加法器,按照加指令在加法器中进行加法运算,从而求出和。

(2) 控制器(Control Unit) 控制器是计算机系统发布操作命令的部件,犹如人脑的神经中枢一样,它是计算机的指挥中心,它根据指令提供的信息实现对系统各部件(包括CPU内和CPU以外)操作的控制。

(3) 寄存器(Register Unit) 寄存器是将若干个具有存储功能的触发器件连接起来,能暂时存储若干位数字信息的一种装置。寄存器一般是一个字长。

2) 主存储器

主存储器也被称为内存储器,简称内存。现在的计算机内存都采用大规模集成电路制造工艺,具有密度大、体积小、存取速度快的特点。内存的容量和性能是衡量计算机性能的重要指标之一。

内存储器又根据功能分为只读存储器 ROM(Read Only Memory)、高速缓冲存储器(Cache)和随机存储器 RAM(Random Access Memory)等。

(1) ROM　ROM 是一种用户只能读出不能写入的存储器,一般用来存放计算机重要信息(例如初始启动计算机的指令、设备检查程序等),其中的信息通常在计算机出厂前,使用特殊工艺固化在 ROM 单元中。ROM 的最大特点是所存储的内容不会随着电源的断开而消失。

(2) RAM　RAM 可随时进行写入和读出信息,在工作时用来存放用户的程序和数据,也可以存放临时调用的系统程序,在关机后 RAM 中的内容自动消失。

RAM 还分静态 RAM(Static RAM, SRAM)和动态 RAM (Dynamic RAM, DRAM)。静态随机存储器运行速度快、价格高。而动态随机存储器用于构成主机主存的 RAM,称为内存条,它比 SRAM 运行速度慢、价格便宜。

(3) 高速缓冲存储器(Cache)　Cache 是介于 CPU 和内存之间的可高速存取信息的芯片,是 CPU 和 RAM 之间的桥梁,用于解决 CPU 运行速度快、RAM 速度慢之间的速度冲突问题。

3) 外存储器

外存储器可记录各种信息、保存系统软件和用户程序及数据,可以重复使用,常见的有:软盘(Floppy Disc)、硬盘(Hard Disc)、CD-ROM, DVD 和 U 盘。

(1) 软盘　软盘具有价格便宜、携带方便、容量小、读写速度较慢等特点,它是由起保护作用的硬塑料封套和盘片组成。现在 PC 机上使用的软盘大小一般是 9 cm(3.5 英寸),当软盘插入软驱后,软盘的活动窗就滑到一边,露出里面的磁盘表面,磁头就可以从这里读写数据。

(2) 硬盘　硬盘是在铝制圆盘上铺有磁性材料的外存储器,从结构上分为固定式和移动式,它的尺寸主要为 9 cm(3.5 英寸)。硬盘上每个存储面也划分为若干个磁道,每个磁道划分为若干个扇区。硬盘通常由多张盘片组成,也有多个磁头,每个存储面的同一道形成一个柱面。硬盘的读写速度是软盘的 20 倍,在相同尺寸上的存储容量是软盘的 20 到 400 倍,硬盘的容量以 GB 为单位,可以达到几十甚至几百 GB,转速为 5 400 r/min 和 7 200 r/min。

(3) CD-ROM　CD-ROM是只读光盘,用户只能读取已存在光盘上的内容,不能更改和写入信息。它具有容量大、速度快、不易受干扰等特点,是多媒体计算机的关键部件之一。

(4) DVD　DVD 光盘是一种新的 CD 产品,现在已用得比较广泛。DVD 光盘的大小与 CD 光盘相同,且 DVD 光盘驱动器兼容 CD 光盘,它的容量有 4.7 GB, 7.5 GB 和 17 GB 等多种。

(5) U 盘　U 盘(有的称为闪盘、优盘、魔盘)是一种可以直接在通用串行总线 USB 端口上进行读写的新一代外存储器。它具有容量大、体积小、携带方便、保存信息可靠等优点。

4) 输入、输出设备

输入设备中键盘和鼠标是必须具备的部件,大多数产品都能够满足一般需要。

（1）输入设备

① 键盘　标准键盘的布局如图 16－3 所示。

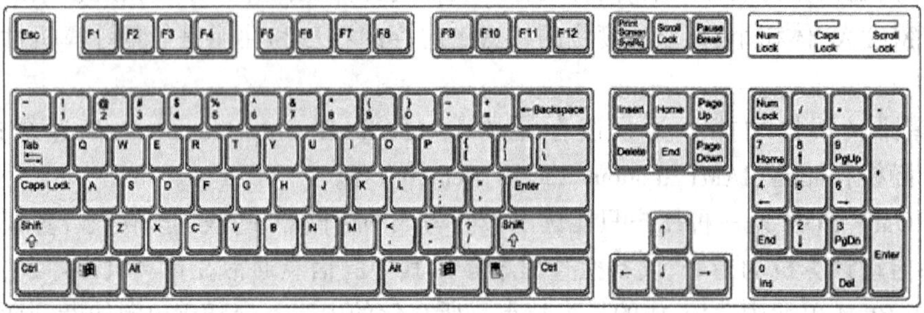

图 16－3　键盘的布局图

在这种键盘上字键分成几个区：

左区为大键盘，是标准的打字机键盘，包括字母键、数字键、专用符号键（如！，@，#，%），以及一些特殊的功能键（如 Shift，Enter 等）。有些字键上标有两个字符，称为双字符键。大键盘的最上一排是 F1 到 F12 12 个功能键，它们的作用在不同的软件系统中有不同的定义，使用功能键的优点是操作简便，节省键盘输入时间。

右区是一个 17 键的小键盘（英文中称为 KEYPAD），它的结构与计算器的键盘类似。

在大、小键盘中间部分（中区）分上中下 3 个键位组，上面一组包括 3 个功能键，中间为 6 个编辑键，下面一组是光标控制键，控制光标在屏幕上的移动。

② 鼠标　Windows 图形环境中的基本操作是使用鼠标来选取、移动和激活显示在屏幕上的元素。初始状态下鼠标左键设置为主键，右键设置为副键。鼠标左键用于大部分操作，右键常用于弹出快捷菜单（列出适于不同场合的操作命令）。

如果你在桌面上移动鼠标，屏幕上的鼠标指针（箭头或其他形状）也会随之而动，所有的鼠标操作都是表 16－2 所列几种基本操作的组合。

表 16－2 鼠标的基本操作

鼠标的动作名称	操　作　方　法
指向（point）	移动鼠标，将鼠标指针移到屏幕的一个特定位置或指定对象（为下一个鼠标动作做准备）
单击（click）	（鼠标指向目标后）按一下鼠标按键（左键或右键）
双击（double click）	（鼠标指向目标后）快速地按两下鼠标按键（有启动某项功能之意，如执行一个程序）
拖动（drag）	（鼠标指向目标后）按下鼠标不放，并移动鼠标到目的地（可拖动对象移到新位置，或选取一段文本）

③ 触摸屏　触摸屏是最方便、简单、自然的输入手段，完全不懂电脑的人可以很容易地学会操作电脑。用户看着显示内容，想选什么就简单地用手触摸一下。通过触摸屏，人们可以方便地查询他们感兴趣的信息。触摸屏是最适合信息查询的输入设备，各发达国家都积极地进行触摸屏的研制开发，触摸屏目前主要有四种：电阻技术触摸屏、电容技术触摸屏、表面声波技术触摸屏、红外线扫描技术触摸屏。

④ 扫描仪　扫描仪是常用的图像输入设备，它可以把一整幅图形、图片和文字资料快速地输入计算机。扫描仪一般通过 USB 接口与主机相连。

扫描仪的工作原理是这样的:它把输入的图像划分成若干个点,变成一个点阵图形,通过对点阵图的扫描,依次获得这些点的灰度值或色彩编码值。这样,通过光电部件,就将一幅纸介质的图转换为一个数字信息的阵列,并存入计算机的文件中,然后就可以用相关的软件进行显示和处理。

(2) 计算机的输出设备

① 显示器　显示器是计算机的基本输出设备,显示图像的信息都是 0 和 1 的数字数据。如果用放大镜靠近屏幕瞧一瞧,就会发现屏幕上布满了许多小点,这些小点称为像素(Pixel)。计算机上呈现的图形、影像等屏幕画面就是由这些小点组成的。

② 打印机　打印机是 PC 机常用的输出设备。打印机通过接口与打印机控制器相连,CPU 通过打印机控制器控制打印机的工作。

目前常用的打印机有针式点阵打印机、激光打印机和喷墨打印机。

针式打印机已有很长的历史,它具有宽行打印、连续打印的优点,但打印速度慢,精度也不高。一般适合于打印报表、程序清单等。

激光打印机是激光技术与电子照相技术相结合的产物。它类似于复印机,但光源不是灯光,而是激光。激光打印机噪声低、分辨率高、打印速度快。

喷墨打印机是将墨水直接喷到纸上实现印刷,可输出彩色图案,常用于广告和美术设计。

③ 绘图仪　绘图仪是一种常用的图形输出设备。通过专用的绘图软件,用户的绘图要求变为对绘图仪的操作指令。绘图仪常用在机械设计和建筑设计图纸的绘制中。

5) 外部接口

计算机与外部设备及其他计算机的连接是通过外部接口实现的,常见的接口有串行口与并行口、USB 接口。

(1) 串行口与并行口　串行口又称 RS-232 (RS-232 是电子产业协会的标准,用于规定串行口中各种连接器的用法,目前有 9 针和 25 针连接器)。串行口工作原理很简单,一条线发送数据,另一条线接收数据,其他几条线用来控制如何在上面两条线上收发数据。

并行口通常又被称为打印机口,其特点是数据传送效率较高,在并行口上可以有 8 条数据线同时传送数据,即一次可传送一个字节的数据量。

(2) USB 接口　USB 接口能够在不切断电源的情况下自由拔插(带电拔插,即插即用),并支持可保证图像、声音等数据传输不间断的等时传输模式,因而特别适于多媒体数据实时处理。

目前绝大多数 PC 机都配备了 USB 接口,它适合于 PC 与 PC 外设的连接,例如外接活动硬盘、笔记本的外接软驱等。刻录机、数码相机、MP3、手机、PDA 等都采用 USB 接口。

16.3.3　计算机的基本工作原理

计算机仅有硬件是不够的,还必须配有软件,才能进行工作。软件是指计算机运行所需要的各种程序、数据及其有关资料。没有配置任何软件的计算机,称为“裸机”,不可能完成任何有实际意义的工作。

1) 计算机的指令和程序

指令就是让计算机完成某个操作所发出的命令。一条指令通常由操作码部分和操作数部分组成,操作码指明该指令要完成的操作,如加、减、乘、除等;操作数是指参加操作的数或者数所在的单元地址。

程序是人们针对某一需要而为计算机编制的指令序列。程序小的每一条指令必须是所用计算机的指令系统中的指令。因此,指令系统是提供给使用者编制程序的基本依据。

2) 计算机执行指令的过程

计算机执行指令一般分为两个过程,即取指令过程和执行指令过程。取指令过程是将要执行的指令从内存中取到 CPU 内;执行指令过程是 CPU 对取入的指令进行分析译码,判断该条指令要完成的操作,然后向其他部件发出完成该操作的控制信号,最后完成该条指令的功能。当一条指令执行完后,自动地进入下一条指令的取指操作。

3) 程序的执行过程

程序由计算机指令序列组成,程序的执行(也叫运行)就是一条一条执行这一序列当中的指令。也就是说,CPU 从内存中读取一条指令到 CPU 内执行,该指令执行完,再从内存读取下一条指令到 CPU 内执行。CPU 不断地取指令、执行指令的过程就是程序的执行过程。

16.3.4 计算机软件系统

1) 软件的分类

通常将软件分为系统软件和应用软件两大类。系统软件是指管理、控制和维护计算机硬件和软件资源的软件,其功能是协调计算机各部件有效地工作或使计算机具备解决某些问题的能力。系统软件主要包括操作系统、程序设计语言、解释和编译系统、数据库管理系统等。应用软件是用户利用计算机及其提供的系统软件为解决各种实际问题而编制的计算机程序。

2) 操作系统

操作系统是一组直接控制和管理计算机所有硬件资源和软件资源,使计算机高效、协调、自动地工作,以方便用户充分而有效地利用计算机资源的软件。

操作系统有五个方面的功能:处理机管理、存储管理、设备管理、文件管理和作业管理。由于侧重面和设计思想不同,实际的操作系统是多种多样的。例如,目前有 DOS、OS/2、UNIX、Linux、Windows98、Netware、Windows NT、Windows XP 等。

3) 程序设计语言

程序设计语言是编写计算机程序的工具,它一般包括机器语言、汇编语言和高级语言三大类。

(1) 机器语言(Machine Language)　机器语言是计算机系统所能识别的,不需要翻译直接供机器使用的程序设计语言。机器语言是最低层的计算机语言,它的每一条指令都是二进制形式的指令代码。

(2) 汇编语言(Assemble Language)　汇编语言采用助记符,比机器语言直观,容易记忆和理解。因此,汇编语言程序比机器语言程序易读,易检查,易修改。汇编语言是一种面向机器的程序设计语言,是为特定的计算机或计算机系列设计的。

(3) 高级语言(Advanced Language)　机器语言和汇编语言都是面向机器的语言,虽然其程序的执行效率高,但它们对机器依赖性大,编写程序效率很低,编制好的程序通用性差。

高级语言不依赖具体计算机类型,与机器指令系统表面无关。高级语言中的数据可用十进制来表示,语句用较为接近自然语言的英文字符来表示,易于书写与掌握。高级语言具有较大的通用性,用高级语言编写的程序能在不同的计算机系统上使用。

4）连接程序

连接程序又称为组合编译程序或连接编译程序。从源程序输入到程序执行的过程如图 16－4 所示。

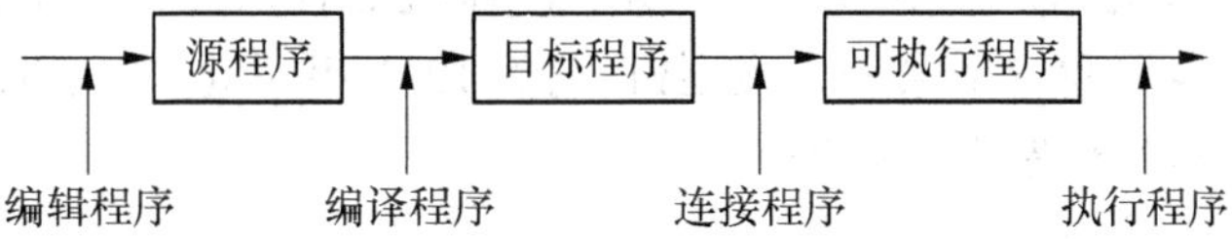

图 16－4　程序执行图

5）数据库系统

数据库是计算机软件的一个重要分支,它和计算机网络、人工智能并称为当今计算机技术的三大热门技术。数据库系统是具有数据库管理功能的计算机系统,广泛用于档案管理、财务管理、图书资料管理及仓库管理等的数据处理。这类数据的特点是数据量比较大,数据处理的主要内容为数据的存储、查询、修改、排序、分类等。目前,常用的数据库管理系统有 DB2, SQL Sever, Sybase, Oracle 等。

数据库管理系统具有以下特点:数据共享、数据独立、减少了数据冗余度、避免了数据的不一致性。

6）应用软件

应用软件是指计算机用户利用计算机的软、硬件资源为某一专门的应用目的而开发的软件。例如科学计算、工程设计、数据处理、事务管理、过程控制等方面的程序。

（1）实时控制软件　在现代化工厂里,计算机普遍用于生产过程的自动控制,例如在化工厂中,用计算机控制配料、温度、阀门的开闭;在炼钢车间,用计算机控制加料、炉温、冶炼时间等;在发电厂,用计算机控制发电机组等。用于生产过程自动控制的计算机一般都是实时控制,对计算机的速度要求不高,但对可靠性要求很高,否则会生产出不合格产品,或造成重大事故。

（2）文字处理软件　文字处理软件主要用于将文字输入到计算机,存储在外存中,用户能对输入的文字进行修改、编辑,并能将输入的文字以多种字体、多种字型及各种格式打印出来。目前常用的文字处理软件有 WPS、Microsoft Word 等。

（3）辅助设计软件　计算机辅助设计(CAD)技术是近二十年来最具有成效的工程技术之一。由于计算机有快速的数值计数、较强的数据处理以及模拟的能力,因此目前在汽车、飞机、船舶、超大规模集成电路(VLSI)等设计、制造过程中,CAD 占据着越来越重要的地位。计算机辅助设计软件能高效率地绘制、修改、输出工程图纸,目前常用的软件有 AutoCAD 等。

16.4　计算机的种类和特点

计算机的种类比较多,按其处理能力及功能分为巨型机、大中型机、小型机与微型机。

（1）巨型机　指运算速度很高、存储容量很大的计算机。如 CYBER205 每秒可进行 4 亿次浮点运算。双机并行处理和多机处理系统是巨型计算机发展的重要方向。巨型机用于气象预报、飞行器设计和核物理研究等领域,例如,我国的银河系列计算机。

（2）大中型机　其主要用于处理数据信息量大、运算速度高的项目。例如,中心部门等采用的计算机。

(3) 小型机　W11/780 和 PDP11 系列属于小型机,其规模小、结构简单。用于生产数据的采集、整理、分析、计算等。

(4) 微型机　微型机的出现和发展,推动了计算机的普及高潮,利用 4 位微处理器 Intel4004 组成的 MCS-4 是世界上第一台微型机,它于 1971 年问世。随着社会的发展及方便用户使用,又有了笔记本电脑、掌上电脑等。

计算机有以下主要特点。

(1) 运行速度快、处理能力强　目前,巨型机操作速度每秒可达几百亿次。计算机除了能进行计算之外,还能完成信息的收集、分类、加工、统计、分析、转换、识别等,具有强大的处理功能。

(2) 具有大容量存储和高速存取能力　能把数据存入系统进行处理,并能把中间和最终结果保存起来,这是电子计算机和其他计算工具的本质区别。

(3) 具有数据传输和通信能力　现代计算机具有了数据传输和通信的能力,出现了计算机网络,使地理上分散的计算机相互之间可以共享硬件资源、共享软件资源和共享信息资源。

(4) 具有存储程序和逻辑判断的能力　计算机可以根据条件进行各种逻辑判断和推理。

16.5 计算机的应用领域

目前,计算机的应用非常广,已渗透到社会的各个领域,从科研、生产、学习到家电的使用,都涉及计算机技术。计算机的应用主要表现在以下几个方面。

1) 数值计算

电子计算机最早、最重要的应用领域之一就是科学计算。核物理学等领域,都需要计算机进行复杂的计算。计算机还广泛用于军事技术、航空航天技术以及其他学科和工程设计方面的计算。

2) 信息处理

信息处理是指计算机对外部设备送来的各种复杂的数据信息进行采集、加工、分类、存储、传送、检索等综合性的处理工作。计算机的又一个广泛的应用就是用于事务管理,进行日常事务中的数据处理工作,如人事管理系统、仓库管理系统、财务管理系统、生产管理系统、银行系统等。

3) 自动控制

在现代化的工厂里,计算机普遍用于生产过程的自动控制。

4) 计算机辅助系统

计算机辅助系统包括辅助设计、辅助教育、辅助制造等。

计算机辅助设计 CAD(Computer-Aided Design)是利用计算机帮助各类设计人员进行设计的技术,它可以取代传统的图纸设计,加快设计速度,提高设计的精度和质量,在建筑工程、机械部件、家电产品和服装等设计领域应用非常广泛。

计算机辅助教育 CBE(Computer Based Education)包括计算机辅助教学 CAI、计算机辅助测试 CAT、计算机管理教学 CMI。

计算机辅助制造 CAM(Computer-Aided Manufacturing)是利用计算机控制生产过程,即用计算机进行生产设备的管理、控制和操作,它能提高产品质量、降低成本、缩短生产周期,对经济的发展起着重要的作用。

5）计算机通信与网络

计算机通过网络互联，可以实现计算机之间的硬件、软件资源的共享，促进地区间、国际间的通信与各种数据的传输和处理。随着国际互联网的发展，计算机通信的应用已达到前所未有的境界。其中电子商务是指在 Internet 上进行的商务交易，它涉及企业和个人的各种形式的基于数字化信息处理和传输的商业活动。

6）人工智能

人工智能是将人脑进行的演绎推理的思维过程、规则和采取的策略、技巧等编制成程序，在计算机中存储一些公理和规则，然后让计算机去自动进行求解。例如应用机器手、机器人来代替人从事笨拙、危险的工作。目前的多媒体技术也是计算机在人工智能方面的重要应用。由于多媒体技术需要在计算机上实现声、形、图并茂，要求计算机能识别语音、图形、动画等。

思考题

1. 数字计算机系统主要组成结构和各自的功能是什么？
2. 计算机的数据单位与表示方法是什么？
3. 计算机软件系统中系统软件与应用软件的功能有什么不同？
4. 简述计算机的主要分类和特点。
5. 计算机主要有哪些应用领域？

第 17 章　工业测控技术

随着科学技术的迅速发展，工业测控技术的应用领域日益广泛，如在冶金、化工、电力、自动化机床、工业机器人控制、柔性制造系统和计算机集成制造系统等工业测控方面，已取得了令人瞩目的研究与应用成果，并在国民经济中发挥着越来越大的作用。工业测控一般是指对工业生产过程及其机电设备进行测量与控制的自动化技术，目前已习惯称为“微机测控技术”，是计算机技术与自动控制技术结合的产物，主要研究如何将检测与传感技术、计算机技术和自动控制理论应用于工业生产过程并设计出所需要的微机测控系统。

17.1　微机测控系统概述

17.1.1　微机测控系统的一般概念

微机测控系统就是利用微型计算机来实现生产过程的自动测试与控制的系统。它包括两部分技术内容：计算机控制的理论基础、通道接口与系统的实现技术。

图 17-1 所示为微机测控系统的典型结构框图。由于生产过程的各种物理量一般都是模拟量，而计算机的输入和输出均采用数字量，因此，二者之间必须用 A/D 转换器和 D/A 转换器实现相互转换。可以看出，在微机测控系统中计算机根据给定输入信号、反馈信号与系统的数学模型进行信号处理，实现控制策略，通过执行机构控制被控对象，达到预期的控制目标。

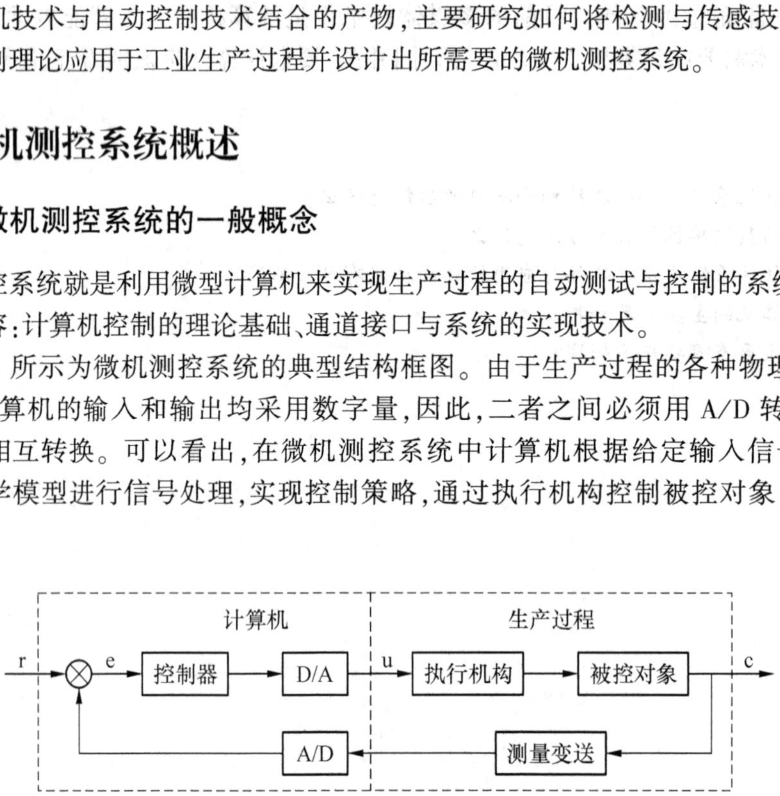

图 17-1　微机测控系统典型结构图

从本质上讲，微机测控系统的工作原理可归纳为以下三点：

(1) 实时数据采集　通过测量变送装置完成被控量的瞬时值的检测和输入。

(2) 实时控制决策　对采集的数据进行分析和处理，按预定的控制策略决定采取何种控制行为。

(3) 实时控制输出　根据控制决策，向执行机构发出实时控制信号，完成系统控制任务。

上面提到的实时的含义是信号的输入、计算、输出都要在一定的时间间隔内完成，超出了这个时间，就失去了控制的时机，控制也就失去了意义。实时的概念不能脱离具体过程，一个在线的系统不一定是实时系统，但一个实时系统必定是在线系统。所谓在线是指在微机测控系统中，生产过程与计算机直接连接并受计算机的控制，有时也称为联机方式。

17.1.2 微机测控系统的特点

在微机测控系统中，被控量通常是模拟量，但计算机的输入输出量均为数字量，所以微机测控系统大都属于数字–模拟混合结构，它具有以下特点：具有良好的实时性、高可靠性和较强的环境适应性；采用标准化部件，便于扩充、升级和维护；具有良好的人机界面和丰富的监视画面；具有良好的系统组态和可选的各种控制策略；具有网络通信功能，便于实现工业自动化和信息化。

17.1.3 微机测控系统的发展历史

工业测控系统的发展与计算机技术的发展密切相关，计算机技术的出现将自动测控推向了一个新水平。综观我国的工业测控系统发展，可将其归结为过程控制技术、自动检测技术、自动化仪表技术与计算机网络技术的交叉发展和相互渗透。

1）控制技术由分立设备发展到共享设备的四个阶段

首先是20世纪40年代至50年代初的人工控制（基地式仪表控制）阶段。在这个阶段，工业规模小，设备陈旧，必要的调节主要依靠最简单的测量仪表并由人工操作。其次是20世纪50年代的模拟仪表控制系统（电动单元组合式仪表控制系统）。1956年，国家制定了12年科技发展规划，使得自动化仪表与装置产业从此产生、发展并成熟。到20世纪50年代末，研制生产的传感器、变送器、记录仪、调节器、执行器等基本上可以显示过程状态并完成对工艺流程的调节。第三个阶段是20世纪60年代的计算机集中控制系统。这时可利用一台计算机控制数十以至上百个回路。部分取代了传统的控制室仪表，但是因当时电子器件与计算机本身的可靠性较差，计算机的参与使得控制集中了，“危险”也随之被集中。第四个阶段是20世纪70年代中期的分散式控制系统。由一个CPU控制多个回路，控制功能相对分散，组态比较方便，能够解决一些复杂的控制。但在系统的开放性、系统向上与企业管理信息系统的连接、系统与现场仪表的通信等方面存在一些问题。

2）自动化仪表工业技术由模拟仪表发展到智能仪表

20世纪70年代中期以前，自动化仪表都是模拟仪表。信号的传输均采用4～20 mA模拟信号；20世纪70年代后期控制仪表上应用了微处理器，可使仪表通过串行通信方式与计算机接口，但仪表间的接口仍然为模拟信号；进入20世纪80年代，出现了智能化现场仪表，能适应被测参数的变化和多参数的测量，但需要提供一个有效的双向数据通信回路以实现它们之间以及与控制室设备的多种数据交换。

3）计算机控制理论

计算机控制理论方面先后出现了采样定理、差分方程、Z变换法、状态空间理论、最优控制与随机控制、代数系统理论、系统辨识与自适应控制等理论，并逐步应用于微机测控系统中，且取得了重要成果。

4）计算机网络技术

计算机网络技术由管理与控制信息网络技术发展到现场级网络技术。目前，已有将企业中分散或独立的部门、机构、各种设备连接在一起的现场级网络，它分为工厂级网络、车间级网络和底层网络三层。

17.2 微机测控系统的组成

微机测控系统主要由被控对象、过程输入输出通道及计算机系统三部分组成。过程输入输出通道也叫生产过程,包括模拟量输入输出通道、数字量输入输出通道、测量变送、执行机构、电气开关等装置。计算机系统包括硬件和软件两部分。

17.2.1 微机测控系统的硬件部分

微机测控系统的硬件部分一般由被控对象(生产机械或生产过程)、过程通道、微型计算机主机及人机接口设备等部分组成,如图 17-2 所示。

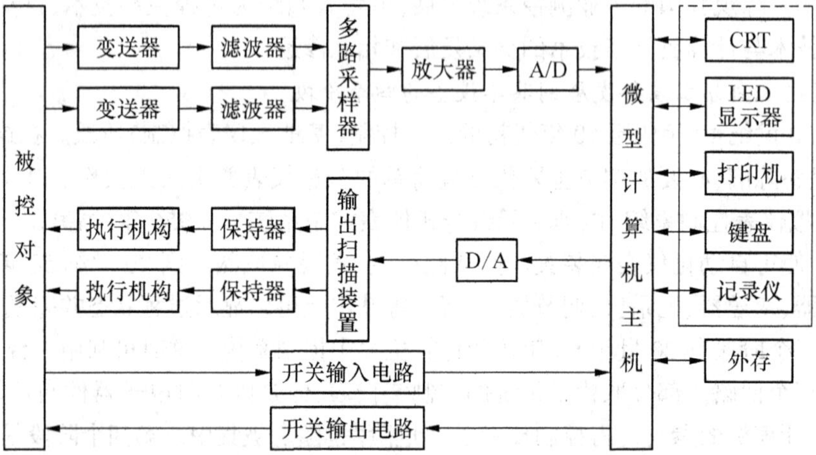

图 17-2 计算机控制系统的硬件组成

1) 微型计算机主机

由微处理器、内存储器及时钟电路组成的微型计算机主机是控制系统的核心。主机的任务主要是进行数据采集、数据处理、逻辑判断、控制量计算、越限报警等。同时主机还通过接口电路向系统的各个部分发出各种控制命令,指挥整个计算机控制系统有条不紊地协调工作。

考虑到实时控制的特点,选择主机时应注意其数据存取速度及运算速度,应满足在一个采样周期内能完成单路或多路数据采集、处理、运算及将输出量输出到执行机构。其信息处理能力要与控制系统的动态性能要求相适应。

目前,计算机控制系统中常用的微处理器有以下几种:

(1) 8 位微处理器 典型产品有 MCS—51 系列单片机,Intel8085, M6800, Z80 等。

(2) 16 位微处理器 典型产品有 MCS—96 系列单片机,8086, 80186, 80386, 68000, Z8000 等。

(3) 32 位微处理器 典型产品有 80386, 80486 等。

(4) 64 位微处理器 典型产品有 Pentium 系列等。

工业控制用计算机的内存储器主要包括 ROM, EPROM, EEPROM,激光盘 CDROM(用来存放固化的系统软件、应用软件及常用的表格数据)及 RAM(用来存放操作数、运算参数及运算结果等)。为使控制用参数数据不致因掉电而丢失,通常 RAM 应加掉电保护装置。

2) 工业过程通道

工业过程通道能够实现计算机信号和工业现场信号的互联与转换,是工业生产过程实现自动控制的输入输出通道。工业过程通道有过程通道板卡、过程通道子系统和远程 I/O 三种基本形式。无论是何种形式的过程通道,都应具备模拟量输入/输出、开关量输入/输出、脉冲量输入/输出和中断量输入等基本功能。

过程通道是计算机和被控对象之间交换信息的桥梁,通常由以下几部分组成。

(1) 模拟量输入通道　用来将被控对象的模拟量被控(或被测)参数转变为数字信号并送计算机处理,它由传感器、变送器、多路采样器和 A/D 转换器组成。

(2) 模拟量输出通道　工业生产中使用的执行机构,其控制信号基本上是模拟的电压或电流信号,因此计算机输出的数字信号必须经 D/A 转换器变为模拟量后,方能去控制执行机构。

(3) 开关量输入通道　用于将生产现场的各种继电器、限位开关等的状态(通或断)输入计算机。

(4) 开关量输出通道　控制系统中继电器、接触器的闭合或断开,电机的启动、停止,指示灯和报警信号的通断,都可以用输出“0”和“1”状态来控制。完成这些功能的部件就组成了开关量输出通道。

由上可知,过程通道由各种硬件设备组成,它们起着信息变换和传递的作用,配合相应的输入、输出控制程序,使计算机和被控对象间能进行信息交换,从而实现对生产机械、过程的控制。

3) 人机接口设备

在计算机测控系统中,一般应有一个控制台(或操作面板),以便操作人员能和计算机系统“对话”,使操作人员及时了解生产、加工过程的状态,进行必要的人为干预,修改有关参数或紧急处理某些事件。为此,控制台应包括以下几部分。

(1) 作用开关　如电源、数据及地址的选择开关,自动-手动切换开关等。它们通过接口可与计算机相连,以完成对计算机的启动、暂停,系统的启动、暂停,参数或数据的修改,工作方式、算法、控制方式的选择等功能。

(2) 操作键盘　一般应包括数字键及功能键。数字键用来输入某些数据或参数。功能键能使计算机进入功能键所代表的功能服务程序,如启动、复位、打印、显示等。

(3) 显示器或 LED 数码显示器　显示系统的工作状态。

(4) 打印机及记录仪　用来打印和记录各种数据、参数及曲线。

17.2.2 微机测控系统的软件部分

1) 测控系统的软件功能

工控软件有专用和通用两大类。专用控制软件针对某个特定的控制系统研制,检测点数、控制回路数、控制策略、显示画面以及报表功能都是相对固定的,无法做大的改动。通用控制软件也称为组态软件,它不针对具体的控制对象,而是提供一种开发平台,使设计者能快速地根据不同的控制对象构成具体的控制系统。工控软件应该具备数据输入/输出、报警检测、回路控制、画面显示、报表打印、系统生成及网络通信等功能。

2）测控软件系统的基本结构

图 17－3 所示为测控软件的基本结构。目前的测控软件都是基于 Windows 系统平台，程序设计语言多为面向对象的可视化程序语言，所开发的控制软件多为模块化结构，即一个对象一个模块。

软件按功能分为系统软件和应用软件。计算机的系统软件包括操作系统和支持软件。操作系统是计算机测控系统信息的指挥者和协调者，并具有数据处理、硬件管理等功能。监控程序则是最初级的操作系统。

应用软件一般指由用户根据需要自己编写的测控程序、控制算法程序以及一些服务程序等。用户用何种语言编写应用程序，主要取决于系统软件的配置情况和测控的实时性要求。在测控系统中，应用程序的优劣，将对系统调试、运行的可靠性、系统的精度和效率带来很大影响。

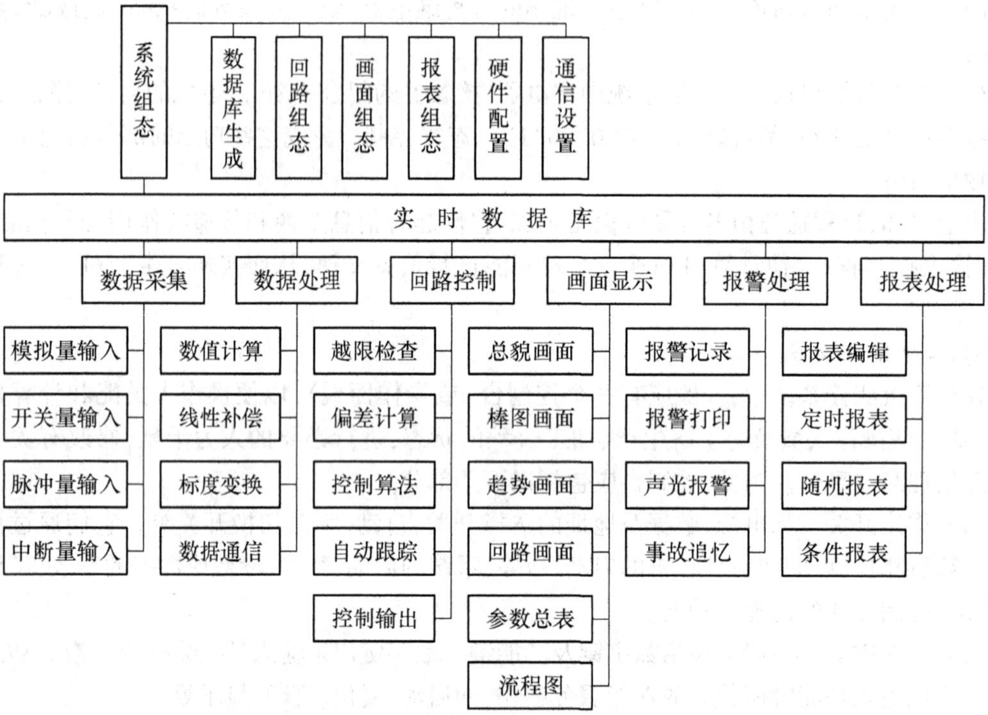

图 17－3 测控软件的基本结构

17.3 计算机测控系统的典型形式及发展趋势

17.3.1 计算机测控系统的典型形式

计算机测控系统采用何种结构形式与它所控制的生产过程的复杂程度密切相关。根据应用特点、控制方案、控制目的与系统构成，计算机测控系统大体上可分为以下几种典型形式。

1）数据采集系统

如图 17－4 所示，系统对生产过程或控制对象的大量参数做巡回检测、处理、分析、记录以及参数的超限报警。对大量参数的积累和实时分析,可以实现对生产过程的各种趋势分析。数据采集系统仅对生产过程进行监视,并不对生产过程进行自动控制。

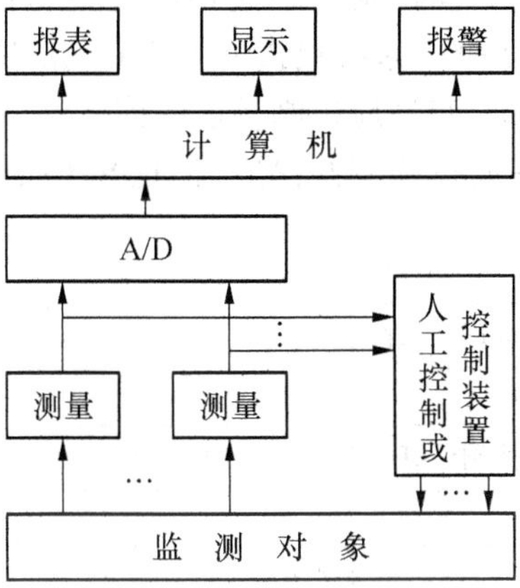

图 17－4　数据采集系统

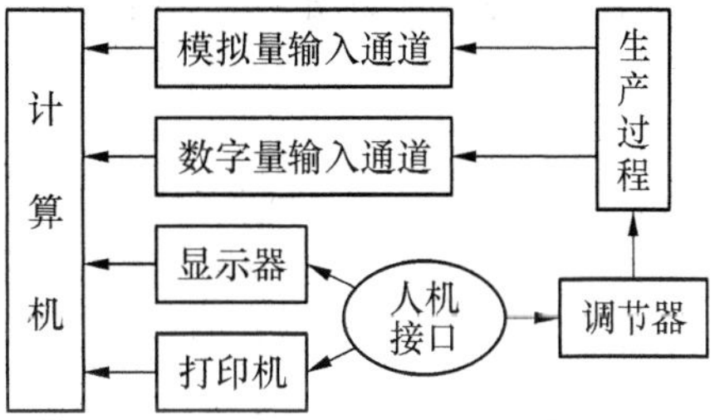

图 17－5　操作指导控制系统

2) 操作指导控制系统

操作指导控制系统结构如图 17－5 所示。此形式的系统具有数据采集与处理能力,可以为现场操作人员提供反映生产过程工况的各种实时参数,并给出相应的操作指导信息,供操作人员参考。

这种形式的系统属于开环系统,计算机按照一定的时间间隔对生产现场的参数进行采样、处理、显示、打印或报警,操作人员根据这些结果进行设定值的修改或必要的操作。

该形式系统的优点是结构简单、安全可靠;缺点是需要人工操作,速度慢,不能同时控制多个对象。

3) 直接数字控制系统 DDC(Direct Digital Control)

直接数字控制系统 DDC 是计算机在工业测控中应用最普遍的一种方式。它是用一台计算机对多个被控参数进行巡回检测,检测结果与给定值进行比较,并按预定的数学模型(如 PID 控制规律)进行运算,其输出直接控制被控对象,使被控参数稳定在给定值上,如图 17－6 所示。

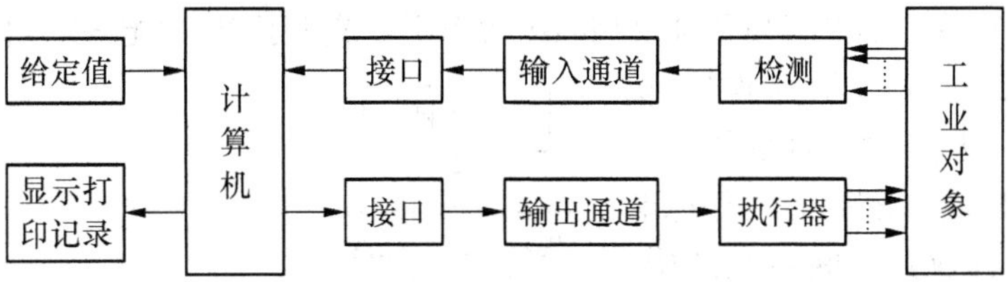

图 17－6　直接数字控制系统(DDC)

直接数字控制系统属于闭环控制系统,计算机的运算和处理结果直接输出并作用于生产过程,所以实时性好、可靠性高。一台微型计算机可代替多个模拟调节器完成多回路控制,而且只要改变程序即可实现诸如串级控制、前馈控制、纯滞后控制、自适应控制等比较复杂的控制规律。

4）监督控制系统 SCC(Supervisory Computer Control)

在监督控制系统 SCC 中,计算机根据原始工艺信息和其他参数,按照描述生产过程的数学模型,计算出最佳给定值送给模拟调节器或 DDC 计算机,模拟调节器或 DDC 计算机控制生产过程,从而使生产过程始终处于最优工况。SCC 系统较 DDC 系统更接近生产变化的实际情况,它不仅可以进行给定值控制,而且还可以进行顺序控制、自适应控制及最优控制等。

监督控制系统有两种不同的结构形式,一种是 SCC+模拟调节器,另一种是 SCC+DDC 控制系统。系统结构形式如图 17－7 所示。

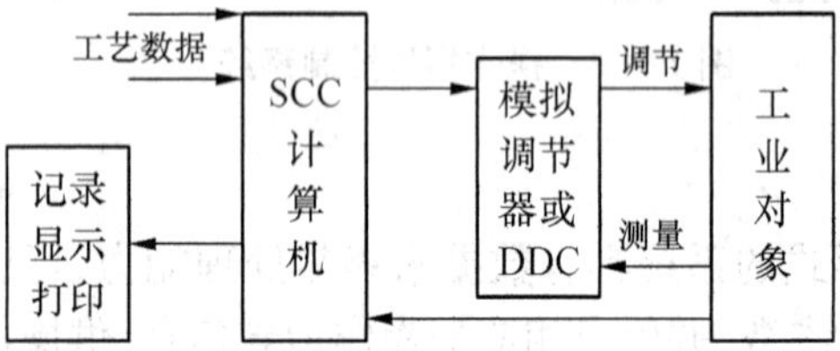

图 17－7 SCC+模拟调节器系统

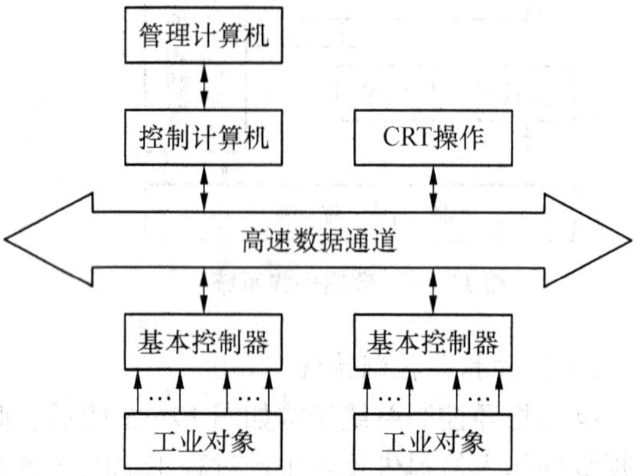

图 17－8 集散控制系统

5）集散控制系统 DCS(Distributed Control System)

集散控制系统 DCS 又称分布式控制系统,其基本思想是:以微处理器为核心,实现地理上和功能上的控制,同时通过高速数据通道把各个分散点的信息集中起来,进行集中的监视和操作,并实现复杂的控制和优化。DCS 的设计原则是分散控制、集中操作、分级管理、分而自治和综合协调。典型的分散控制系统是由以微处理器为核心的基本数字控制器、高速数据通道、CRT 操作站和监督计算机等组成,其结构如图 17－8 所示。

集散控制系统较之过去的集中控制系统具有以下特点:控制分散、信息集中;系统模块化;数据通信能力强;良好的人机接口;可靠性高。

6）现场总线控制系统 FCS(Field Bus Control System)

现场总线控制系统 FCS 是发展于 20 世纪 70 年代,成熟于 20 世纪 80 年代的新一代分布式控制结构。其结构模式为"工作站–现场总线智能仪表"两层结构,降低了总成本,提高了可靠性,且在统一的国际标准下可实现真正的开放式互联系统结构,是一种具有发展前途的真正分散控制系统,其结构如图 17－9 所示。根据 FF(Field-bus Foundation)定义,现场总线是连接智能现场设备和自动化系统的数字式、双向传输、多分支结构的通信网络,是计算机技术、通信技术和自动控制技

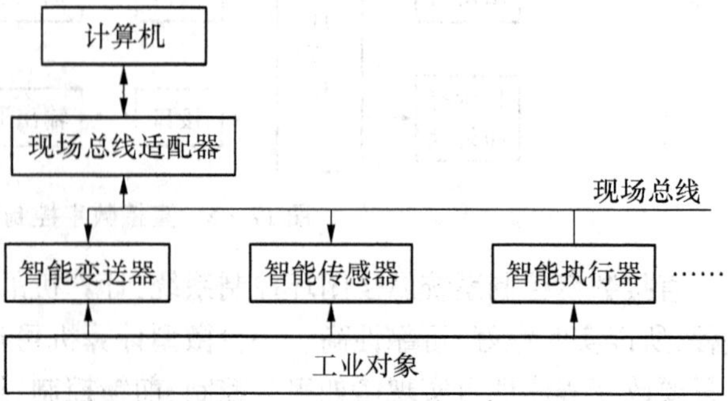

图 17－9 现场总线控制系统

术高度结合与集成的产物,是 FCS 的核心。

17.3.2　微机测控技术的发展趋势

今后的工业测控系统向开放型体系结构发展是大势所趋。由现场总线构成的分散型控制系统将会改变控制系统的结构,DCS 向 FCS 发展并最终由 FCS 取代,实现现场通信网络与控制系统的集成。概括起来,微机测控技术的发展趋势有以下几个方面:

(1) 推广应用成熟的先进技术,如可编程序控制器(PLC)、智能调节器等的应用。

(2) FCS 发展迅速,会成为工业测控的主流系统。

(3) 系统集成。21 世纪的工业测控系统将不仅实现控制功能,而且必须考虑与设计决策等系统的互联,实现信息的双向共享与自动化系统的集成。

(4) 标准化。将产品的可互换性扩展为可移植性、可重用性与可互操作性。

(5) 测控软件的规范化。

(6) 测控系统产品的多样化。

(7) 各种智能测控系统的发展,如神经网络控制系统、模糊控制系统、专家控制系统等。

思考题

1. 什么是工业测控系统?简述其特点。
2. 微机测控系统一般由哪几部分组成?各部分的作用是什么?
3. 简述计算机测控系统的典型形式及各种形式的工作原理,画出其系统框图。
4. 分析计算机测控系统各典型形式的优缺点。
5. 结合自己的体会,简述微机测控系统的发展及未来的趋势。

第 18 章　通信技术基础

人类经过长期的劳动和社会实践创造了文字，丰富了语言，并利用它们充分地表达和交流人们的意志和感情，传递各种信息，推动了社会进步和经济发展。经过广大科技工作者的悉心研究和提炼加工，将传递信息和双向交流的工具逐步完善，其功能不断地由低级到高级发展，终于形成了一门独立的学科，这就是通信。

18.1　通信的历史与发展

18.1.1　模拟通信历史

古代的通信方式比较简单，通信内容也很贫乏，例如人们使用信物、绳结、旗语、烽火、象形文字等作为通信工具，传递数字和文字信息。近代通信技术是与电的发明分不开的，因此也称电信技术，从 20 世纪 30 年代开始就有一系列的创造发明，如莫尔斯(Morse)发明的电报、贝尔(Bell)发明的电话、波波夫(Popov)和马可尼(Marconi)几乎同时发明的无线电等，这些创造发明为 20 世纪通信技术的大发展奠定了坚实的基础。

20 世纪是通信技术发展的新纪元，它首先从模拟通信开始，所谓模拟通信是指在信道中传递的信息是模拟量，相应的参数模型是模拟波形。最初是以电子管作为主要的电子器件，用来发送和接收传输信号；到 40 年代末期晶体管的出现，给通信技术的发展带来了生机，为通信设备的小型化和提高通信设备的可靠性起到了关键性的作用。但当时所采用的电子管或晶体管主要是实现有源模拟电路的功能，因此它们可以说是模拟通信时代到来的标志。

从技术上来分析，上述模拟通信的最大特点是采用模拟调制方式，最早是调幅制和调频制，后来发展为单边带和残留边带调制技术。调幅通信的优点是占用频带窄，因此节省频率资源；但它的抗干扰能力差，因此通信质量难以提高。调频通信则正好相反，它的抗干扰能力很强，通信质量有明显改善；但它要占用很宽的频带，不利于频率复用。单边带调制则是模拟通信中的新技术，它不仅占用频带最少，而且抗干扰能力也很强，但它在技术上要求很高，特别是同步指标很严格，因此要采用锁相技术和频率合成器，这类调制方式在远洋通信中首先得到推广。

回顾模拟通信发展历史，它在通信技术上有过辉煌的一页，在推动通信学科发展中曾发挥过积极而又重要的作用，但由于它固有的缺点无法克服，不得不逐渐退出历史舞台，被日益兴旺发达的数字通信所替代。

18.1.2　数字通信的崛起

自从 1934 年美国学者李佛西(Reeves)提出脉冲编码调制(简称 PCM)的概念以后，应该说通信数字化的时代已经开始了，但数字通信的发展却是 20 世纪 70 年代以来的事情，数字通信的崛起说明了通信技术的重大革新和通信业务的飞速发展。随着时代的发展，通信用户不再满足于听清声音，而且还要看得见图像；通信终端不再是单一的电话机，而且要接传真机、计算机等一类数据终端；通信领域也不再是市内或国内，而更多的是国际和全球通信；通信业务也不再是简单的报话业务,而更多的是数据业务,甚至包括集声音、图像和数据为一体的综合通信业务。这些通信需求对模拟通信来说已经难以胜任,甚至无法实现,只有依靠数字通信技术来解决。

数字通信的崛起首先要归功于数字调制技术的发展。在模拟信号数字化方面,开始是采用脉冲编码调制(PCM)和增量调制(DM),后来改进为自适应脉冲编码调制(ADPCM),使语音信号数字化后的传输比特率由原来的 64 kbit/s 减少到 32 kbit/s,既提高了通信效率,又没有使通信质量受到影响。在数字调制方面也有很大发展,从开始时的二元调制(包括幅度键控 ASK、频率键控 FSK 和相位键控 PSK)发展到多元调制技术,极大地提高了数字信号传输的频带利用率,而且改善了误码性能。先后采用的多元数字调制技术有连续相位调制(CPM)、多元相位调制(MPSK)、正交幅度调制(QAM)以及网格编码调制(TCM)等,特别是后者从 1982 年诞生以来引起了广大通信工作者的兴趣,它是将编码技术与调制技术有机地融为一体,依靠卷积码的良好抗干扰特性,即使在信噪比极差的条件下仍能改善误码性能;同时它又保持了极高的频带利用率,目前这种数字调制技术已经得到实用化。

18.1.3　通信技术的发展方向

尽管在 20 世纪内通信技术得到了突飞猛进的发展,但是随着基础技术的不断进步,特别是用户需求的不断提高,新的通信市场正在不断扩大,通信技术还将面临进一步发展的机遇和挑战。

(1) 通信网络同样也经历着从模拟到数字,从单一功能的网络到综合业务的发展过程。

(2) 通信的目标不仅要实现全球化,而且还要达到个人化。这里是指未来的通信能使世界上任何人、在任何时候和任何地方都可以保持联系,不仅要能通话,而且还能传送数据甚至图像,这就是要发展个人通信的原因。

(3) 三网融合的网络发展动向。电信技术发展经历了漫长的模拟网年代(1876—1972 年),高速发展的数字化年代(1973—1980 年)和业务综合年代(1981—1996 年)。近年来,随着电信市场的开放以及用户对多种业务需求的与日俱增,国际上出现了所谓"三网融合"的潮流,即原先独立设计运营的传统电信网、计算机网和有线电视网正在趋向于相互渗透和相互融合。

18.2　通信基本常识

18.2.1　通信系统模型

通信是把消息从一地传送到另一地。譬如说从甲地传送消息到乙地,那么甲地称为发信端,乙地称为接收端。以最简单的通信方式——面对面交谈为例,讲话是表达消息的一种方式。发话人是消息的来源,称为信源;话音通过空气传到对方,而传递消息的媒质称为信道;听话者听到后获得消息,是消息的归宿,称为信宿。这样就完成了消息的传递,也就构成了通信系统,这个过程可以用图 18-1 表示。

图 18-1　通信系统简图

对电通信而言,诸如语音、报文、图像等一类原始消息首先要转变成电量,因此在发信端要加入输入变换器,为使变换器产生的电量能适合信道传送的要求,在发信端还必须有发送设备。在接收端要完成相反的过程,因此接收设备和输出变换器是必不可少的。由于发送、接收设备和信道不可避免地要引入噪声,通常把所有可能产生的噪声归结到信道中,图 18-2 所示便是通信系统的基本模型。

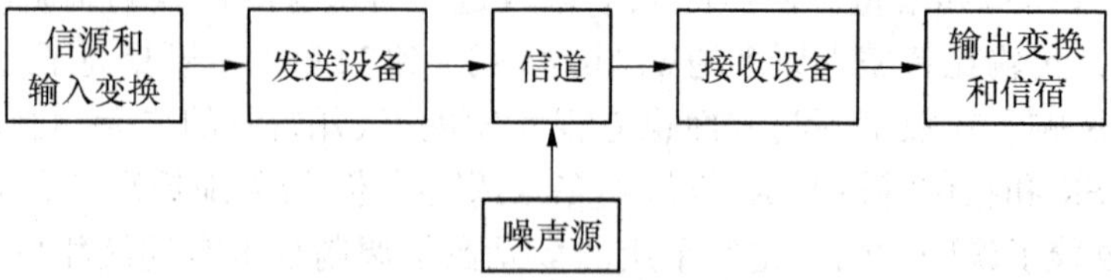

图 18-2 通信系统基本模型

实际通信系统形式虽然很多,但大都包括以上五个部分。

1)信源和输入变换器

信源是消息的来源,通常消息是非电的,因此必须把来自信源的消息转变成随时间变化的电量,这个电量称为消息信号或基带信号。这个过程是由输入变换器完成的,如语音激励的送话器、电视摄像机、光电输入机等就属这类输入变换器。

2)发送设备

把输入信号连接到信道上。虽然有时发信机的输入信号直接加到信道上是可行的,但为了加工信号,使信号满足信道传送的各项要求,发送设备常常是必要的。由发送设备完成的信号加工工作主要包括放大、滤波和调制。在这些加工中最重要的工作是调制。通过调制,使被传送信号的特性与信道的要求相匹配。

3)信道

信源与信宿在物理上往往是分开的,信道提供了信源与信宿之间在电气上的联系。信道具有许多不同的形式,例如自由空间的短波无线电信道,双导线、电缆或光纤,卫星或微波接力等等,都是常见的信道。

4)接收设备

从来自信道的各种微弱传输信号和噪声中选择所需要的消息信号。接收端通过解调来完成这个功能,解调是发信设备调制的逆过程。由于存在噪声和有用信号的畸变,接收机不一定能完全再现消息信号。接收设备研究的重要课题就是采用什么样的解调方式才能有效地克服和减小噪声和其他信号的影响。接收设备除了完成解调任务之外,还将为信号提供放大和滤波。

5)输出变换器和信宿

信宿是信息的归宿,也就是消息的接收者。比如传送的是语言消息,接收者是用耳朵听,人耳接收的是声波的振动,因此还需要把接收设备复制的电信号变换成接收者能接收的消息,如语音振动,这种设备就是输出变换器。输出变换器有许多种,如耳机、扬声器、电视屏幕、凿孔机、磁带记录仪、打印机等。

6)噪声源

它与正常部件不同,不是人们有意加入的设备,而是通信系统中各种设备以及信道固有的,并且是人们不希望有的。

18.2.1.1 模拟通信系统

在模拟通信系统中传送的一定是模拟信号。模拟信号的产生有两种情况,一种是由信源直接发出模拟信号;另一种是由信源发出的离散信号,经某种变换后形成模拟信号,即所谓的模拟信号模拟传送和数字信号模拟传输。

信源直接发出模拟信号时往往频率比较低,为充分利用通信信道的频带,使通信信道传送速率比较高,应使其具有复用性,采用频率调制器将低频信号调制到高频带。信源发出离散信号时,如果需要通过模拟通信系统传送,则应使用数字信号调制器将离散信号变换成模拟信号再送出。

模拟通信系统模型如图 18-3 所示,调制器与解调器成对出现,起逆变换作用。当信源发出连续信号时,调制器复用频率,对应的解调器则恢复出原较低的频率,送到信宿;当信源发出离散信号时,使用数字调制器把离散信号调制成模拟信号送出,对应的解调器则解调恢复出离散信号,送到信宿。

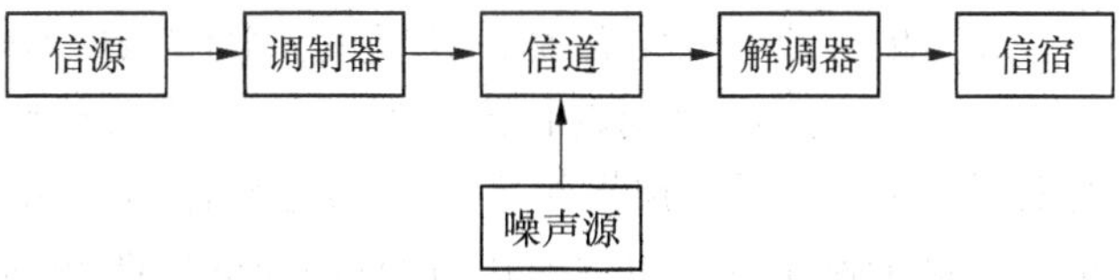

图 18-3 模拟通信系统模型

18.2.1.2 数字通信系统

数字通信系统原理如图 18-4 所示,把它与图 18-2 比较,可以发现两者基本形式一致,图 18-4 是将图 18-2 中发送设备和接收设备两个方框更具体化。发送设备包含信源编码、信道编码和数字调制;接收设备包含数字解调、信道译码和信源译码。前者的任务是把信源输出的消息变换成便于在信道上传送的信号,后者完成相反的过程。即把信道输出的信号变换成接收者需要的消息。

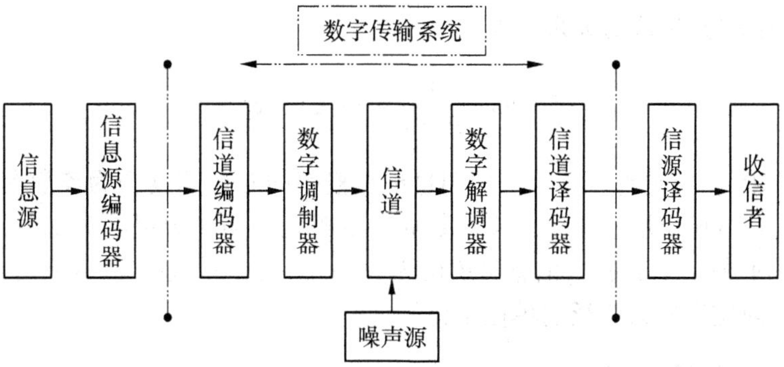

图 18-4 数字通信系统方框原理图

由此可见,模拟通信与数字通信的区别,关键是由信道上传送信息的信号性质决定的,若信道上传送的是模拟信号,则为模拟通信,信道上传送的是数字信号,则为数字通信。

相对于模拟通信系统而言,数字通信系统有如下优点:

(1) 用数字信号传递信息易于再生,防止干扰的积累。

(2) 便于加密处理,保密性强。

(3) 差错可控。数字信号在传输过程中出现的错误(差错),可通过纠错编码技术来控制。

(4) 数字信息易于实现通信业务综合化,有利于组网传输。

(5) 数字信息的电子器件易于高度集成化,有利于通信设备的小型化和灵活性。

(6) 数字信息易于加工处理,有利于扩大通信容量和提高通信质量。

数字通信相对于模拟通信系统来说,主要有以下两个缺点:

(1) 数字信号占用的频带宽,以电话为例,一路数字电话一般要占据约 20~64 kHz 的带宽,而一路模拟电话仅占用约 4 kHz 带宽。如果系统传输带宽一定的话,模拟电话的频带利用率要高出数字电话的 5~15 倍。

(2) 对同步要求高,系统设备比较复杂。

18.2.2 信息的度量

在通信中,虽然消息的传递意味着信息的传递,但对于接收者来说,某些消息比另外一些消息包含更多的信息。例如,北京的秋天常常是秋高气爽,因此在这个季节里如果天气预报说:"明天白天晴",人们习以为常,因而得到的信息量很小。但若天气预报说:"明天白天有雪",人们将会感到十分意外,后一条天气预报给人们的信息量比前一条大,因为在秋天出现这种气候的可能性极小。从这个例子我们可以看出,消息出现的可能性越小,则此消息中携带的信息量就越多。

基于上述考虑,为了计算信息量,消息中所含的信息量 I 与消息出现的概率 $P(x)$ 间的关系式应当反映如下规律:消息中所含的信息量 I 是该消息出现的概率 $P(x)$ 的函数,即

$$I = I[P(x)] \tag{18-1}$$

消息出现的概率愈小,它所含的信息量愈大;反之信息量愈小,且当 $P(x)=1$ 时,$I=0$。若干个互相独立事件构成的消息,所含信息量等于各独立事件信息量的和,即

$$I[P(x_1)P(x_2)\cdots] = I[P(x_1)] + I[P(x_2)] + \cdots \tag{18-2}$$

可以看出,若 I 与 $P(x)$ 的关系式为

$$I = \log_a \frac{1}{P(x)} = -\log_a P(x) \tag{18-3}$$

就可满足上述要求,哈特莱首先提出采用消息出现概率的对数测度作为离散消息的信息度量单位。信息量单位的确定取决于上式中对数底 a 的确定。当对数以 2 为底时,则信息量的单位为比特(bit);对数以 e 为底时,信息量单位为奈特(nit);当对数以 10 为底时,信息量的单位称为哈特莱。目前应用最为广泛的单位是比特。

18.2.3 通信的传输方式

18.2.3.1 串行传输与并行传输

在串行传输中,数据流的各个比特是一位接一位地在一条信道上传输的。显然,同步是重要的,收发双方要保持位同步和字符同步。在二进制传输方式中,一个比特就是一个码元,一个字符是用几位二进制码的一种组合来表示的,这种组合称为码组。串行传输中,收发双方只

需要一条传输通道。因此,该传输方式实现容易,也是实际中较为常用的一种传输方式。

在并行传输中,一个编码字符的所有比特是同时传送的,码组的每一位都单独使用一条通道。并行传输通常用于现场通信或计算机与外设之间的数据传输。

并行传输一次传送一个字符,收发之间不存在字符同步问题。长距离传输时,由于并行信道成本高,很少采用,多采用串行信道。在相同的发送时钟控制情况下,并行传输速率高于串行传输速率。

18.2.3.2　异步传输与同步传输

1）异步传输

异步传输也称为起止式传输,它是利用起止法来达到收发同步的。它每次只传送一个字符,用起始位和停止位来指示被传送字符的开始和结束。异步传输方式的每一个字符的发送都是独立和随机的,以不均匀的速率发送,所以这种方式被称为异步传输。异步传输方法简单。但每个字符要有 2 位至 3 位的附加位,故传输效率低。例如,传输一个 ASCII 码字符,每个字符有 7 位,若停止位用 2 位,加上 1 位校验位和 1 位起始位,共计 11 位。11 位传输码中只有 7 位是有用信息,效率只有 64%。

2）同步传输

同步传输不是以一个字符而是以一个数据块为传输单位。为了使收方能准确地确定数据块的开始和结束,需在数据块的前面加上一个前文,表示传输数据块的开始;在数据块的后面加上一后文,表示传输数据块的结束。加有前文和后文的数据块称为一帧(frame)。前文和后文的具体格式视传输控制规程而定。

在实际中,人们常将同步传输称为同步通信,异步传输称为异步通信。同步通信的效率要比异步通信的效率高,因此同步通信方式更适用于高速数据传输。

18.2.3.3　单工、半双工和全双工传输

如果通信仅在点与点之间进行,按照信号传输方向和时间的关系,传输方式可分为三类,即单工传输、半双工传输和全双工传输。

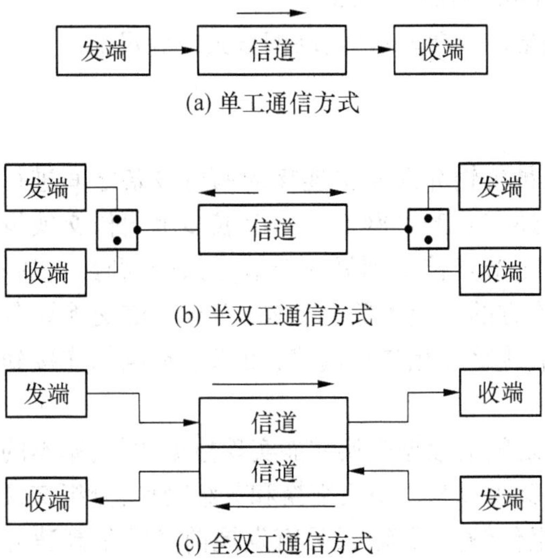

图 18－5　信号传输方式

在单工传输方式中,传导只能在一个方向传输,任何时候都不能进行相反方向的传输,如图 18－5(a)所示。广播、电视就是单工传输的例子。收音机、电视机只能接收信号,而不能向电台、电视台传送信号。

在半双工传输方式中,信号可以在两个方向上传输,但不能同时传输,它们必须是交替进行。一个时间只能允许向一个方向传送,这种方式使用的信道是一种双向信道,如图 18－5(b)所示。对讲机就是半双工传输的例子。

在全双工传输方式中,信号可以同时在两个方向上传输,如图 18－5(c)所示。这种方式使用的信道也是一种双向信道。

18.2.4 通信系统的主要性能指标

通信系统的性能指标是衡量通信系统质量好坏的一个标准。构成一个通信系统的目的是为了传递消息,对消息的传输来说,通信的有效性和可靠性是最主要的,也是最重要的性能指标。

有效性是指消息的传输"速度"问题,即要求系统高效率地传输消息。这个问题讨论怎样以最合理、最经济的方法来传输最大数量的消息。可靠性是指消息的传输质量问题,即要求系统可靠地传输消息。但应指出,有效性和可靠性是相互矛盾的,提高了有效性会降低可靠性,反之亦然。因此,在设计一个系统时要兼顾二者,合理解决,根据实际情况,在满足其一项指标的前提下,尽量提高另一项指标。

18.2.5 传输介质

传输介质是网络连接设备间的中间介质,也是信号传输的媒体,常用的介质有四种。

1) 双绞线(Twisted - Pair)

双绞线是现在最普通的传输介质,它由两条相互绝缘的铜线组成,典型直径为 1 毫米。两根线绞接在一起是为了防止其电磁感应在邻近线对中产生干扰信号。现行双绞线电缆中一般包含四个双绞线对,具体为橙 1/橙 2、蓝 4/蓝 5、绿 6/绿 3、棕 8/棕白 7。

2) 同轴电缆(Coaxial)

广泛使用的同轴电缆有两种:一种为 50 Ω(指沿电缆导体各点的电磁电压对电流之比)同轴电缆,用于数字信号的传输,即基带同轴电缆;另一种为 75 Ω 同轴电缆,用于宽带模拟信号的传输,即宽带同轴电缆。

3) 光导纤维(Fiber Optic)

光导纤维是软而细的、利用内部全反射原理来传导光束的传输介质,有单模和多模之分。单模(模即 Mode,入射角)光纤多用于通信业,多模光纤多用于网络布线系统。光纤为圆柱状,由三个同心部分组成——纤芯、包层和护套,每一路光纤包括两根,一根接收,一根发送。

4) 微波传输和卫星传输(Microwave and Satellite Transmission)

这两种传输方式均以空气为传输介质,以电磁波为传输载体,联网方式较为灵活。

18.2.6 通信数据交换技术

在数据通信线路中,最简单的形式是在由某种传输介质直接连接的两台设备之间进行通信。但在长距离通信中,从源站发出的数据一般还需要经过网络中一个或多个用作交换设备的中间节点,由相应节点的交换设备把数据从一个节点传送到另一个节点,直至到达目的站。通常我们将交换网络中所有通信的发送方与接收方的主机均简称为站,而将通信交换设备简称为节点。这些节点以不规则的网状结构用传输线路互相连接起来,而每个站点都连接到某个节点上。

在交换网络中,站点之间需要通过有关节点之间的数据交换才能实现数据通信,基本的交换技术有两类:电路交换与存储转发。存储转发又可以分为报文交换和分组交换,分组交换则可分为面向连接的虚电路传输和无连接的数据报传输。目前,最具有发展前景的是高速分组交换技术。

1）电路交换（Circuit Switching）

电路交换是在两个站点之间通过通信子网的节点建立一条专用的通信线路，这些节点通常是一台采用机电与电子技术的交换设备（例如程控交换机）。也就是说，在两个通信站点之间需要建立实际的物理连接，其典型实例是两台电话之间通过公共电话网络的互联实现通话。

2）报文交换（Message Switching）

报文交换是通过通信子网上的节点采用存储转发的方式来传输数据，它不需要在两个站点之间建立一条专用的通信线路。报文交换中传输数据的逻辑单元称为报文，其长度一般不受限制，可随数据不同而改变。一般它将接收报文站点的地址附加于报文一起发出，每个中间节点接收报文后暂存报文，然后根据其中的地址选择线路再把它传到下一个节点，直至到达目的站点。

报文交换的主要优点是线路利用率较高，多个报文可以分时共享节点间的同一条通道，此外，该系统很容易把一个报文送到多个目的站点。报文交换的主要缺点是报文传输延迟较长（特别是在发生传输错误后），而且随报文长度变化，因而不能满足实时或交互式通信的要求，不能用于声音连接，也不适于远程终端与计算机之间的交互通信。

3）分组交换（Packet Switching）

分组交换的基本思想包括：数据分组、路由选择与存储转发。它类似于报文交换，但它限制每次所传输数据单位的长度（典型的最大长度为数千位），对于超过规定长度的数据必须分成若干个等长的小单位，称为分组（Packets）。

各站点将要传送的大块数据信号分成若干等长而较小的数据分组，然后顺序发送；通信子网中的各个节点按照一定的算法建立路由表（各目标站点各自对应的下一个应发往的节点），同时负责将收到的分组存储于速度较快的缓存区中，再根据路由表确定各分组下一步应发向哪个节点，在线路空闲时再转发；依次类推，直到各分组传到目标站点。

分组交换的灵活性高，可以根据需要实现面向连接或无连接的通信，并能充分利用通信线路，因此现有的公共数据交换网都采用分组交换技术。LAN 局域网也采用分组交换技术，但在局域网中，从源站到目的站只有一条单一的通信线路，因此，不需要公用数据网中的路由选择和交换功能。

4）高速分组交换技术（High Speed Packet Switching Technology）

由于网络的应用越来越广泛，人们对通信线路带宽的需求越来越高，现有的交换技术，已经不能满足日益增长的网络应用的要求，帧中继（Frame Relay）是目前开始流行的一种高速分组技术。典型的帧中继通信系统以帧中继交换机作为节点组成高速帧中继网，再将各个计算机网络通过路由器与帧中继网络中的某一节点相连；与一般分组交换在每个节点均要对组成分组的各个数据帧进行检错等处理不同的是：帧中继交换节点在接收到一个帧时就转发该帧，并大大减少（并不完全取消）接收该帧过程中的检错步骤，从而将节点对帧的处理时间缩短一个数量级，因此称为高速分组交换。当某节点发现错误则立即中止该帧的传输，并由源站申请重发该帧。显然，只有当帧中继网络中的错误率非常低时，帧中继技术才是可行的。帧中继的帧长是可变的，可按需要分配带宽，帧中继网络的传输速率可达 64 kbps～45 Mbps，适用于局域网、城域网和广域网。

18.2.7　通信复用技术

在数据通信中，复用技术的使用极大地提高了信道的传输效率，取得了广泛的应用。多路复用技术就是在发送端将多路信号进行组合(如广电前端使用的混合器),然后在一条专用的物理信道上实现传输,接收端再将复合信号分离出来。多路复用技术主要分为两大类:频分多路复用(简称频分复用)和时分多路复用(简称时分复用),波分复用和统计复用本质上也属于这两种复用技术。另外还有一些其他的复用技术,如码分复用和空分复用等。

1) 频分复用

频分复用(Frequency Division Multiplexing, FDM)就是将用于传输信道的总带宽划分成若干个子频带(或称子信道),每一个子信道传输 1 路信号。频分复用要求总频率宽度大于各个子信道频率之和,同时为了保证各子信道中所传输的信号互不干扰,应在各子信道之间设立隔离带,这样就保证了各路信号互不干扰(条件之一)。频分复用技术的特点是所有子信道传输的信号以并行的方式工作,每一路信号传输时可不考虑传输时延,因而频分复用技术取得了非常广泛的应用。

2) 时分复用

时分复用(Time Division Multiplexing, TDM)就是将提供给整个信道传输信息的时间划分成若干时间片(简称时隙),并将这些时隙分配给每一个信号源使用,每一路信号在自己的时隙内独占信道进行数据传输。时分复用技术的特点是时隙事先规划分配好且固定不变,所以有时也叫同步时分复用。其优点是时隙分配固定,便于调节控制,适于数字信息的传输;缺点是当某信号源没有数据传输时,它所对应的信道会出现空闲,而其他繁忙的信道无法占用这个空闲的信道,因此会降低线路的利用率。时分复用技术与频分复用技术一样,有着非常广泛的应用,电话就是其中最经典的例子。

3) 波分复用

光通信是由光来运载信号进行传输的方式。在光通信领域,人们习惯按波长而不是按频率来命名。因此,所谓的波分复用(Wavelength Division Multiplexing, WDM)其本质上也是频分复用而已。WDM 是在 1 根光纤上承载多个波长(信道)系统,将 1 根光纤转换为多条“虚拟”纤,当然每条虚拟纤独立工作在不同波长上,这样极大地提高了光纤的传输容量。WDM 系统技术的经济性与有效性使之成为当前光纤通信网络扩容的主要手段。

4) 码分复用

码分复用(Code Division Multiplexing, CDM)是靠不同的编码来区分各路原始信号的一种复用方式,主要和各种多址技术结合产生了各种接入技术,包括无线和有线接入。例如在多址蜂窝系统中是以信道来区分通信对象的,一个信道只容纳 1 个用户进行通话,许多同时通话的用户,互相以信道来区分,这就是多址。移动通信系统是一个多信道同时工作的系统,具有广播和大面积覆盖的特点。在移动通信环境的电波覆盖区内,建立用户之间的无线信道连接,是无线多址接入方式,属于多址接入技术。联通 CDMA(Code Division Multiple Access)就是码分复用的一种方式,称为码分多址,此外还有频分多址(FDMA)、时分多址(TDMA)和同步码分多址(SCDMA)。

5) 空分复用

空分复用(Space Division Multiplexing, SDM)即多对电线或光纤共用 1 条缆的复用方式。比如 5 类线就是 4 对双绞线共用 1 条缆,还有市话电缆(几十对)也是如此。能够实现空分复用的前提条件是光纤或电线的直径很小,可以将多条光纤或多对电线做在一条缆内,既节省外护套的材料又便于使用。

6) 统计复用

统计复用(Statistical Division Multiplexing, SDM)有时也称为标记复用、统计时分多路复用或智能时分多路复用,实际上就是所谓的带宽动态分配。统计复用从本质上讲是异步时分复用,它能动态地将时隙按需分配,而不采用时分复用使用的固定时隙分配的形式,根据信号源是否需要发送数据信号和信号本身对带宽的需求情况来分配时隙,主要应用场合有数字电视节目复用器和分组交换网等。

18.3 典型通信系统

18.3.1 数字数据网

数字数据网(Digital Data Network, DDN)是利用光纤(或数字微波和卫星)数字传输通道和数字交叉复用节点(智能通信节点)组成的。可以为用户提供各种速率的、高质量的数字专用电路和其他新业务,以满足用户多媒体通信和组建中、高速计算机通信网的需要。DDN 采用了数字通信、数据通信、计算机、光纤通信、数字交叉等技术,它是提供全程高速数字信道来传输数据信号的。

DDN 主要适用于业务量大且持续稳定或实时性强的中、高速点对点或点对多点的通信,如应用于计算机主机互联、高速数据通信和会议电视等场合。

18.3.2 综合业务数字网

综合业务数字网(Integrated Services Digital Network, ISDN)是从综合数字网发展而来的。综合数字网是将数字交换和数字传输综合在一起,来传输单一业务且处理数字信息的网络。在 ISDN 中,数字交换设备和数字传输通道不仅能提供电话业务,还能提供各种非话业务,使各种通信业务综合于同一网中。

如果用户使用的是非数据终端设备,要通过共用物理接口与数字电路设备相连接。共用物理接口可用于连接任意用户设备,如电话、电传机、文字处理机及计算机终端等。由于用户各种设备与网间的信息交换所使用的协议不尽相同,因此需要为数字与专用交换机或局域网提供高速接口,用户可以经专用交换机或局域网进入 ISDN。在 ISDN 环境下,用户数据终端需要用一个或两个双绞线对提供全双工数字通信链路。

ISDN 在一定的时期内,成为通信网发展的热点,是因为 ISDN 在通信业务、通信质量、通信功能及使用等各方面有独到的优势,主要体现在:通信业务的综合化;通信质量和可靠性高;用户使用方便;费用低廉;通信网中的功能分散。

18.3.3 因特网络电话

因特网络电话(Internet Phone, IP)是基于因特网网络协议(Internet Protocol, IP),并利用多种通信网进行语音通信的通信方式。因特网络电话(IP)网是基于多种通信网并实现 IP 电话通信的网络,是现代数据通信网的业务网之一。

Internet 电话的终端设备可以是普通的双音频电话、具有声卡和电话卡的 PC 或 Internet 的主机等。这些设备都有双向的输入、输出功能,能够同时发送和接收语音信号。Internet 电话网关(Internet Telephone Gateway, ITG)一端通过中继线与市话局交换机相连,另一端通过宽带接口与 Internet 相连,是电话与主机之间、电话与电话之间通过 Internet 实现语音通信的关键部件。

由于 IP 电话能大幅度降低长途电话特别是国际长途电话的费用,深受广大用户欢迎。IP 电话的出现及其快速发展将显著分流传统电话业务,对常规电信网的业务造成冲击。

IP 电话面临的主要问题有标准问题、承载网络与通话质量问题、设备容量问题。

18.4 计算机网络通信与 Internet 服务

信息化社会的基础是计算机和计算机互联网络。计算机网络已成为 21 世纪推动社会发展的核心动力之一。

18.4.1 网络基础知识

18.4.1.1 什么是计算机网络

目前,对于计算机网络尚不能有一个精确的标准定义。一般而言,把不同地点的具有独立功能的计算机系统通过通信线路和通信设备连接起来,在功能完善的网络软件和协议的管理和支持下,以实现资源共享为目的的系统就叫做计算机网络。

一个典型的计算机网络通常由计算机软件、硬件、通信设备及传输介质组成。下面分别介绍一下构成网络的主要成分。

1) 各种类型的计算机

网络中的计算机根据所承担的任务不同,可分为三类:服务器(Server)、客户机(Client)和同位体(Peer)。

服务器:为网络上的其他计算机提供服务的功能强大的计算机。在基于 PC 的局域网中,服务器是网络的核心,一般由高档微机、工作站或专门设计的计算机(即专用服务器)充当。

客户机:使用服务器所提供服务的计算机。

同位体:可同时作为客户机和服务器的计算机。

2) 网卡

网卡即网络接口卡,又称网络适配器。网卡主要是将计算机数据转换为能够通过介质传输的信号。每台计算机都应配备一块网卡,通过它与通信线路相连接。

3) 传输介质

计算机和通信设备之间,以及通信设备和通信设备之间都通过传输介质互联,传输介质为数据传输提供传输信道。常用的传输介质有双绞线、同轴电缆和光缆。

4) 网络互联设备

局域网与局域网,局域网与主机系统,以及局域网与广域网的连接都称为网络互联。而网络互联的接口设备称为网络互联设备。常用的互联设备有中继器(Repeater)与集线器(Hub)、路由器(Router)、网桥(Bridge)和网关(Gateway)等。

中继器也称为转发器,是最简单的网络连接设备。信号在线路中传输会发生衰减,若需延长网络的距离,就要对传输的数据信号进行放大,中继器就是完成这一任务的连接设备。

集线器可以说是一种特殊的中继器,作为网络传输介质间的中央节点,它可以提供多个微机连接端口,在工作站集中的地方使用集线器便于网络布线,也便于故障的定位与排除。

路由器用来实现不同网络之间的互联，是接入因特网的主要联网设备。它的主要作用就是寻径，即寻找一条从源节点到目的端点之间可靠、通畅的通路，包括网络拓扑如何获得，路由如何寻找，同时还可以实现数据过滤、网络管理及网络安全等多项功能。

网桥是在数据链路层上实现不同网络互联的设备，能够互联两个采用不同数据层的协议、不同传输介质与不同传输速率的网络。

网关通常使用适当的硬件与软件来实现不同网络协议之间的转换功能。

5）网络软件

正如一台计算机的运行必须有其独立的操作系统支持一样，计算机网络也必须有相应的网络操作系统的支持。网络操作系统是为了对网络进行管理、方便用户享受网络资源的系统软件，是能够提供各种网络服务的计算机操作系统。常见的有 Netware，Windows NT，Windows XP，UNIX 和 Linux 等。

18.4.1.2　计算机网络的分类

不同的计算机网络由于构成的方式、信息处理的形式、连接的手段等存在一定差异。因此计算机网络的分类很多，从不同角度出发，观察网络系统、划分网络，有利于全面了解网络系统的各种特性。

1）按网络的地理范围分

（1）局域网（Local Area Network，LAN）　局域网又称为局部区域网，是指在一个局部范围内的计算机网络。一般用微型计算机通过高速通信线路相连，覆盖范围为几百米到几千米，一般位于一个单位、一个建筑物或一间办公室内；在计算机数量配置上没有太多的限制，少的可以只有两台，多的可达几百台；采用的通信线路一般为双绞线或同轴电缆。

（2）城域网（Metropolitan Area Network，MAN）　城域网是指在一个城市内组建的计算机信息网络，提供全市的信息服务。它的连接距离约为 10～100 km，采用的通信线路一般为光纤或微波。

（3）广域网（Wide Area Network，WAN）　广域网又称远程网，其覆盖的范围比城域网广，可以分布在一个省、一个国家甚至全球。

2）按网络的拓扑结构分

网络中各个站点相互连接的方法和形式称之为网络拓扑，常见的网络拓扑结构主要有以下三种。

（1）总线拓扑　总线拓扑结构采用单根传输线作为传输介质，网络上的所有站点都通过相应的硬件接口直接连到一条称为总线（BUS）的主干通信线路上，如图 18－6 所示。

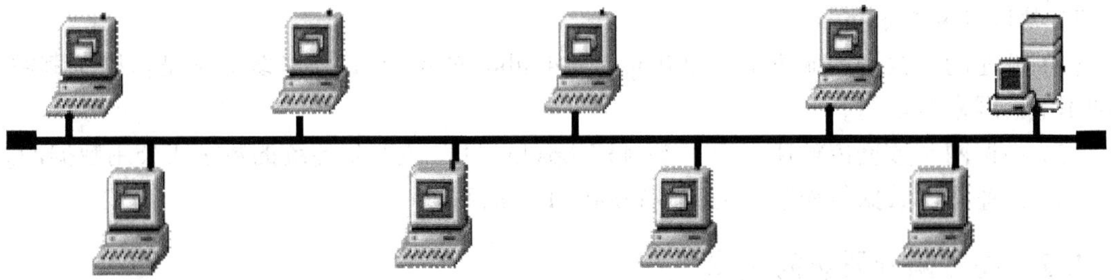

图 18－6　总线拓扑

(2) 星型拓扑　在星型拓扑结构中,各节点通过点到点的通信线路与一个中心节点相连接。中心节点控制整个网络的通信,任何两个节点之间的通信都要通过中心节点。星型拓扑如图 18 - 7 所示。

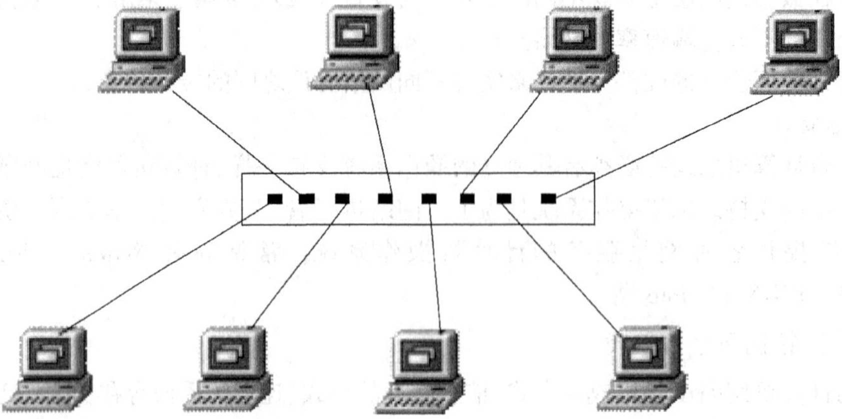

图 18 - 7　星型拓扑

(3) 环型拓扑　环型拓扑结构中,各节点通过点到点的通信线路连接成闭合的环路。环中的数据将沿一个方向逐节点传送,并可实现任意两个节点间的通信。环型拓扑看起来像首尾相连的总线拓扑,如图 18 - 8 所示。

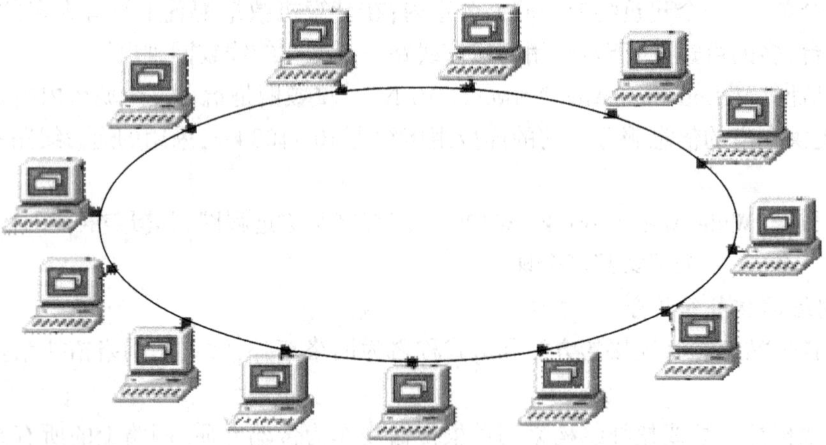

图 18 - 8　环型拓扑

3) 按通信速率分

(1) 低速网　数据传输速率为 300 bps~1.4 Mbps 的系统,这种系统通常是借助调制解调器利用电话网来实现的。

(2) 中速网　数据传输速率为 1.5~45 Mbps 的系统,主要是传统的数字式公用数据网。

(3) 高速网　数据传输速率为 50~1 000 Mbps 的系统。

18.4.2　局域网介质访问技术

1) 载波监听多路访问/冲突检测(Carrier Sense Multiple Access/with Collision Detection, CS-

MA/CD)

CSMA/CD 不但先听后发,而且还边听边发,总线上发生了冲突,每个站所配备的冲突侦听电路能检测出冲突,而且一旦冲突被检测到,便停止发送该帧,放弃已发送的帧。为了使其他站也能知道产生了冲突,监听到冲突的站还向总线上广播一个干扰阻塞信号,通知总线各站冲突已发生,这样通道的容量不致因白白传送已损坏的帧而浪费。

2) 令牌总线(Token Bus)

令牌总线访问控制是在物理总线上建立一个逻辑环。从物理上看,这是一种总线结构的局域网。和总线网一样,站点共享的传输介质为总线,但从逻辑上看,这是一种环行结构的局域网,接在总线上的站组成一个逻辑环,每个站被赋予一个顺序的逻辑位置,站点只有取得令牌,才能发送帧,令牌在逻辑环上依次传递。

3) 光纤分布式数据接口(Fiber Distributed Data Interface, FDDI)

光纤分布式数据接口是由美国国家标准学会 ANSI 制定的一个光纤局域网的协议。FDDI 规定了传输速率为 100 Mbit/s,采用令牌传递方式,并使用光纤作为传输介质的双环 LAN(令牌环网)。

18. 4. 3　Internet 及其应用

18. 4. 3. 1　因特网(Internet)基础知识

1) 因特网(Internet)概述

根据英文含义,Internet 本来是指“交互的网络”,又称“网际网”。一般而言,Internet 具有以下三点基本特征:

(1) Internet 是一个基于 TCP/IP 协议的国际互联网络。

(2) Internet 是一个网络用户的团体,用户使用网络资源,同时也推动网络的发展。

(3) Internet 是所有可被访问和利用的信息资源的集合。

从网络通信技术角度讲,因特网(Internet)是一个以网络协议连接各个国家、各个地区和各个机构的计算机网络的数据通信网。若从信息资源的角度看,因特网(Internet)是一个集合各个部门、各个领域的各种信息资源为一体,供网上用户共享的信息资源网。

Internet 技术是计算机技术和现代通信技术高度有机结合的产物。TCP/IP (Transfer Control Protocol/Internet Protocol)协议的实施解决了异构网互联的一系列理论与技术问题。分散控制、体系分层的思想与物理实现的技术,分组交换,专用通信控制处理机的技术,使用标准、协议规定异构网间的连接,信息传输交互构成了 Internet 的技术理论基础。

2) 几个重要概念

网络协议(Network Protocol):网络协议是计算机网络中相互通信的对等实体间交换信息时所必须遵守的规则的集合。对等实体通常是指在技术网络体系中处于相同层次的通信协议进程。简单地说,协议就是为网络通信制定的大家都要遵守的规则。

物理地址和 IP 地址:物理地址是指用于确定网络中的计算机唯一身份的地址。计算机的物理地址一般固化在网卡上。IP 地址是用于标识计算机在网络中的逻辑地址。IP 地址一般为 4 个字节,通常所说的网址是指域名,经过域名服务器(DNS)解析便于记忆的英文字母组成,如安徽工业大学主页服务器的 IP 地址为 211. 70. 144. 12,域名为 www.ahut.edu.cn。

客户机/服务器(Client/Server)模型:从技术角度讲,“客户机”和“服务器”都是逻辑概念,其含义是将计算机网络应用分成两大部分,其中一部分支持多个用户共享的功能与资源,它由服务器来实现;另一部分是面向每个用户的,由客户机实现。采用客户机/服务器结构的主要目的是实现网络资源的最佳配置与利用。

OSI 参考模型:

应用层 application	处理网络应用	网络层 network	寻址和最短路径
表示层 presentation	数据表示	数据链路层 Data link	介质访问
对话层 session	主机间通信	物理层 physical	二进制传输
传输层 transport	进程间的连接		

18.4.3.2 因特网上的信息服务

1) WWW 服务

WWW(World Wide Web)称为万维网,WWW 服务又称为 Web 服务。通过 WWW,人们只要使用简单的方法,就可以迅速和方便地取得丰富的信息资料。

WWW 是以超文本标记语言 HTML 和超文本传输协议 HTTP 为基础,提供面向 Internet 服务的具有一致用户界面的信息浏览系统。WWW 系统结构是采用客户机/服务器模式,信息资源以页面形式存储在 Web 服务器中。用户通过 WWW 客户端程序向 Web 服务器发出请求,Web 服务器根据客户端的请求内容,将保存在 Web 服务器中的某个页面发送给客户端,浏览器在接收到该页面后对其进行解释,并最终将页面显示给用户。

2) 电子邮件(E-mail)

电子邮件是以电子方式收发并传递信件,它为 Internet 上的用户提供了快速、简便、廉价的现代化通信手段。每个电子邮件都有一个邮件地址,称为电子邮件地址。电子邮件地址的格式是固定的,并且在全球范围内是唯一的。用户的电子邮件地址格式是:用户名@ 主机名,其中@ 符号表示 at。例如,在 ahut.edu.cn 主机上,有一名为 administrator 的用户,则该用户的电子邮件地址为:administrator@ ahut.edu.cn。用户可以通过专用电子邮件软件收发邮件,如 Microsoft 公司的 Outlook Express 等。

3) 文件传输

文件传输服务是由 TCP/IP 中的文件传输协议 FTP(File Transfer Protocol)支持的,通过 FTP,用户可将文件从 Internet 上的一台计算机传输到另一台计算机上,并且能保证传输的可靠性。常用的 FTP 客户端程序通常有三种类型:命令行、浏览器和下载工具。目前的浏览器支持 FTP 方式访问,通过它可以直接登录到 FTP 服务器并下载文件。常用的 FTP 下载工具有:CuteFtp、Netants 等。

4) 远程登录

指在网络通信协议 Telnet 的支持下,用户计算机通过 Internet 成为远程计算机终端的过程。它可以使用户的计算机通过网络登录到世界各地的计算机上,让用户操纵和使用它们。

5) 网络电话

网络电话是指通过因特网来实现计算机与计算机或者计算机与电话之间的通话。网络电话的话音是通过因特网来传送的,而不是传统的电话网,所以网络电话也可以称做一种多媒体电话。Internet 电话软件有很多种,如 Net2Phone 公司的 Net2Phone、VocaTec 公司的 Internet

Phone 以及 Microsoft 公司的 NetMeeting 等等。

思考题

1. 衡量通信系统质量好坏的指标有哪些?
2. 与模拟通信相比,数字通信有哪些优点,哪些缺点?
3. 通信系统由几部分组成?简述各部分的作用。
4. 在数据通信中,复用技术包括哪些?简述其工作原理。
5. 简述局域网介质访问技术及其工作原理。

第 19 章　计算机数据安全技术

随着科技的发展,人类已经进入了信息社会。所谓的信息系统,是指由人、计算机和软件组成的,能自动进行信息收集、传输、存储、加工处理、分发和利用的系统,是信息处理必不可少的强有力工具。由于计算机系统涉及有关国家安全的政治、经济、军事以及工商企业单位与私人的机密及敏感信息,因此计算机系统的安全性显得尤为重要。

19.1　安全技术概述

计算机系统安全技术涉及面很广,一般是指计算机系统有保护、没有危险,即计算机系统的硬件、软件和数据受到保护,不因偶然和恶意的原因而遭到破坏、更改和显露,使计算机系统能连续正常运行。

19.1.1　计算机安全的重要性

计算机系统安全的重要性也越来越突出,其主要表现在以下几个方面。

(1) 计算机系统安全与我国的经济安全、社会安全和国家安全紧密相连。其安全性涉及个人利益、企业生存、金融风险防范、社会稳定和国家安全诸多方面,具有重大战略意义。

(2) 伴随计算机系统规模的扩大和网络技术的飞速发展,计算机系统中隐含的缺陷和漏洞已越来越多地显露出来,容易给敌对势力和不法分子以可乘之机。

(3) 计算机系统的使用场所不断扩大,涉及各个行业及领域,恶劣的环境条件将增加计算机出错概率和故障,使其可靠性和安全性降低。

(4) 计算机使用人员不断增加,人为失误和经验的缺乏会给计算机系统的安全造成威胁。

(5) 对计算机安全知识、意识和法律意识相对滞后,容易形成许多潜在的威胁和攻击。

19.1.2　计算机系统面临的威胁和攻击

计算机系统面临的威胁按对象、性质可以分为三类:一是对硬件实体设施的威胁和攻击;二是对软件、数据和文档资料的威胁和攻击;三是兼对前两者的攻击和破坏。

(1) 对硬件实体的威胁和攻击,主要是指对计算机本身和外部、外围设备乃至网络和通信线路而言的,如各种自然灾害、人为破坏、操作失误、设备故障、电磁干扰、丢失、被盗和各种不同类型的不安全因素所致的财产损失、物质损失等。

(2) 对信息的威胁和攻击,主要有两种:一种是信息泄漏,一种是信息破坏。

信息泄露指偶然地或故意地获得目标系统中信息,特别是敏感信息,造成信息泄露事件。

信息破坏指由于偶然事故或人为破坏,使信息的正确性、完整性和可用性受到破坏,使得系统的信息被修改、删除、添加、伪造或非法复制,造成大量信息丢失或被破坏、修改。

(3) 同时攻击和破坏软、硬件系统的情况除了战争攻击、武力破坏以外,最典型的是病毒的危害。计算机病毒利用非法程序干扰、攻击和破坏系统正常工作,它的产生和蔓延给信息系统的安全带来严重的威胁和巨大损失。

19.1.3　计算机系统的脆弱性

计算机系统脆弱性主要表现在以下几个方面。

1）计算机系统自身的脆弱性

在多数信息系统中,删除文件仅仅是将文件名删除,相应地释放存储空间,而文件的真正内容还原封不动地保留在介质上。信息不能完全消除干净,就可能造成机会。计算机系统的通信网络在许多方面存在薄弱环节,通过未受保护的外部环境和线路可以访问系统内部,搭线窃听、远程监控、攻击破坏都是可能发生的。

计算机系统工作时许多设备、部件和线路都在辐射电磁波。在一定距离内使用一定的仪器设备,就可以接收到计算机系统正在处理的信息。

2）操作系统安全的脆弱性

操作系统是一切软件运行的基础,也是唯一紧靠硬件的基本软件。作为信息系统最基础、最核心的部分,各种操作系统却又都存在着这样或那样的安全隐患。操作系统的不安全是计算机不安全的根本原因。

3）网络安全的脆弱性

计算机网络尤其是互联网络,由于网络分布的广域性、网络体系结构的开放性、信息资源的共享性和通信信道的共用性,而使计算机网络存在很多严重的脆弱点。它们是网络安全的严重隐患。

4）数据库安全的脆弱性

由于数据库系统具有共享性、独立性、一致性、完整性和可访问控制性等诸多优点,因而得到了广泛应用,现已成为计算机系统存储数据的主要形式。与此同时,数据库应用在安全方面的考虑却很少,容易造成存储数据的丢失、泄漏或破坏。

19.2　计算机病毒

计算机病毒实质上是指一段程序,它们通过把自己的一个副本附加到另一个程序上面进行复制。它们不仅出现在可执行程序中,也可通过嵌套在数据文件中进行扩散。

根据我们国家的定义,计算机病毒是指编制或者在计算机程序中插入的破坏计算机功能或毁坏数据,影响计算机使用,并能自我复制的一组计算机指令或程序代码。

19.2.1　计算机病毒的发展历史

1977 年,在科幻小说中提出了计算机病毒,而到了 1983 年,美国计算机安全专家 Fredcohen 通过实验证明了产生计算机病毒的现实性,并在 1984 年 9 月的加拿大多伦多国际信息处理联合会计算机安全技术委员会举行的年会上,发表了题为“计算机病毒:原理和实验”的论文。其后,又发表了“计算机和安全”等论文。但这些论文并没有引起新闻界的重视,因为计算机病毒只是在实验室中产生,作为一种研究行为,并没有在社会上产生。

直到 1987 年,计算机病毒才出现于计算机病毒研究的实验室之外。这一年初,美国东部一所医疗中心存储在计算机系统中的一些病历突然消失,经查是计算机病毒在作怪。这一年的12月下旬圣诞节前夕,计算机病毒侵袭了IBM公司的国际电子信息网,向每个曾使用过该信息网的用户发出了相同的贺信,大量连锁信件使得该网络因不堪重负而瘫痪,这就是IBM圣诞树病毒。而1988年11月2日的蠕虫病毒攻击Internet则把早期计算机病毒推向了高潮。一夜之间造成与该网络系统连接的6 000多台计算机停机,其中包括美国国家航空和航天局、军事基地和主要大学,直接经济损失达9 200多万美元。这一事件迫使美国政府立即做出反应,成立了计算机应急行动小组,而新闻媒体的现场报道和采访,更是震撼世界,掀起了一股谈论计算机病毒的热潮。

早期的计算机病毒有感染引导区和文件两类。这些病毒直接修改部分中断向量表,而且不隐藏不加密自身代码,因此很容易被查出和解除。其代表是:感染引导区的Stone病毒、小球病毒和磁盘杀手等,感染文件的耶路撒冷病毒、维也纳病毒和扬基病毒等。其中扬基病毒略有对抗反病毒手段,当它发现DEBUG工具跟踪时,会自动从文件中逃走。此后一些能对自身进行简单加密的病毒相继出现,其代表是1366, 1824, 1741等。DIR－2病毒的出现则改变了修改中断向量表方法,并且也改变了传染文件的病毒通常把病毒程序体直接链接在文件处的方法,而像新世纪病毒类型的计算机病毒的出现,则标志着传染引导区和文件的双料病毒的产生,还有的病毒能将硬盘分区表加密后再隐藏起来,如果直接将硬盘主引导记录更换,将导致无法进入硬盘,给清除计算机病毒带来了困难。

以CIH病毒为代表的纯32位Win95, Win98计算机病毒的出现,标志着以DOS系统攻击对象的计算机病毒将逐渐让位于针对Windows的病毒。而数千种Word宏病毒的出现,则形成了计算机病毒的一个派系,由于宏病毒编写容易,互联网上又较多采用Word格式进行交流,从而通过互联网传播更加快了这类病毒的流传。

1995年,一个更危险的信号出现了,有相当一批计算机病毒好像出于同一个家族,其遗传基因相同,但它们的不同之处不是简单的代码修改,而是诞生了病毒生产机软件,用它可以很快编出上万种不同的计算机新病毒,并且由此产生的病毒代码长度都不相同,自我加密、解密的密钥也不相同,原文件头重要参数的保存地址不同,病毒的发作条件和现象不同,但主体构造和原理基本相同。对于由病毒生产机产生的计算机病毒,目前没有广泛的查毒软件,只能是知道一种,检查一种,难于应付由此产生的大量计算机病毒。病毒生产机的存在,有可能导致计算机病毒数量暴增。近几年,能变换自身代码的变形病毒也连续出现,使得一些病毒扫描软件时常漏查漏杀,而像"台湾2号变形王"其病毒代码可变无限次,并且变形复杂。Mutation Egnine(变形金刚或称变形病毒生产机)遇到普通病毒后能将其改造成为变形病毒,给清除计算机病毒带来极大困难。

2001年,红色代码病毒肆虐全球,意味着病毒与黑客合二为一的新型计算机病毒诞生了,给清除病毒及其隐患带来了困难。

综上所述,计算机病毒在抗病毒技术发展的同时,自己也在不断发展,编制者手段越来越高明,病毒结构也越来越特别,而变形病毒、病毒生产机与黑客技术合二为一将是今后计算机病毒发展的主要方向,抗击这些病毒有待于我们的研究和开发。

19.2.2 计算机病毒的分类

(1) 系统引导型病毒　指寄生在磁盘引导区或主引导区的计算机病毒。此种病毒利用系统引导时,不对主引导区的内容正确与否进行判别,在引导系统的过程中侵入系统,驻留内存,监视系统运行,伺机传染和破坏。按照引导型病毒在硬盘上的寄生位置又可细分为主引导记录病毒和分区引导记录病毒。主引导记录病毒感染硬盘的主引导区,如大麻病毒、2708 病毒、火炬病毒等;分区引导记录病毒感染硬盘的活动分区引导记录,如小球病毒、Girl 病毒等。

(2) 文件型病毒　指能够寄生在文件中的计算机病毒。这类病毒程序感染可执行文件或数据文件。如 1575/1591 病毒、848 病毒感染.COM 和.EXE 等可执行文件;Macro/Concept,Macro/Atoms 等宏病毒感染 *.DOC 文件。

(3) 混合型(复合型)病毒　指具有引导型病毒和文件型病毒寄生方式的计算机病毒,所以它的破坏性更大,传染的机会也更多,杀灭也更困难。这种病毒扩大了病毒程序的传染途径,它既感染磁盘的引导记录,又感染可执行文件。这种病毒有 Flip 病毒、新世纪病毒、One-half 病毒等。

(4) 目录型病毒　这一类型病毒通过装入与病毒相关的文件进入系统,而不改变相关文件,它所改变的只是相关文件的目录项。

(5) 宏病毒　Windows Word 宏病毒是利用 Word 提供的宏功能,将病毒程序插入到带有宏的 doc 文件或 dot 文件中。这类病毒种类很多,传播速度很快,往往对系统或文件造成破坏。目前发现的 Word 宏病毒经常在 Word 的文档和模板范围内运行和传播。

(6) 网络蠕虫病毒　蠕虫是一种通过网络传播的恶性病毒,它具有病毒的一些共性,如传播性、隐蔽性、破坏性等等,同时具有自己的一些特征,如不利用文件寄生(有的只存在于内存中),对网络造成拒绝服务,以及和黑客技术相结合,等等。在产生的破坏性上,蠕虫病毒也不是普通病毒所能比拟的,网络的发展使得蠕虫可以在短短的时间内蔓延整个网络,造成网络瘫痪,如特洛伊木马、CIH、冲击波、震荡波等。

19.2.3 计算机病毒的特点

计算机病毒一般具有如下重要特点。

1) 寄生性

病毒程序的存在不是独立的,它总是悄悄地附着在磁盘系统区或文件中。寄生于文件中的病毒是文件型病毒。其中病毒程序在原来文件之前或之后的,称为文件外壳型病毒;另一种文件型病毒为嵌入型,其病毒程序嵌入到原来文件之中,在微机病毒中尚未见到。

2) 隐蔽性

病毒程序在一定条件下隐蔽地进入系统。当使用带有系统病毒的磁盘来引导系统时,病毒程序先进入内存并放在常驻区,然后才引导系统,这时系统即带有该病毒。有的病毒是将自身程序常驻内存,使系统成为病毒环境;有的病毒则不常驻内存,只在执行当时进行传染或破坏,执行完毕之后病毒不再留在系统中。

3) 非法性

病毒程序执行的是非授权(非法)操作。当用户引导系统时,正常的操作只是引导系统,病毒乘机而入并不在人们预定目标之内。

4) 传染性

传染性是计算机病毒的最重要特征,是判断一段程序代码是否为计算机病毒的依据。病毒程序侵入计算机即进行搜索可以传染的程序或者磁介质,然后通过自我复制迅速传播。

5）破坏性

无论何种病毒程序一旦侵入系统都会对操作系统的运行造成不同程度的影响。即使不直接产生破坏作用的病毒程序也要占用系统资源（如占用内存空间，占用磁盘存储空间以及系统运行时间等）。

6）潜伏性

计算机病毒具有依附于其他媒体而寄生的能力，这种媒体我们称之为计算机病毒的宿主。依靠病毒的寄生能力，病毒传染合法的程序和系统后，不立即发作，而是悄悄隐藏起来，然后在用户不察觉的情况下进行传染。

7）可触发性

计算机病毒一般都有一个或者几个触发条件。满足其触发条件或者激活病毒的传染机制，使之进行传染；或者激活病毒的表现部分或破坏部分，就会启动病毒。触发的实质是一种条件的控制，病毒程序可以依据设计者的要求，在一定条件下实施攻击。这个条件可以是敲入特定字符，使用特定文件，某个特定日期或特定时刻，或者是病毒内置的计数器达到一定次数等。

19.2.4 计算机病毒的危害

1）病毒激发对计算机数据信息的直接破坏作用

大部分病毒在激发的时候直接破坏计算机的重要信息数据，所利用的手段有格式化磁盘、改写文件分配表和目录区、删除重要文件或者用无意义的“垃圾”数据改写文件、破坏 CMOS 设置等。磁盘杀手病毒（DISK KILLER），内含计数器，在硬盘染毒后累计开机时间 48 小时内激发，激发的时候屏幕上显示“Warning!! Don't turn off power or remove diskette while Disk Killer is Processing!”（警告！DISK KILLER 在工作，不要关闭电源或取出磁盘）。

2）占用磁盘空间和对信息的破坏

寄生在磁盘上的病毒总要非法占用一部分磁盘空间。引导型病毒的一般侵占方式是由病毒本身占据磁盘引导扇区，而把原来的引导区转移到其他扇区，也就是引导型病毒要覆盖一个磁盘扇区。被覆盖的扇区数据永久性丢失，无法恢复。

文件型病毒利用一些 DOS 功能进行传染，这些 DOS 功能能够检测出磁盘的未用空间，把病毒的传染部分写到磁盘的未用部位。所以在传染过程中一般不破坏磁盘上的原有数据，但非法侵占了磁盘空间。

3）抢占系统资源

除 VIENNA、CASPER 等少数病毒外，其他大多数病毒在动态下都是常驻内存的，这就必然抢占一部分系统资源。病毒所占用的基本内存长度大致与病毒本身长度相当。除占用内存外，病毒还抢占中断，干扰系统运行。

4）影响计算机运行速度

病毒为了判断传染激发条件，总要对计算机的工作状态进行监视，这相对于计算机的正常运行状态既多余又有害。

有些病毒为了保护自己，不但对磁盘上的静态病毒加密，而且进驻内存后的动态病毒也处在加密状态，CPU 每次寻址到病毒处时要运行一段解密程序把加密的病毒解密成合法的 CPU 指令再执行；而病毒运行结束时再用一段程序对病毒重新加密。病毒在进行传染时同样要插入非法的额外操作。这样 CPU 额外执行数千条以至上万条指令。

5）计算机病毒错误与不可预见的危害

很多计算机病毒都是个别人在一台计算机上匆匆编制调试后就向外抛出。反病毒专家在分析大量病毒后发现绝大部分病毒都存在不同程度的错误。错误病毒的另一个主要来源是变种病毒。有些初学计算机者尚不具备独立编制软件的能力，出于好奇或其他原因修改别人的病毒，造成错误。计算机病毒错误所产生的后果往往是不可预见的，反病毒工作者曾经详细指出黑色星期五病毒存在 9 处错误，乒乓病毒有 5 处错误等。但是人们不可能花费大量时间去分析数万种病毒的错误所在。大量含有未知错误的病毒扩散传播，其后果是难以预料的。

6）计算机病毒的兼容性对系统运行的影响

兼容性是软件的一项重要指标，兼容性好的软件可以在各种计算机环境下运行。病毒的编制者一般不会在各种计算机环境下对病毒进行测试，因此病毒兼容性较差，常常导致死机。

7）计算机病毒给用户造成严重的心理压力

据有关计算机销售部门统计，计算机售后因用户怀疑“计算机有病毒”而提出咨询的占售后服务工作量的 60%以上。经检测确实存在病毒的约占 70%，另有 30%情况只是用户怀疑，而实际上计算机并没有病毒。大多数用户对病毒采取“宁可信其有”的态度，这对于保护计算机安全无疑是十分必要的，然而往往要付出时间、金钱等方面的代价。不仅是个人单机用户，在一些大型网络系统中也难免为甄别病毒而停机。

19.2.5　计算机病毒的防范措施

对于计算机病毒毫无警惕意识的人员，可能当显示屏上出现了计算机病毒信息，也不会去仔细观察一下，麻痹大意，任其在磁盘中进行破坏。其实，只要稍有警惕，根据计算机病毒在传染时和传染后留下的蛛丝马迹，再运用计算机病毒检测软件和 DEBUG 程序进行人工检测，完全可以在计算机病毒进行传播的过程中发现它。从技术上采取措施，防范计算机病毒，执行起来并不困难，困难的是持之以恒，坚持不懈。

下面介绍几种主要的防范措施。

1）新购置的计算机硬软件系统的测试

新购置计算机的硬盘可以进行检测或进行低级格式化来确保没有计算机病毒存在。对硬盘只在 DOS 下做 FORMAT 格式化是不能去除主引导区（分区表）计算机病毒的。软盘在 DOS 下做 FORMAT 格式化可以去除感染的计算机病毒。新购置的计算机软件也要进行计算机病毒检测。有些软件厂商发售的软件，可能无意中已被计算机病毒感染。就算是正版软件也难以保证没有携带计算机病毒的可能性，更不要说盗版软件了。

2）计算机系统的启动

在保证硬盘无计算机病毒的情况下，尽量使用硬盘引导系统。启动前，一般应将软盘从软盘驱动器中取出。很多计算机中，可以通过设置 CMOS 参数，使启动时直接从硬盘引导启动，而根本不去读软盘。

3）单台计算机系统的安全使用

在自己的机器上用别人的软盘、U 盘前应进行检查。在别人的计算机上使用过自己的软盘、U 盘，再在自己的计算机上使用前，也应进行计算机病毒检测。对重点保护的计算机系统应做到专机、专盘、专人、专用。

4）重要数据文件要有备份

硬盘分区表、引导扇区等的关键数据应做备份工作，并妥善保管。在进行系统维护和修复工作时可作为参考。重要数据文件定期进行备份工作。

5）不要随便直接运行或直接打开电子函件中夹带的附件文件，不要随意下载软件，尤其是一些可执行文件和Office文档。即使下载，也要先用最新的防杀计算机病毒软件来检查。

6）计算机网络的安全使用

以上这些措施不仅可以应用在单机上，也可以应用在作为网络工作站的计算机上。而对于网络计算机系统，还应采取下列针对网络的防杀计算机病毒措施。

（1）在安装网络服务器时，应将文件系统划分成多个文件卷系统，至少划分成操作系统卷、共享的应用程序卷和各个网络用户可以独占的用户数据卷。这种划分十分有利于维护网络服务器的安全稳定运行和用户数据的安全。

（2）一定要用硬盘启动网络服务器，否则在受到引导型计算机病毒感染和破坏后，遭受损失的将不是一个人的机器，而会影响到整个网络的中枢。

（3）为各个卷分配不同的用户权限。将操作系统卷设置成对一般用户为只读权限，屏蔽其他网络用户对系统卷除读和执行以外的所有其他操作，如修改、改名、删除、创建文件和写文件等操作权限。应用程序卷也应设置成对一般用户是只读权限的，不经授权、不经计算机病毒检测，就不允许在共享的应用程序卷中安装程序。

（4）在网络服务器上必须安装真正有效的防杀计算机病毒软件，并经常进行升级。必要的时候还可以在网关、路由器上安装计算机病毒防火墙产品，从网络出入口保护整个网络不受计算机病毒的侵害。对可能由计算机病毒引起的现象应予以注意，发现异常情况及时处理，不使计算机病毒传播影响到整个网络。

19.3 数据加密技术

我们经常需要一种措施来保护我们的数据，防止被一些怀有不良用心的人看到或者破坏。在信息时代，信息可以帮助团体或个人，使他们受益，同样，信息也可以用来对他们构成威胁，造成破坏。在竞争激烈的大公司中，工业间谍经常会获取对方的情报。因此，在客观上就需要一种强有力的安全措施来保护机密数据不被窃取或篡改。

19.3.1 对称密钥体制

所谓对称密钥体制（又称秘密密钥加密体制），就是加密与解密使用同一个密钥（算法）。通信双方必须交换彼此密钥，当需要给对方发信息时，用自己的加密密钥进行加密，而在接收方收到数据后，用对方所给的密钥进行解密。目前公开的对称密钥加密算法有100多个，其中比较有名的是美国的DES和RC5算法、欧洲的IDEA算法等。

对称密钥具有加密速度快，保密度高等优点，在军事、外交以及商业领域得到了广泛的应用。在公开的计算机网络上采用对称密钥体制，实现安全地传送和保管密钥是对称密钥加密体系中的薄弱环节。一是加密方每次启动新密码时，密钥在传送过程中容易被非法入侵者截获，造成密钥泄露，使加密方法失效，所以，一般强调，仅将一个对话密钥用于一条信息中，减小密钥暴露的可能性。二是这种方式在与多方通信时因为需要保存很多密钥而变得复杂。

19.3.2 非对称密钥体制

1976年,Diffie和Hellman以及Merkle分别提出了公开密钥密码体制的思想。它要求密钥成对使用,即加密和解密分别由两个密钥(算法)来实现。在公钥密码体制中,有两种密钥:一种是每一个用户都有一个选定的可以公开的密钥,即公共密钥(Public Key, PK);另一种由用户安全拥有,即私有密钥(Secret Key, SK)。用公共密钥加密的信息只能用私有密钥解密,反之亦然。

如果采用非对称加密机制通信,则获取对方公共密钥的途径有三种:一是直接跟对方联系以获取对方公共密钥;二是向第三方验证机构,如CA(Certification Authority)获取对方密钥;三是用户事先把公共密钥发表或刊登出来。

在非对称密钥系统中,证书(Certificate)是一个关键环节,它是一个数字文档或者说是一个数据结构,用于证明通信请求者身份。证书由一个可以信任的授权机构CA发放,CA的数字签名保障了其可信性。证书一般包括的内容有一个公钥、姓名、公钥有效期、发证机构、序列号,以及最重要的——发证者的数字签名。数字签名相当于数字指纹。证书用以证明持有公钥者确实是这个公钥的合法拥有者。用加密技术保障证书不会在传输过程中被改变。

通信时,用户用私有密钥对应用请求签名并提交证书,对方用CA机构的公共密钥对用户的证书解密,获得用户的公钥,从而验证用户的签名,确认用户的身份。对CA机构的密钥的保护是个关键,如果这个专用密钥泄漏了,就可以设法伪造证书了。通过这种机制可与互不相识的人或实体通信,公共密钥需事先发布出去。为避免冒名顶替或伪造,公钥分配机构同时也应是证书授权机构。

非对称密钥的加密方法在改进传统的加密方法之外,还提供了数字签名,大大提高了信息传输的安全性。另外,非对称密钥系统使用的密钥少,便于管理;密钥分配简单,加密密钥表就像电话号码本一样,分发给用户,而解密密钥则由用户自己保管,不需要传送;可以实现数字签名和数字鉴别,发信人使用只有自己知道的密钥进行签名,收件人利用公开密钥进行检查,既安全又方便。非对称密钥的不足之处在于非对称密钥方案较对称密钥方案处理速度慢,算法比较复杂。

在实际应用中,一般利用两种密钥体制的长处,采用二者相结合的方式对信息进行加密。比如对实际传输的数据采用对称密钥体制,这样传输速度较快;为了防止密钥泄露,传送密钥时采用非对称密钥加密体制加密,保障密钥的安全传送。这是目前普遍采用的加密方法。

19.3.3 数字信封技术

数字信封技术结合了秘密密钥加密技术和公开密钥加密技术的优点,它克服了秘密密钥加密中秘密密钥分发的困难和公开密钥加密中加密时间长的问题,使用两个层次的加密来获得公开密钥技术的灵活性和秘密密钥技术的高效性,保证信息的安全性。由于数字信封技术是把要发送的报文用收信方的公钥进行加密,只有收信方的私钥才能解开被加密的报文,而其他人不能解开被加密的报文,这样就确保了只有收信方才能准确地接收到报文。

19.3.4 数字指纹

数字指纹是一种形象的说法,在密码学上被称为"信息摘要"。它是通过安全的单向散列

函数作用于将要发送的信息上产生的。单向散列函数有三个主要特点:

(1) 它能处理任意大小的信息,并将其按信息摘要的方法生成固定大小的数据块,对同一个源数据反复执行单向散列函数总是得到同样的结果。

(2) 它是不可预见的。产生的数据块的大小与原始信息的大小没有任何关系,同时源数据和产生的数据块看起来也没有明显的关系,源信息的一个微小变化都会对小数据块产生很大的影响。

(3) 它是不可逆的,没有办法通过生成的数据块直接恢复源数据。

数字指纹技术并不是一种加密机制,但却能产生信息的数字"指纹",通过验证信息的"指纹"来确保数据没有被修改或变化,保证信息的完整性不被破坏。

19.3.5 数字签名技术

数字签名(或称电子加密)是由 Diffie, Hellman 提出的,是公开密钥加密技术的一种应用。数字签名的实现原理比较简单:报文的发送方从报文文本中生成一个 128 位的散列值(也叫做报文摘要),再用自己的专用密钥对这个散列值进行加密,形成发送方的数字签名。然后,这个数字签名将作为报文的附件和报文一起发送给报文的接收方。报文的接收方首先从接收的原始报文中计算出 128 位的散列值(或报文摘要),接着再用发送方的公开密钥对报文附加的数字签名进行解密。如果两个报文摘要完全相同,那么接收方就能确认该数字签名是发送方的。

1) 利用公开密钥体制实现数字签名的原理

在公开密钥加密体制下,加密密钥是公开的,加密和解密的算法也是公开的,保密性完全取决于解密密钥的秘密性。从另一角度讲,保密的解密密钥代表解密者的身份特征,可以作为身份识别参数。因此,可以用解密密钥进行数字签名。工作方式如下:信息发出之前如需签名,则先用发信方的私人解密密钥对信息进行解密运算,再发送给对方。接收者接收到信息后,只要利用发信方的公开密钥进行加密运算,如能还原出明文来,就可证明接收到的信息是经过发信方签名了的。接收者和第三者不能伪造签名的文件,因为只有发信方才知道自己的解密密钥,其他的人是不可能推导出发信方的私人解密密钥的。这就符合签名的唯一性、不可仿冒性、不可否认性三大特征和要求。

2) 常用数字签名算法

数字签名的算法很多,使用比较广泛的是 Hash 签名、DSS(即美国政府采用的数字签名标准)签名和 RSA 签名这三种,其中 Hash 签名已经在很多应用中被当成标准使用。

Hash 签名使用密码安全函数,如 SHA(Secure Hash Algorithm)或 MD5(Message Digest),并根据报文文本产生一个 Hash 值,这个过程把用户的密钥(从第三方得到)与文本联系在一起,再把这个文本和密钥的排列打乱;Hash 值作为签名与文本一起传送,只留下密钥。接收方有密钥的副本,并用它对签名进行检验。

MD5 算法是典型的 Hash 算法,它是由 RSA 发明者之一的 Rivest 提出的。MD5 版本是 MD 算法的最新版本,它是目前应用最广泛的报文摘要算法。MD5 系统定义的算法是以任意长度的信息作为输入,产生一个 128 位的"摘要"。MD5 算法对 Hash 压缩信息块按 512 位进行处理。首先,它对 Hash 信息进行填充,使信息的长度等于 512 的倍数。填充方法是:先在压缩信息后填充 64 字节长的信息长度,再用首位为 1,后面全为 0 的填充信息填充,使经过填充后的信息长度为 512 的倍数。然后，对信息依次每次处理 512 位，每次进行 4 轮，每轮 16 步总共 64 步的信息变换处理，每次输出结果为 128 位。最后，把前一次的输出作为下一次信息变换的输入初始值（第一次初始值算法已经固定）。这样最终输出一个 128 位的 Hash 结果。

19.3.6 身份认证

身份识别（Identification）是指用户向系统出示自己的身份证明过程。身份认证（Authentication）是系统查核用户的身份证明的过程，实质上是查明用户是否具有他所请求资源的存储和使用权的过程。通常把这两项工作（Identification and Authentication）统称为身份认证（或称身份鉴别、身份验证），它是判明和确认通信双方真实身份的两个重要环节。身份认证必须做到准确地将对方辨认出来，同时还应该提供双向的认证，即相互证明自己的身份。

网络环境下的身份认证过程需要基于密码学的复杂协议。以如下模型来讨论鉴别协议：一个用户 A 想要和另外一个用户 B 建立一个通信，A 和 B 之间需要鉴别，即需要确认对方的身份，不会被一个入侵者 H 假冒。基于共享秘密密钥的认证，假定 A 和 B 之间已经共享了一个秘密密钥 KAB，这个密钥事先可以通过电话、直接见面等方式而确定。一种可行的协议是查询-应答（Challenge-Response）协议：一方发送一个随机数给另一方作为查询，后者将它用秘密密钥加密后作为应答，通过检查应答来确定对方是否拥有该秘密密钥。这种一方提问另一方回答的技术在其他协议中也经常使用。

19.4 安全对策

安全策略是指在一个特定的环境里（安全区域），为保证提供一定级别的安全保护所必须遵守的一系列条例、规则。安全策略具备普遍的指导意义，它针对信息系统安全所面临的各种威胁进行安全风险分析，提出控制策略，建立安全模型和安全等级，对安全系统进行评估并为系统的配置管理和应用提供基本的框架。

19.4.1 计算机系统安全标准

在计算机系统安全标准的制定和研究过程中，美国是起步较早的国家之一。20 世纪 70 年代，美国国防部就已经发布了诸如“自动数据处理系统安全要求”等一系列的安全评估标准。1983 年又发布了“可信计算机评价标准”，即所谓的橘皮书、黄皮书、红皮书和绿皮书，并于 1985 年对此标准进行修订。进入 20 世纪 90 年代，由于 Internet 技术广泛的应用，“黑客”活动日益猖獗，面对计算机系统安全出现的许多新问题，美国又颁布了联邦评测标准（FC）草案，用以代替 1983 年颁布的橘皮书。此外，美国还与加拿大和欧洲联合研制了 CC（信息技术安全评测公共标准），并于 1994 年颁布了 0.9 版，于 1996 年颁布了 1.0 版。在由英国、荷兰和法国带头，欧洲开始联合研制欧洲共同的安全评测标准，并于 1991 年颁布 ITSEC（信息技术安全标准）。1993 年，加拿大颁布了 CTCPEC（加拿大可信计算机产品评测标准）。在安全体系结构方面，ISO 制定了国际标准 ISO7498—2—1989《信息处理系统开放系统互联基本参考模型第 2 部分安全体系结构》。这些标准主要覆盖以下领域。

（1）加密标准　定义加密算法，加密的步骤和基本数学要求。目标是将公开数据转换为保密数据，在存储载体和公用网或专用网上使用，实现数据的隐私性和已授权人员的可读性。

(2) 安全管理标准　它阐述的是安全策略、安全制度、安全守则和安全操作。为一个机构提供用来制定安全标准、实施有效安全管理所需的通用要素,并使跨机构的交易得以互信。

(3) 安全协议标准　协议是一个有序的过程,协议的安全漏洞可以使认证和加密的作用前功尽弃。常用的安全协议有 IP 的安全协议、可移动通信的安全协议等。

(4) 安全防护标准　它的内容包括防入侵、防病毒、防辐射、防干扰和物理隔离,也包括存取访问、远程调用、用户下载等方面。

(5) 身份认证标准　身份认证是信息和网络安全的首关,它也同访问授权和访问权限相连。身份认证还包括数字签名标准、指纹标准、眼睛识别标准等。

(6) 数据验证标准　包括数据保密压缩、数字签名、数据正确性和完整性的验证。

(7) 安全评价标准　其任务是提供安全服务与有关机制的一般描述,确定可以提供这些服务与机制的位置。

19.4.2 安全策略和措施

安全策略主要包括物理安全策略、安全扫描策略、网络安全控制策略。

19.4.2.1 物理安全策略

物理安全策略主要防护措施有两类。一类是对传导发射的防护,主要采取对电源线和信号线加装性能良好的滤波器,减小传输阻抗和导线间的交叉耦合。另一类是对辐射的防护,这类防护措施又可分为以下两种:一是采用各种电磁屏蔽措施,如对设备的金属屏蔽和各种接插件的屏蔽,同时对机房的下水管、暖气管和金属门窗进行屏蔽和隔离;二是干扰的防护措施,即在计算机系统工作的同时,利用干扰装置产生一种与计算机系统辐射相关的伪噪声向空间辐射来掩盖计算机系统的工作频率和信息特征。

19.4.2.2 安全扫描策略

安全扫描是网络安全防御中的一项重要技术,其原理是采用仿真黑客入侵的手法去测试系统上有没有安全上的漏洞,对目标可能存在的已知安全漏洞进行逐项检查。目标可以是工作站、服务器、交换机、数据库应用等各种对象。然后根据扫描结果向系统管理员提供周密可靠的安全性分析报告。扫描器基本上包含以下三个类型:端口扫描工具、漏洞扫描工具、企业级的分布式安全检测评估系统。

19.4.2.3 网络安全控制策略

网络安全策略主要包括访问控制策略、防火墙控制策略和信息加密策略。

1) 访问控制策略

访问控制是网络安全防范和保护的主要策略,其主要任务是保证网络资源不被非法使用和非法访问。它也是维护网络系统安全、保护网络资源的重要手段。各种安全策略必须相互配合才能真正起到保护作用,但访问控制可以说是保证网络安全最重要的核心策略之一。

(1) 入网访问控制　入网访问控制为网络访问提供了第一层访问控制。它控制哪些用户能够登录到服务器并获取网络资源,控制准许用户入网的时间和准许他们在哪台工作站入网。用户的入网访问控制可分为三个步骤:用户名的识别与验证、用户口令的识别与验证、用户账号的缺省限制检查。三道关卡中只要任何一关未过,该用户便不能进入该网络。对网络用户的用户名和口令进行验证是防止非法访问的第一道防线。

(2) 网络的权限控制 网络的权限控制是针对网络非法操作所提出的一种安全保护措施。用户和用户组被赋予一定的权限。网络控制用户和用户组可以访问哪些目录、子目录、文件和其他资源,可以指定用户对这些文件、目录、设备能够执行哪些操作。

(3) 目录级安全控制 对目录和文件的访问权限一般有八种:系统管理员权限(Supervisor)、读权限(Read)、写权限(Write)、创建权限(Create)、删除权限(Erase)、修改权限(Modify)、文件查找权限(File Scan)、存取控制权限(Access Control)。八种访问权限的有效组合可以让用户有效地完成工作,同时又能有效地控制用户对服务器资源的访问,从而加强了网络和服务器的安全性。

(4) 属性安全控制 属性安全控制可以将给定的属性与网络服务器的文件、目录和网络设备联系起来。用户对网络资源的访问权限对应一张访问控制表,用以表明用户对网络资源的访问能力。属性往往能控制以下几个方面的权限:向某个文件写数据、拷贝一个文件、删除目录或文件、查看目录和文件、执行文件、隐含文件、共享、系统属性等。

(5) 网络服务器安全控制 网络允许在服务器控制台上执行一系列操作。用户使用控制台可以装载和卸载模块,可以安装和删除软件等操作。网络服务器的安全控制包括可以设置口令锁定服务器控制台,以防止非法用户修改、删除重要信息或破坏数据;可以设定服务器登录时间限制、非法访问者检测和关闭的时间间隔。

(6) 网络监测和锁定控制 网络管理员应对网络实施监控,服务器应记录用户对网络资源的访问,对非法的网络访问,服务器应以图形、文字或声音等形式报警,以引起网络管理员的注意。如果不法之徒试图进入网络,网络服务器应会自动记录企图尝试进入网络的次数,如果非法访问的次数达到设定数值,那么该账户将被自动锁定。

(7) 网络端口和节点的安全控制 网络中服务器的端口往往使用自动回呼设备、静默调制解调器加以保护,并以加密的形式来识别节点的身份。自动回呼设备用于防止假冒合法用户,静默调制解调器用以防范黑客的自动拨号程序对计算机进行攻击。网络还常对服务器端和用户端进行控制,在对用户的身份进行验证之后,才允许用户进入用户端。然后,用户端和服务器端再进行相互验证。

2) 防火墙控制策略

防火墙是一种有效保护计算机网络安全的技术性措施,它是一个用以阻止网络中的黑客访问某个机构网络的屏障,也可称为控制进、出两个方向通信的门槛。在网络边界上通过建立起来的相应网络通信监控系统来隔离内部和外部网络,以阻挡外部网络的侵入。防火墙主要有以下三种类型。

(1) 包过滤防火墙 包过滤防火墙设置在网络层,可以在路由器上实现包过滤。这种防火墙可以用于禁止外部不合法用户对内部的访问,也可以用来禁止访问某些服务类型。但包过滤技术不能识别有危险的信息包,无法实施对应用级协议的处理,也无法处理UDP、RPC或动态的协议。

(2) 代理防火墙 代理防火墙又称应用层网关级防火墙,它由代理服务器和过滤路由器组成,是目前较流行的一种防火墙。它将过滤路由器和软件代理技术结合在一起。代理防火墙无法快速支持一些新出现的业务(如多媒体)。

(3) 双穴主机防火墙 该防火墙是用主机来执行安全控制功能的。一台双穴主机配有多个网卡,分别连接不同的网络。双穴主机从一个网络收集数据,并且有选择地把它发送到另一个网络上。网络服务由双穴主机上的服务代理来提供。内部网和外部网的用户可通过双穴主机的共享数据区传递数据，从而保护了内部网络不被非法访问。

3）信息加密策略

网络加密常用的方法有链路加密、端点加密和节点加密三种。链路加密的目的是保护网络节点之间的链路信息安全；端-端加密的目的是对源端用户到目的端用户的数据提供保护；节点加密的目的是对源节点到目的节点之间的传输链路提供保护。

构筑网络安全体系是一项艰巨复杂的系统工程，需要建立一整套防护体系。包括对网络安全的研究机制、安全事件监测机制、针对突发事件的应急保障机制、安全知识普及机制以及配套的法律法规。

思考题

1. 为什么要进行计算机数据安全保护？
2. 计算机病毒的常见类型与主要传播途径有哪些？各自的传播机理及清除方式是什么？
3. 对称密钥与非对称密钥数据加密的主要区别是什么？
4. 数字签名的主要原理是什么？
5. 简述网络安全控制策略的主要内容。
6. 简述个人对计算机安全的看法。

参考文献

[1] 李怀刚.计算机组成原理[M].北京：机械工业出版社，2005.
[2] 陈明，王智广.计算机组成原理[M].北京：清华大学出版社，2005.
[3] 张尧学，史美林.计算机操作系统教程[M].北京：清华大学出版社，2000.
[4] （美）史密斯，BL.计算机[M].北京：科学普及出版社，1992.
[5] （美）沃克，TM.计算机科学基础[M].北京：科学出版社，1983.
[6] 李正军.计算机测控系统设计与应用[M].北京：机械工业出版社，2004.
[7] 李世平，韦增亮，戴凡.PC 计算机测控技术及应用[M].西安：西安电子科技大学出版社，2003.
[8] 陈曾汉，等.工业 PC 及测控系统[M].北京：机械工业出版社，2004.
[9] 胡向东，刘京诚.传感技术[M].重庆：重庆大学出版社，2006.
[10] 葛长虹.工业测控系统的抗干扰技术[M].北京：冶金工业出版社，2006.
[11] 赵强，钱晓龙，汪晋宽.基于 CAN 总线的工业测控网络[J].仪器仪表学报，2004，4.627-629.
[12] 徐安东.计算机与信息技术应用教程[M].北京：清华大学出版社，2004.
[13] 秦国.现代通信网概论[M].北京：人民邮电出版社，2004.
[14] 赵泽茂.计算机信息技术基础[M].北京：机械工业出版社，2004.
[15] 张少军.通信与计算机网络技术[M].北京：机械工业出版社，2003.
[16] 冯博琴.计算机文化基础教程[M].北京：清华大学出版社，2003.1.
[17] 杨晓辉，等."信息通信网络概论"平台课建设的实践与探索[J].电气电子教学学报，2002，12.24(6)：17-19.
[18] 苏锐.第四代移动通信系统(4G)关键技术综述[J].高新技术，2005：4-5.
[19] （英）Dieter Gollmann.计算机安全[M].北京：人民邮电出版社，2003.
[20] 张宝剑.计算机安全与防护技术[M].北京：机械工业出版社，2003.

[21]　刘荫铭.计算机安全技术[M].北京:清华大学出版社,2000.
[22]　苏玉召,赵妍.计算机网络信息安全及其防护策略的研究[J].计算机与信息技术,2006,5:86－88.
[23]　韩筱卿,王建锋,钟玮,等.计算机病毒分析与防范大全[M].北京:电子工业出版社,2006.
[24]　段钢.加密与解密[M].北京:电子工业出版社,2003.

内 容 提 要

本书主要介绍了钢铁冶金、材料成型、机械工业、化学工业和工业自动化的历史演变、现状和发展趋势，在国民经济中的地位和作用，原理、特点和常用工艺装备等内容。本书阐述现代工业的基本知识、工业生产基本构成要素、基本工艺流程与工艺方法，并对工业部门中备受关注的工程技术热点与前沿的动态作了简要介绍。

本书可作为经管类，人文、社科类和工程类等各专业低年级的综合性基础课程教材。